人工智能及其应用

主　编　罗　剑　董一方
副主编　明振东　吕哲奇　郑美青　张　伟
参　编　王俊彦　陈思佳

北京理工大学出版社
BEIJING INSTITUTE OF TECHNOLOGY PRESS

内 容 简 介

本书紧密对接人工智能国家职业教育教学标准、行业标准，通过逐层递进的模块，引导读者走进人工智能的世界，掌握 AI 程序设计思维，理解机器学习、深度学习的基本原理和方法，探索卷积神经网络、大语言模型等前沿技术的应用以及强化学习和机器人的知识与技能。各模块编排采用情境/案例引入，结合思维导图清晰呈现提纲脉络。模块下细分任务，融入项目实战，让学生在做中学、学中做，注重知识和技术的系统性，兼顾实用性与前沿性，旨在通过情境化、任务化的学习方式，全面提高读者的 AI 应用能力和职业素养。

本教材适合作为高职院校人工智能课程教材，也可作为相关行业从业人员的培训材料。

图书在版编目（CIP）数据

人工智能及其应用 / 罗剑，董一方主编. -- 北京：
北京理工大学出版社，2024. 12.
ISBN 978-7-5763-4828-6

Ⅰ. TP18

中国国家版本馆 CIP 数据核字第 2025CE3508 号

责任编辑：王培凝　　**文案编辑**：李海燕
责任校对：周瑞红　　**责任印制**：施胜娟

出版发行 / 北京理工大学出版社有限责任公司
社　　址 / 北京市丰台区四合庄路 6 号
邮　　编 / 100070
电　　话 / (010) 68914026（教材售后服务热线）
　　　　　　 (010) 63726648（课件资源服务热线）
网　　址 / http://www.bitpress.com.cn

版 印 次 / 2024 年 12 月第 1 版第 1 次印刷
印　　刷 / 河北盛世彩捷印刷有限公司
开　　本 / 787 mm×1092 mm　1/16
印　　张 / 18.25
彩　　插 / 1
字　　数 / 420 千字
定　　价 / 87.00 元

前　言

　　人工智能是一种模拟人类智能的技术，它能够模仿人类的思考方式和模式，自主地进行学习、推理和决策，甚至还能够通过算法不断提高自身的智能水平。习近平总书记在致2024世界智能产业博览会的贺信中说："人工智能是新一轮科技革命和产业变革的重要驱动力量，将对全球经济社会发展和人类文明进步产生深远影响。"党的二十大报告也提出，要推动战略性新兴产业融合集群发展，构建新一代信息技术、人工智能等一批新的增长引擎。由此可见，人工智能作为新质生产力的重要引擎，不仅代表了科技的前沿趋势，更是未来经济发展的关键驱动力。

　　为了贯彻党的二十大精神，探索"人工智能+产业发展"新模式，培养更多具备人工智能基础知识、应用能力和素养的技术技能型人才，依托职业教育国家级大数据技术（大数据技术与应用）专业教学资源库和职业教育浙江省物流工程技术专业教学资源库"人工智能导论"建设课程，我们组织行业、企业和院校专家，紧密围绕人工智能领域的基本概念、原理及应用场景精心编写本书，旨在通过系统的学习和实践，掌握人工智能的核心知识体系，具备解决实际问题的能力，并形成良好的职业素养和创新精神。

　　本书是浙江省高职院校"十四五"第二批重点建设新形态教材，遵循现代职业教育体系建设改革任务要求，坚持走行业、市域产教融合之路，坚持科教融汇，在全国人工智能行业产教融合共同体、杭州市数字经济联合会等的指导下开展编撰工作，体现出鲜明的职教特征，适用于高职院校有关专业开设的人工智能课程，也可作为相关行业从业人员的培训材料，以提高员工的人工智能技能水平，助力实体经济的数智化转型。

　　本书具有以下特色：

　　1. 模块化与系统性结合

　　本书内容经过精心设计，采用模块化结构，每个模块专注于人工智能的一个核心领域，如机器学习、深度学习、大语言模型等。这种设计既保证了知识的系统性，又便于教师根据教学需求和学生特点进行灵活组合与选择，满足个性化教学的需要。各模块编排采用情境/案例引入，结合思维导图的方式清晰呈现提纲脉络。模块以下细分任务，讲授人工智能核心知识，同时融入项目实战，在做中学、学中做。

2. 理实并重

本书不仅深入浅出地阐述人工智能的基本概念和算法，还通过大量实际案例，引导学生将理论知识应用于现实问题的解决中，有助于培养学生的操作能力和问题解决能力。

3. 前沿性与实用性兼顾

本书紧跟人工智能技术的最新发展，及时引入前沿技术和研究成果。同时，注重技术的实用性，选取 AI 产业广泛应用的技术和工具进行介绍，确保学生所学即所用。

4. 跨学科融合

本书在编写过程中注重人工智能与其他学科的交叉融合，如计算机科学、心理学、数学常识等，帮助学生建立跨学科的知识、技能体系，提升综合应用能力。

5. 配套数字化教学资源

本书提供丰富的数字化教学资源（视频微课、授课 PPT、习题库等），可以使用手机、平板等移动设备扫描二维码，或者登录国家职业教育智慧教育平台，进行在线学习。这些资源强化了多样化的学习路径和个性化的学习体验，有助于激发学习兴趣和积极性，既可用于课堂辅助教学，也可供课后自主复习。丰富的习题涵盖了各个知识、技能点，已经在教学实践中取得良好效果。

6. 思政育人润无声

以习近平新时代中国特色社会主义思想为指导，始终牢记为党育人、为国育才的初心使命，强调用人工智能思维促进学生的人文素养、职业素养和创新素养，引导学生正确看待人工智能技术的发展和应用，树立正确的价值观和职业观，鼓励他们勇于探索、勇于创新，在潜移默化中实现培根铸魂、启智润心。

全书共分为 8 个模块：模块一是走进人工智能，介绍人工智能的基本概念、发展历程和主要研究领域，建立起对人工智能的整体认识；模块二是 AI 程序设计思维，着重培养逻辑思维和问题解决能力，通过简单的编程实例，掌握 AI 程序设计的基本方法和思路；模块三是机器学习——从数据中认识规律，详细讲解机器学习的基本原理和常用算法，通过案例分析，理解从数据中挖掘知识、训练模型、进行预测和决策；模块四是深度学习——厚积薄发的集大成者，深入探讨深度学习的模型框架和应用场景，包括神经网络的基本原理、训练技巧以及应用实例；模块五是卷积神经网络及其应用，聚焦计算机视觉领域，介绍卷积神经网络的结构和工作原理，以及它在图像识别任务中的广泛应用；模块六是大语言模型及其应用，领略自然语言处理的魅力，实操大语言模型在文本生成、机器翻译、情感分析等领域的应用；模块七是强化学习——模仿人类认知的学习，介绍强化学习的基本思想、算法实现以及在游戏 AI 等领域的应用案例；模块八是机器人应用实践，通过机器人编程和操作，将所学知识应用于实际场景中，培养动手能力和创新能力。

本书主要编写人员为罗剑、董一方、明振东、吕哲奇、郑美青、张伟、王俊彦、陈思佳等。本书案例资源由杭州海康威视数字技术股份有限公司、恒生电子股份有限公司的工程师参与制作，编写过程得到浙江工业大学计算机科学与技术学院博士生导师郑建炜教授及其团队的指导，在此一并表示由衷的感谢。

编　者

目 录

模块一

走进人工智能

【情境导入】

在宁静的夜空下，一颗璀璨的明星划破长空，留下耀眼的光芒。这颗星，不是来自遥远的宇宙深处，而是诞生于人类智慧的火花——人工智能（Artificial Intelligence，AI）。它如同一股无形的力量，正在悄然改变着世界的面貌，将科幻小说中的幻想逐渐变为现实，想象以下正在发生或者即将发生的场景：

1. 智能医院内先进的 AI 诊断系统快速准确地识别各种疾病的特征，根据患者的基因信息和生活习惯，提供个性化的治疗方案。医生们不再需要花费大量时间查阅资料，AI 助手成为他们的得力伙伴，让诊疗过程更加高效、精准。

2. 在繁忙的都市中心，无人驾驶车辆穿梭于街道之间，依靠高度发达的 AI 技术，实现零事故的安全驾驶。交通信号灯与车辆间的智能通信，使交通拥堵成为历史，城市的脉络流畅有序。在每辆车的内部，乘客们尽情享受旅途时光，阅读、工作或是休息，一切都被 AI 安排得井井有条。

3. AI 教学助手为学习者提供定制化的学习体验，根据每个学生的学习进度和兴趣点，调整教学内容和方式，让教育更具针对性和趣味性。对于教师而言，AI 减轻了批改作业的负担，提供丰富的教学资源和策略建议，帮助他们更好地引导学生探索知识的海洋。

这些场景，只是人工智能在医疗、交通、教育等领域应用的冰山一角。它们向我们展示了 AI 技术如何深度融入现代社会，为人类生活带来前所未有的便利和效率。

【情境分析】

人工智能的发展历程是一部不断探索和创新的史诗，本质上是关于人类与机器关系的深刻探讨，从最初的理论构想到今天的广泛应用，AI 已经深深嵌入到社会的各个层面，随着技术的不断进步，机器在多项任务上的表现已经超越了人类，尤其是在数据处理、模式识别和决策制定等方面。我们有理由相信，AI 将不断拓展人类智慧的边界，为建设更加健康、便捷、公平的社会贡献力量。在这一变革进程中，我们既是见证者，也是塑造者，很有必要走进和了解人工智能。本模块作为全书的开篇，首先介绍人工智能丰富的历史起源、学派、发展阶段、核心要素和成熟应用等内容，希望以此帮助读者踏上这段探索之旅，建立对人工智能的初步印象，为后续模块深入了解人工智能的理论、技术和应用打下良好基础。让我们一起努力，为共同塑造一个既充满科技魅力，又不失人文关怀的美好未来而砥砺前行。

【学习目标】

1. 知识目标

（1）了解人工智能的起源

（2）了解人工智能的 5 个学派

（3）了解人工智能的 5 个发展阶段

（4）理解人工智能的 3 大核心要素

（5）了解计算机视觉的概念、关键任务和应用场景

（6）了解自然语言处理的概念和任务

（7）理解 AlphaGo 的意义

2. 技能目标

（1）正确说出人工智能 5 个学派的特点

（2）正确说出人工智能各个发展阶段的重要事件

（3）正确描述算法、算力和数据对于人工智能的作用

（4）准确辨识计算机视觉和自然语言处理的应用场景

3. 素养目标

正确认识人工智能技术发展带来的道德、社会和法律问题，以主人翁的姿态作出积极的努力和贡献。

【思维导图】

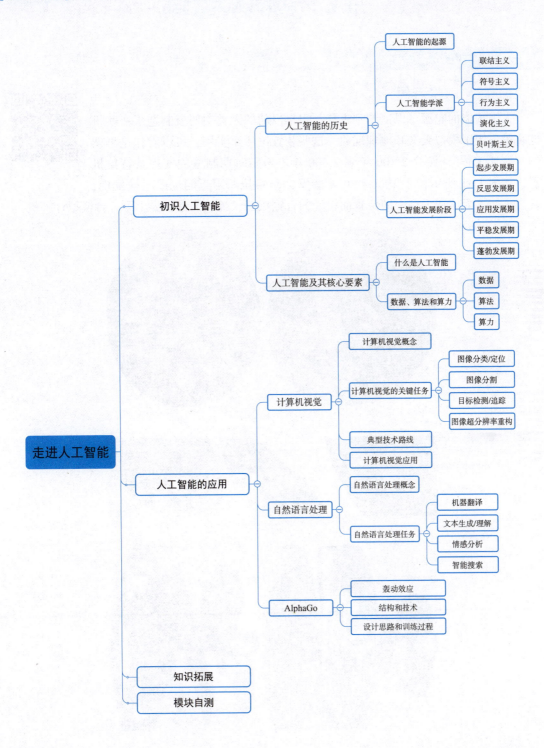

任务一 初识人工智能

一、人工智能的历史

（一）人工智能起源

人工智能的起源可以追溯到古代，很早以前的人类文明就制造了一些机械装置，用于模拟天文和地理现象，这些装置灵巧而实用，可以看作是早期的"智能工程"。距今 2 100 年到 2 300 年古希腊时期制造的安提基特拉机器，如图 1-1 所示，于 1900 年在希腊安提基特拉岛附近的沉船里被发现，是为了计算天体在天空中的位置而设计的青铜机器，被认为是世界上第一台模拟计算机。

人工智能的历史

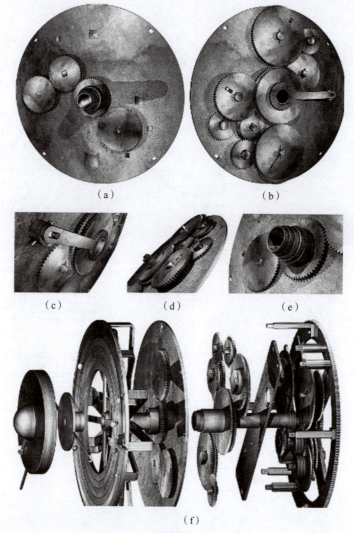

（a）　　　　　　　　　　（b）

（c）　　　　（d）　　　　（e）

（f）

图 1-1　安提基特拉机器

中国东汉时期地震频繁，科学家张衡为了掌握全国地震动态，在公元 132 年发明了候风地动仪，如图 1-2 所示，这是世界上第一架地动仪。地动仪有八个方位，它们分别是东、南、西、北、东南、西南、东北、西北，每个方位上均有含龙珠的龙头，在每个龙头的下方都有一只蟾蜍与其对应。任何一方如有地震发生，该方向龙口所含龙珠即落入蟾蜍口中，由此便可测出发生地震的方向。当时利用这架仪器成功测报了甘肃省天水地区发生的一次地震，比西方国家用仪器记录地震的历史早 1 700 多年。

图 1-2 候风地动仪

（二）人工智能学派

在人工智能的发展过程中，不同时代、学科背景的学者对于智慧的理解及其实现方法有着不同的思想主张，并由此衍生了不同的学派，如表 1-1 所示。其中，联结主义和符号主义成为主要的两大派系，分别对应人类学习过程的归纳总结和逻辑演绎。

表 1-1 人工智能学派

人工智能学派	主要思想	代表方法
联结主义	聚焦数据驱动的不确定性智能，相信大脑的逆向工程，主张利用数学模型来研究人类认知的方法，用神经元的连接机制实现人工智能	神经网络、支持向量机等

人工智能学派	主要思想	代表方法
符号主义	聚焦规则驱动的确定性智能,研究符号推理模型,用符号表达的方式研究智能、研究推理,认为认知就是通过对有意义的表示符号进行推导计算,并将学习视为逆向演绎,主张用显式的公理和逻辑体系搭建人工智能系统	专家系统、知识图谱、决策树等
行为主义	聚焦交互驱动的涌现智能,以控制论及感知-动作型控制系统原理模拟对外界环境刺激作出反应的行为以复现人类智能	强化学习等
演化主义	对生物进化进行模拟,使用遗传算法和遗传编程	遗传算法等
贝叶斯主义	使用概率规则及其依赖关系进行推理	朴素贝叶斯等 $$P(y_i|x_1, x_2, \cdots, x_d) = \frac{P(y_i)\prod_{y=1}^{d}P(x_j|y_i)}{\prod_{y=1}^{d}P(x_j)}$$

1. 联结主义

联结主义学派聚焦数据驱动的不确定性智能,相信大脑的逆向工程,主张利用数学模型来研究人类认知的方法,用神经元的连接机制实现人工智能,其代表方法是神经网络等。借助大数据和大算力,联结主义取得了巨大的成功。然而在成功的背后,我们需要深深地思考,这种仅通过仿生学和样本数据经验积累得到的突破,使神经网络的内部构造无法被透彻理解和预测,遵循有效的神经网络学习机制加上机器蛮力,能否真正实现人工智能从量变到质变,达到甚至超越人类真实智能水平,还有待长期的检验。

2. 符号主义

符号主义学派的主要思想是应用逻辑推理法则,从公理出发推演整个理论体系。它聚焦规则驱动的确定性智能,研究符号推理模型,用符号表达的方式来研究智能和推理,认为认知就是通过对有意义的表示符号进行推导计算,并将学习视为逆向演绎,主张使用显式的公理和逻辑体系搭建人工智能系统,其代表方法有专家系统、知识图谱等。和人类智慧相比,人工智能的符号主义方法依然处于相对幼稚的阶段。

3. 行为主义

行为主义学派又称为进化论派或控制论派,认为智能是在智能体与世界互动中涌现出来的。智能体的复杂行为可以分解成若干个简单的行为,依赖于外部环境的刺激,完成行为预测和控制。行为主义学派强调感知信息,利用仿生学原理制造具有行动能力的机器人,不再追求构建精确的数学模型,而是采用感知反馈方式适应纷繁复杂、变化无穷的外部环境,既不像符号主义那样陷入无穷的形式逻辑推理，也不像联结主义那样强调神经元的联结纠缠。相反，它采用智能体的控制系统，通过学习不断进化对外界世界的感知，加强自身反应以训练智能体，其代表方法是强化学习等。

4. 演化主义

受自然界生物演化过程的启发，演化主义学派借鉴自然选择、遗传、突变和适者生存等生物学原理，应用于解决复杂的优化问题和机器学习任务。它侧重于通过模仿生物进化的机制来寻找解决方案，其代表方法是遗传算法、遗传编程、演化策略、演化规划、粒子群优化和差分进化等。演化主义学派的人工智能研究体现了对自然界复杂性的一种深刻理解和尊重，它提供了一种不同于传统算法的、更为灵活和适应性强的计算范式。

5. 贝叶斯主义

贝叶斯主义是一种基于概率论的统计学派别，核心在于使用先验概率和后验概率更新关于某个假设的概率评估，提供了处理不确定性、不完整信息和动态环境的有力工具，使人工智能系统能够以概率的方式表达信念和知识，在面对不确定性时作出合理决策。它在机器学习、数据挖掘、模式识别、自然语言处理和决策理论等领域应用广泛，其代表方法是朴素贝叶斯等。

（三）人工智能发展阶段

从始至此，人工智能在充满未知的道路探索，曲折起伏，可以将现代人工智能的发展历程划分为 5 个阶段，分别为 1943 年到 20 世纪 60 年代的起步发展期，20 世纪 70 年代的反思发展期，20 世纪 80 年代的应用发展期，20 世纪 90 年代到 2010 年的平稳发展期，以及 2011 年至今的蓬勃发展期。

1. 起步发展期

1950 年，英国数学家艾伦·图灵提出了图灵测试的概念，用于衡量机器是否能够表现出与人类相似的智能行为。如图 1-3 所示，测试过程中测试者与被测试者在隔开的情况下，通过一些装置（如键盘）向被测试者随意提问，多次测试（一般为 5 min 之内）后，如果有超过 30% 的测试者不能确定被测试者是人还是机器，那么这台机器就通过了测试，并被认为具有人类智能，这一概念奠定了现代人工智能的基础。

图 1-3　图灵测试

人工智能的正式起源可以追溯到 1956 年 8 月，在汉诺斯小镇宁静的达特茅斯学院中，约翰·麦卡锡、马文·明斯基、克劳德·香农、艾伦·纽厄尔、奥利弗·赛弗里奇等科学家聚在一起，如图 1-4 所示，讨论着一个在当时看来完全不食人间烟火的主题：用机器来模仿人类学习以及其他方面的智能。会议足足开了两个月的时间，虽然没有达成普遍共识，但是却为会议讨论的内容起了一个名字：人工智能。因此，1956 年也就成为人工智能元年。

人工智能概念提出后，相继取得了一批令人瞩目的研究成果，如机器定理证明、跳棋程

图 1-4　达特茅斯会议（1956 年）

序、人机对话等，掀起人工智能发展的第一个高潮。1964 年，麻省理工学院约瑟夫·维森鲍姆发表文章描述了 ELIZA 程序如何使人与计算机在一定程度上进行自然语言对话成为可能，如图 1-5 所示，ELIZA 的实现技术是通过关键词匹配规则对输入进行分解，而后根据分解规则所对应的重组规则来生成回复。1965 年，爱德华·费根鲍姆提出第一个专家系统 DENDRAL，如图 1-6 所示，并对知识库给出了初步的定义，该系统具有非常丰富的化学知识，可根据质谱数据帮助化学家推断分子结构。

图 1-5　ELIZA 人机对话程序

图 1-6　专家系统 DENDRAL

2. 反思发展期

20 世纪 70 年代，人工智能发展初期的突破性进展大大提升了人们对人工智能的期望，人们开始尝试更具挑战性的任务，然而计算力及理论等的匮乏使不切实际的目标落空。1969 年，符号主义代表人物马文·明斯基在著作《感知器》中提出异或数据线性不可分问题，该论点给神经网络研究以沉重打击，人工智能走向长达10年的低潮时期。1973年，英国数学家詹姆斯·莱特希尔在书面报告和电视节目中两度用"海市蜃楼"来表达对人工智能前景的悲观，英国科学研究委员会停止对人工智能研究的支持。

3. 应用发展期

20世纪80年代，人工智能再次走入应用发展的新高潮。专家系统模拟人类专家的知识和经验解决特定领域问题，实现了人工智能从理论研究走向实际应用、从一般推理策略探讨转向运用专门知识的重大突破。机器学习，特别是神经网络探索不同的学习策略和各种学习方法，在大量的实际应用中也开始慢慢复苏。1982年，朱迪亚·珀尔提出贝叶斯网络，倡导人工智能的概率方法，发展了基于结构模型的因果和反事实推理理论。辛顿等人先后提出了多层感知器与反向传播训练相结合的理念，如图1-7所示，解决了单层感知器不能做非线性分类的问题，开启了神经网络新一轮的高潮。1989年，乐昆结合反向传播算法与权值共享的卷积神经层发明卷积神经网络，如图1-8所示，首次将卷积神经网络成功应用到美国邮局的手写字符识别系统中，获得巨大成功。

图1-7 反向传播训练神经网络

图1-8 卷积神经网络 LeNet

4. 平稳发展期

20世纪90年代互联网技术的迅速发展，加速了人工智能的创新研究，促使人工智能技术进一步走向实用化，相关各领域均取得长足进步。由于专家系统项目需要编码过多的显式规则，降低效率并增加了成本，人工智能研究的重心从基于知识系统转向机器学习方向。1995年，科尔特斯和万普尼克提出联结主义经典的支持向量机，在解决小样本、非线性及高维模式识别中表现出许多优势，并能够推广应用到函数拟合等其他机器学习问题中。1997年国际商业机器公司深蓝超级计算机战胜了国际象棋世界冠军卡斯帕罗夫，如图1-9所示。深蓝是基于暴力穷举实现国际象棋领域的智能，通过生成所有可能的走法，然后执行尽可能深的搜索，并不断对局面进行评估，尝试找出最佳走法。2006年，辛顿和他的学生·萨拉赫丁诺夫正式提出深度学习的概念，如图1-10所示，开启了深度学习在学术界和工业界的浪潮，2006年也被称为深度学习元年。

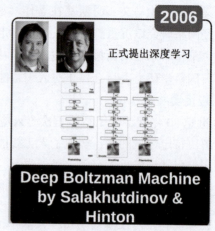

图 1-9　深蓝国际象棋程序

图 1-10　提出深度学习（2006 年）

5. 蓬勃发展期

　　2011 年至今，随着大数据、云计算、互联网、物联网等信息技术的发展，泛在感知数据和图形处理器等计算平台推动以深度神经网络为代表的人工智能技术飞速发展，大幅跨越了科学与应用之间的技术鸿沟，人工智能技术实现了重大突破，迎来爆发式增长的新高潮。2012 年，辛顿和他的学生克里切夫斯基设计的 AlexNet 神经网络模型在 ImageNet 竞赛中表现出色，引爆了神经网络的研究热情。同年谷歌知识图谱正式发布，可以协助使用者更快找到所需资料，并以知识为基础提高搜索质量。2013 年，托马斯·米科洛夫提出经典的 Word2Vec 模型，将单词表示成低维稠密向量以学习单词分布式表示，因其简单高效引起工业界和学术界极大关注。2014 年，古德费洛提出生成对抗网络，基于强化学习思路，由生成网络生成数据，判别网络判别输入是来自真实数据还是生成网络生成的数据，在两者训练博弈过程中，提高各自的生成能力和判别能力，可以应用在图像生成、数据增强等多个领域。2017 年，基于自注意力机制的 Transformer 架构的推出，如图 1-11 所示，为预训练语言模型提供了底层技术保障。2022 年，以 ChatGPT 为代表的大语言模型让人工智能进入新阶段，如图 1-12 所示，被认为是新一轮技术革命的起点。

图 1-11　Transformer 架构

图 1-12　大语言模型 ChatGPT

二、人工智能及其核心要素

（一）什么是人工智能

从如今的视角看，什么是人工智能呢，这个问题智者见智、仁者见仁，没有权威和精准的回答。简单来说，人工智能是计算机科学的重要分支，它专注于研究、设计和构建能够模拟、延伸和扩展人类智能的理论、方法、技术和应用系统，目标是使计算机系统能够模仿人类的思考方式和模式，自主地提高智能水平，从而胜任执行那些通常需要人类智力才能完成的任务，如学习、推理、解决问题、感知环境、理解语言、创作、规划和自我修正等。

人工智能的核心要素

（二）数据、算法和算力

数据、算法和算力是人工智能的 3 大核心要素，如图 1-13 所示。

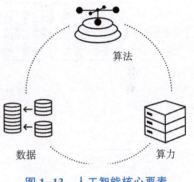

图 1-13　人工智能核心要素

1. 数据

数据是人工智能的基石，在数字化时代，数据已经变得无处不在，它们是我们理解世界、训练模型和作出决策的依据。如何收集、处理和分析数据，以及如何从数据中提取有价值的信息至关重要。以图像识别为例，它的基础是图像数据，这些数据可以来自各种图片，如照片、视频等。为了训练图像识别模型，我们需要标签数据，也称为标注数据。标签数据将图像与其所代表的物体或概念关联起来。例如，我们正在训练一个人脸男女识别模型，训练过程需要海量标识的男女照片才能记住人脸的细微差异，实现精准识别。

2. 算法

算法是人工智能的心脏，是解决问题的计算方法及步骤。一个优秀的计算机算法可以更快速地得到正确结果，更少地占用存储空间。从图像识别到自然语言处理，再到智能推荐系统，都需要核心算法来处理实际问题。卷积神经网络是在图像识别中占据主导地位的算法之一，如图 1-14 所示列举了在图像处理发展史上 3 个重要的卷积神经网络模型，分别为左上的 AlexNet、左下的 GoogleNet 和右边的 ResNet，根据推出时间顺序，模型的复杂度有了巨大的提升，模型层数从 7 层提升到 152 层。再以 ILSVRC 竞赛为例，这是一个大规模计算机视觉图像识别挑战赛，需要将 ImageNet 数据集图像分类错误率降至最低。从右到左查看第十届到第十五届比赛，如图 1-15 所示，第一名模型层数也就是模型复杂度，即算法复杂度不断提升，因此在图像分类任务上取得了重大突破，错误率从 28.2% 降至 3.57%。

3. 算力

算力是通过计算机硬件和软件配合共同处理信息数据，实现目标结果输出的计算能力，是人工智能的重要推动力。随着计算能力的不断增加，我们能够处理更大规模的数据和更复杂的算法。按照《中国算力白皮书（2022 年）》的定义，算力主要分为四部分：通用算力、

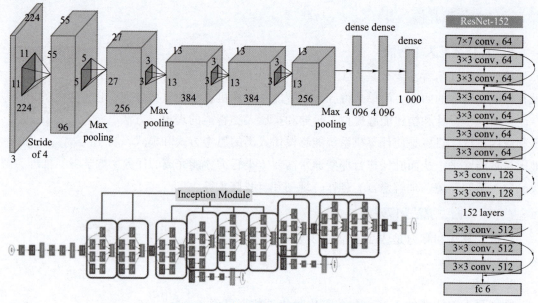

图1-14　3个重要的卷积神经网络模型

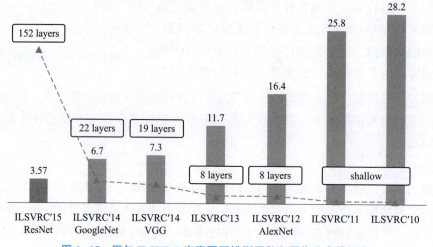

图1-15　历年 ILSVRC 竞赛冠军模型层数和图像分类错误率

智能算力、超算算力和边缘算力。其中，通用算力以中央处理单元 CPU 芯片输出的计算能力为主；智能算力以图形处理单元 GPU 芯片等输出的人工智能计算能力为主；超算算力以超级计算机输出的计算能力为主；边缘算力主要是以就近为用户提供实时计算能力为主，是前三种算力的组合，以解决网络延迟产生的问题。未来算力的发展趋势，将是以智能算力为核心的多种形式算力的融合，多场景共融算力生态正在形成。训练人工智能模型特别是大语言模型需要大量的计算能力，对智能算力提出了很高且持续的需求。因为 GPU 在并行计算方面表现出色，可以大幅缩短模型训练时间，通常使用 GPU 来加速模型的训练过程，许多人工智能项目也利用云计算平台来获取大规模的计算资源。

【知识拓展】

人工智能的发展历程是创新驱动的生动实践，从最初的简单规则系统到如今的深度学习、自然语言处理、计算机视觉等复杂技术，每一次突破都离不开科学家、工程师们的创新思维和不懈努力，启发我们创新是推动社会进步和国家发展的核心动力，青年学生要努力增强创新意识和培养实践能力。人工智能的最终目的是服务于人类，提升人类生活质量，体现人文关怀与和谐共生，我们既要理解技术的本质，又要树立以人为本的发展理念。人工智能也是全球性的科技革命，面对全球性挑战，如气候变化、疫情防控等，人工智能技术能够提供有力支持，我们要树立全球视野，加强国际合作与交流，共同推动技术的健康发展，造福全人类。我们需要对未来进行展望，思考人工智能技术将如何进一步改变我们的生活、工作和社会结构，这有助于培养我们的历史责任感和使命感，激励我们为创造更加美好的未来而努力奋斗。

【模块自测】

（1）被认为是人工智能之父的是哪位科学家？（   ）

A. 图灵　　　　　　　B. 牛顿　　　　　　　C. 爱因斯坦　　　　　D. 辛顿

（2）以下哪个是早期人工智能研究的一个关键里程碑？（   ）

A. IBM 的 Watson 问答系统　　　　　　B. 图灵测试

C. 达特茅斯会议　　　　　　　　　　　D. ELIZA 人机对话程序

（3）以下哪个描述最准确地定义了人工智能（AI）？（   ）

A. 一种具有生物智慧的人工实体

B. 计算机程序和系统，具备模仿人类智能行为和决策能力的能力

C. 一种特定的机器人类型，可以执行复杂的机械任务

D. 精通自然语言的人类操作员

（4）（多选）人工智能的成功依赖于以下哪些核心要素？（   ）

A. 算法　　　　　　B. 硬件算力　　　　　C. 专家　　　　　　D. 数据

（5）在人工智能中，通常情况下，哪种硬件更适合用于进行深度学习训练任务？（   ）

A. CPU（中央处理器）　　　　　　　　B. GPU（图形处理器）

C. RAM（内存）　　　　　　　　　　　D. 网络接口卡（NIC）

任务二　人工智能的应用

一、计算机视觉

（一）计算机视觉概念

感知环境信息并给予适当的反应，是人类智能的重要体现。人的一生中约有 70% 的信息是通过"看"获得的，"一幅图胜过千言万语"表达了视觉对人类获取信息的重要性。任何人工智能系统，只要有人机交互或需要根据

计算机视觉

周边环境信息进行决策，"看"的功能都非常重要。由此引出的计算机视觉技术，也称为机器视觉技术，是指在环境表达和理解中，对视觉信息进行组织、识别和解释的过程，主要包括两个层次：识别和理解，识别出环境中的"物"，理解"物"是什么及其特征。因此，计算机视觉是一门研究如何使计算机从数字图像或视频中获取"理解"的科学，这种"理解"可以视为对视觉信息的高级解释，从而允许计算机作出决策或采取行动。计算机视觉技术致力于开发算法和模型，以模拟人类视觉系统的某些功能，尽管其目标和方法可能与生物视觉系统有非常大的不同。

（二）计算机视觉的关键任务

1. 图像分类/定位

图像分类作为计算机视觉领域中的基本任务，通常是指识别图像中的对象类别，将图片分类到几个预定义的对象类中，如图 1-16 所示，将猫和狗的图片进行二分类，识别猫和狗，它构成了其他计算机视觉任务的基础。图像定位是找到识别目标在图像中出现的位置，通常这种位置信息由目标周围的一些边界框表示出来，如图 1-17 所示，将车牌从图像中标识出来。

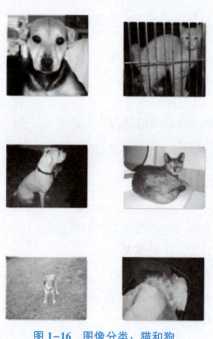

图 1-16　图像分类：猫和狗

图 1-17　图像定位：车牌

2. 图像语义分割

图像语义分割是为每个图像像素预测一个类别标签，任务是把目标对应的部分从图像中分割出来。如图 1-18 所示，在图像像素级别对前景、背景和物体进行了分类。扫描产品上的条形码也是图像语义分割的应用，我们可以转换输入信息，将条形码序列以外的所有信息在最终图像中都不可见，让扫描过程能够顺利进行。

图 1-18　视频语义分割

3. 目标检测/追踪

目标检测试图精确定位图像中目标对象出现的区域并判定目标类别，目标追踪是在给定的连续视频场景中定位感兴趣的一个或多个特定目标的过程。在视频中，可以看到 YOLO V3 模型在目标检测/追踪方面的卓越表现，该模型能够准确地辨认出视频中的物体，包括汽车、人、有轨电车、信号灯等。目标检测/追踪技术在我们的日常生活中无处不在，被广泛应用于自动驾驶、机器人、智能视频监控、遥感、医学诊断和灾害评估等领域。

4. 图像超分辨率重构

图像超分辨率重构是指从低分辨率图像重构出相应的高分辨率图像的过程，如图 1-19 所示。图像分辨率越高，则提供的细节越精细，画质越细腻。在需要更多图像细节的视频监控、卫星遥感图像和医学影像等领域有着重要的应用价值。

图 1-19　图像超分辨率重构

上述这些任务通常涉及预处理步骤，如图像增强、特征提取、模式识别、机器学习和深度学习算法的运用，以及后处理步骤，如结果的解释和应用。

(三) 典型技术路线

对视频中的目标人物进行跟踪，典型的技术路线经历以下过程：首先，使用图像分割技术采集第一帧视频图像，可以通过形状特征将人与背景分割出来；分割出来的图像有很大可能不仅仅包含人物，还有部分环境中形状类似的物体，使用目标检测技术将图像中所有的人物准确找出来，确定其位置及范围。其次，使用图像分类将找到的所有人与目标人物特征进行对比，找到匹配度最好的，从而确定哪个是目标人物；之后的每一帧就不需要像第一帧那样在全图中对目标人物进行检测，而是可以使用目标追踪技术根据目标的运动轨迹建立运动模型，通过模型对下一帧目标人物的位置进行预测，从而提升追踪的效率。

（四）计算机视觉应用

计算机视觉在各行各业发挥着巨大的作用，如图1-20所示，举例来说，它能够分析医学影像，帮助医生迅速诊断病情，为病患提供更精准的医疗服务。在安防领域，计算机视觉可以用于识别和跟踪犯罪嫌疑人，以及预测潜在的犯罪事件，提高了社会安全水平。在零售领域，通过视频监控，它可以辅助零售商识别和跟踪商品的流动，更有效地管理库存和供应链。工业界也广泛使用计算机视觉来检测和分析生产线上的缺陷和故障，提高生产效率和产品质量。

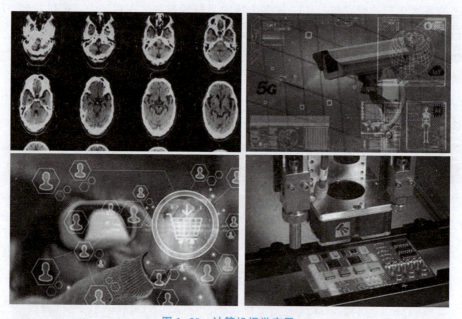

图1-20　计算机视觉应用

让我们回顾电视剧《良医》中的一个场景，其中展示了增强现实眼镜在心脏手术中的应用。这些 AR 眼镜如何协助医生呢？首先，它们提供高分辨率的实时内部影像，帮助医生更清晰地观察患者的解剖结构。其次，这些眼镜能够显示关键生理参数，如心脏节律和血压，以便医生能够实时监控患者的生命体征。最为重要的是，它们能够提供操作指南和提示，比如在手术过程中标记出关键血管的位置，以协助医生进行更加精确的操作。虽然这只是一部电视剧中的情节，但这种技术展示了未来人工智能和计算机视觉在医疗领域的潜在可能性。

总而言之，计算机视觉技术已经深刻地改变了我们的生活，为各行各业带来了前所未有的机会和挑战。我们可以期待随着技术的不断进步，计算机视觉将继续为人类创造更多创新和改进的机会。

二、自然语言处理

（一）自然语言处理概念

自然语言处理就是让计算机能够"读懂"自然语言，从而实现人与计算机通过自然语言进行通信和交流的技术，核心目标是实现计算机对语言的理解、解释、生成，实现与人类语言的互动。自然语言处理的应用领域广泛，包括文本处理和语音处理，涉及语言的语法、语义和上下文的理解。语言翻译、文本生成/理解、情感分析等都属于自然语言处理的研究范畴。

自然语言处理

机器人制造商 Engineered Arts 开发的 Ameca 是一款仿人形态的机器人，结合了人工智能与人造身体技术的大成，底层是机器人操作系统和工程艺术系统，前者像是大脑，主要负责智能化和各个机械结构之间的联动，后者负责展现身而为人的"灵魂"，给出类似人类的情绪表情和肢体语言。Ameca 不仅拥有丰富的面部表情和肢体动作，而且拥有强大的自然语言处理能力和理解能力，接入大语言模型后可以与人类进行智能流畅的对话，能够与用户进行高效的互动。

（二）自然语言处理任务

1. 机器翻译

语言翻译是指将文本从一种语言自动翻译成另一种语言，常被称为机器翻译。人类翻译过程是先理解要翻译的句子，然后形成句子的语义，最后按语义把句子翻译成目标语言的语句。据此，基于神经网络的机器翻译一般包括两个模块：编码模块和解码模块。编码模块把输入的源语言句子变成一个中间的语义表示，其中融入了句子中词与词之间的关系，通过词嵌入技术用一系列的机器内部状态来代表；解码模块根据语义分析的结果逐词生成目标语言的语句。机器翻译极大地方便了不同语言文化人民之间的交流。

2. 文本生成/理解

文本生成是指自动生成自然语言文本，如新闻报道、电子邮件回复、文章摘要、命题作文、合同书等文本，图 1-21 所示是文心一言语言模型自动生成的描述西湖美景的作文段落。文本理解是指自动抽取出一段文字或一篇文章的摘要内容等，图 1-22 所示是文心一言语言模型自动生成的西湖美景作文摘要。

3. 情感分析

情感分析用于分析文本中的情感、情绪以及情感倾向，在社交媒体分析、产品评论研究和市场调查中具有重要作用。通过情感分析，企业可以更好地了解用户的情感反馈，以改进产品和服务，提高用户满意度，如图 1-23 所示。

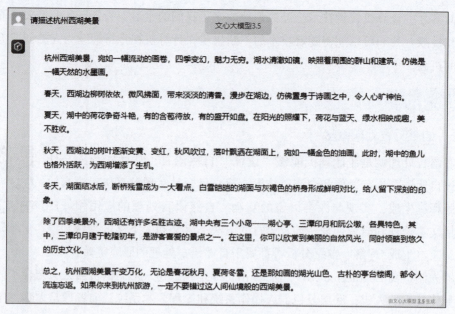

图1-21　文本生成

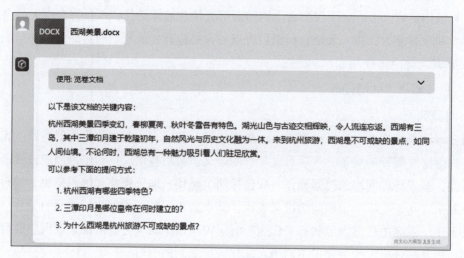

图1-22　文本理解

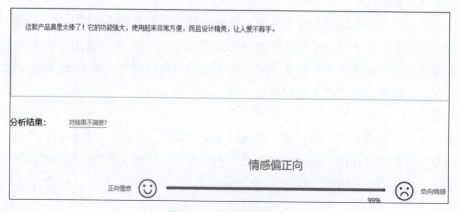

图1-23　用户情感分析

4. 智能搜索

自然语言处理用于智能搜索，改进了搜索引擎的效能，除了提供传统的快速检索、相关度排序等功能，还能提供用户角色登记、用户兴趣自动识别、内容的语义理解、智能信息化过滤和推送等功能，更准确地理解用户的查询意图并提供相关结果。

在未来，随着自然语言处理技术的不断发展和机器人的智能化，Ameca 这样的智能机器人将在多个领域发挥越来越大的作用，为人类生活和工作带来更多的便利和创新。自然语言处理将持续为人机互动和自动化领域带来新的机遇和挑战。

三、AlphaGo

（一）AlphaGo 的轰动效应

视频中的内容是 AlphaGo 首支官方记录片，记录了 2016 年 3 月 AlphaGo 与韩国围棋高手李世石进行的一场具有历史意义的比赛。最终，AlphaGo 以 4 比 1 的比分战胜了李世石。从此以后，AlphaGo 及其后续人工智能产品保持对人类围棋棋手的不败记录，成为学习和研究的楷模。

AlphaGo

（二）AlphaGo 的结构和技术

AlphaGo 是 DeepMind 公司研发的人工智能系统，本身是由 1202 个 CPU 和 176 个 GPU 构成的超级计算机，采用深度学习和强化学习技术，结合蒙特卡洛树搜索等算法，使用 1500 万个人类围棋高手的对局棋谱进行训练，以在围棋游戏中实现卓越的水平。它通过分析大量的围棋对局数据和自我对弈来不断改进自己的棋艺，从而在与人类围棋顶尖高手的对决中获得了胜利。

（三）AlphaGo 的设计思路和训练过程

2017 年 5 月 23 日至 27 日，AlphaGo 的升级版 AlphaGo Master 以 3∶0 完胜排名世界第一的围棋世界冠军柯洁。2017 年 10 月，它迈向了更高的高度，诞生了新的版本——AlphaGo Zero。AlphaGo Zero 的突破不仅仅在于胜利，而是在于其自我训练的惊人速度和自主学习的方式。仅仅通过 40 天的时间，总计运行约 2 900 万次自我对弈，得以击败 AlphaGo Master，总比分为 89 比 11。AlphaGo Zero 从零开始，在无任何人类棋谱输入的条件下，完全靠自己探索围棋的奥秘，学习了游戏的基本知识和策略，每一步的思考快速而精确，分析所有可能的走法，并为每个选择评估优劣。

总体上，AlphaGo 能够看得比人脑更远。每当人类高手下出一子，AlphaGo 对此视作新的挑战，重新计算，作出最佳应对，通过不断的对弈、学习和进步，AlphaGo 的实力稳步增长，最终达到了人类顶尖棋手不可企及的高度。以 AlphaGo 为代表的智能机器人，它的故事不仅是一场机器与人类的竞赛，更是人工智能的崭新篇章，展示了人工智能在自主学习和自我提高方面的惊人潜力，激发了人们对于技术和智能的探索和创新。AlphaGo 的成功也为人工智能领域开辟了新的道路，引领着我们进入了一个充满机遇和挑战的全新未来。

【知识拓展】

在大语言模型通往通用人工智能的道路中，从传统的、单一的"语言模态"扩展到"图像""语音"等的"多模态"是大语言模型进化的必经之路。多模态大模型伴随着大模型本身的飞速进化也不断地产生新突破，它脱胎于大模型的发展。传统的多模态模型面临着巨大的计算开销，而大语言模型在大量训练后掌握了关于世界的"先验知识"，因而一种自然的想法就是使用大语言模型作为多模态大模型的先验知识与认知推动力，来加强多模态模型的性能并且降低其计算开销，从而使多模态大模型这一"新领域"应运而生。

作为在语言模态上得到了良好训练的大语言模型，多模态大语言模型面对的主要任务是如何有效地将大语言模型与其他模态的信息进行结合，使其可以综合多模态的信息进行协作推理，并且最终使多模态大语言模型的输出与人类价值观保持一致。多模态大模型的整体架构可以被归类为5个部分，整个多模态大模型的训练被分为多模态理解与多模态生成两个步骤。多模态理解包含多模态编码器，输入投影与大模型主干三个部分，而多模态生成则包含输出投影与多模态生成器两个部分。通常而言，在训练过程中，多模态的编码器、生成器与大模型的参数一般都固定不变，不用于训练，主要优化的重点将落在输入投影与输出投影之中，这两部分参数数量一般仅占总体参数量的2%。

在增强模型性能方面，多模态大语言模型未来的发展方向：

1. 从多模态到更多模态：目前主流的多模态停留在图像、视频、音频、3D和文本数据，但是现实世界中存在更多模态的信息，诸如网页、表格、热图等。

2. 统一的多模态：通过将各种类型的多模态大模型进行统一以实现各种具体的现实需求。

3. 数据集质量的提高：当前使用的训练数据集有很大的提升空间，可以在指令范围多样化等方面增强模型的能力。

4. 增强生成能力：大模型的主要能力尚在"理解"层面，生成能力还需要提升。

除了性能外，当下的多模态大模型缺乏强大有效的评价基准，目前的基准无法充分挑战多模态大模型的能力。此外，多模态大模型也需要在轻量级的移动设备部署中迈出新的步伐，为了在资源受限平台使用多模态大模型的能力，轻量级实现至关重要。

【知识拓展】

人工智能伦理是一个跨学科的研究领域，关注于人工智能技术的设计、开发、部署和使用过程中的道德、社会和法律问题。随着人工智能技术的快速发展和广泛应用，其潜在的伦理挑战也日益凸显，促使社会各界对其影响进行深入思考和讨论。以下是人工智能伦理中的一些热点议题：

1. 隐私保护：人工智能系统，尤其是依赖于大数据分析的系统，可能会收集、存储和处理大量的个人数据，由此引发对个人隐私权的担忧，特别是在未经充分同意的情况下，数据被用于商业或监视目的。

2. 偏见与歧视：人工智能系统的学习基于历史数据，如果这些数据本身就存在偏见，那么人工智能决策也可能反映和放大这种偏见，导致不公平的结果，尤其是在如招聘、贷款审批等敏感领域。

3. 责任归属：当人工智能系统作出错误决策时，谁应该对此负责？是开发者、使用者还是人工智能本身？这一问题在自动驾驶汽车事故、医疗误诊等案例中尤为突出。

4. 透明度与可解释性：许多人工智能系统，特别是深度学习模型，被视为"黑箱"，其决策过程难以理解和解释，降低了公众对人工智能的信任，并阻碍了对其错误的纠正。

5. 就业影响：自动化和智能化的趋势可能导致某些职业的消失，引发就业结构变化和社会不平等加剧。

6. 安全与控制：人工智能的快速发展可能带来失控的风险，即 AI 系统追求其目标时可能忽略人类的价值观，甚至对人类构成威胁。

7. 权利与地位：随着人工智能系统变得越来越自主，是否应赋予它们某种形式的权利和地位，比如在法律上被视为"电子人"？

面对这些挑战，建立一套全面的人工智能伦理框架至关重要，这需要政府、企业、学术界和我们每个公民的共同努力，制定相应的政策、法规和最佳实践，确保人工智能技术的发展既促进创新又符合道德标准，保障所有人的福祉和权益。

【模块自测】

（1）哪项任务是计算机视觉中常见的应用？（　　）

A. 语音识别　　　　B. 情感分析　　　　C. 目标检测　　　　D. 自然语言生成

（2）（多选）在自然语言处理中，哪些任务通常与文本生成相关联？（　　）

A. 机器翻译　　　B. 文本摘要　　　C. 情感分析　　　D. 问答系统

（3）AlphaGo 的核心技术基于（　　）。

A. 传统的规则引擎　　　　　　　B. 强化学习

C. 人类专家的决策　　　　　　　D. 数据库查询

模块二

AI 程序设计思维

【情境导入】

假设你是某科技公司的软件工程师，负责一个新的人工智能项目的开发工作，该项目旨在创建一个基于深度学习的图像识别系统，用于自动分类和标记公司的产品图片。为了高效地完成这项任务，你需要熟悉一系列 AI 编程工具和框架，并能够在本地环境中顺利部署和使用它们。

在项目开始阶段，你的团队遇到了一些挑战：

工具选择：确定合适的开发工具和框架。

环境配置：如何快速搭建一个支持深度学习的开发环境。

框架应用：如何利用不同的框架实现图像识别任务。

资源集成：如何有效地整合第三方库和资源。

【情境分析】

为了应对这些挑战，你将学习如何选择和使用 AI 编程工具，了解不同框架的特点以及如何在本地环境中配置和使用这些工具。通过实际操作，你将掌握如何利用这些工具和框架开发高效的 AI 应用程序。

【学习目标】

1. 知识目标

（1）了解主流 AI 编程工具和框架的基本概念

（2）理解各种工具和框架之间的区别和联系

（3）掌握在本地环境中安装和配置必要的开发环境

2. 技能目标

（1）能够熟练使用 Anaconda、PyCharm 和 Jupyter Notebook 等工具进行 AI 编程

（2）学会使用 TensorFlow/Keras、PyTorch、百度双桨等框架进行模型训练

（3）掌握在本地环境中安装和使用第三方应用资源的方法

3. 素养目标

（1）培养解决问题的能力，能够独立解决开发过程中遇到的技术难题

（2）加强自主学习能力，能够快速适应新技术的发展

（3）提升团队协作精神，能够与其他开发者有效沟通和协作

【思维导图】

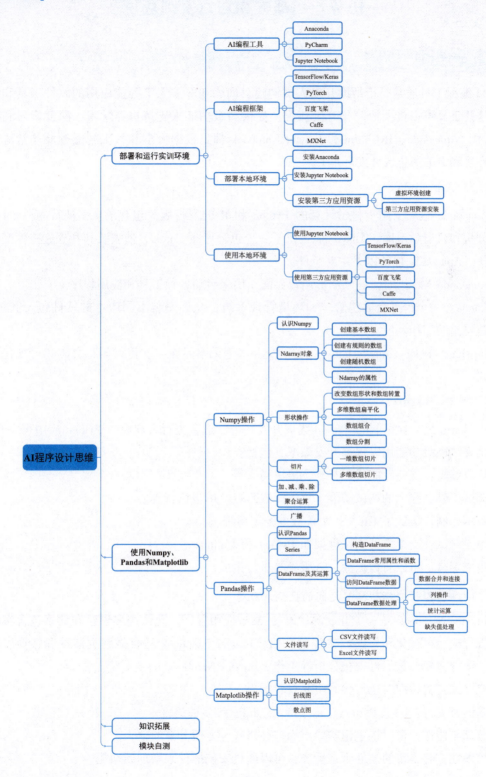

任务一 部署和运行实训环境

一、AI 编程工具

AI 编程工具通常是指帮助开发人员构建、训练和部署人工智能应用的软件工具和技术栈，这些工具可以极大地简化开发流程，提供高级功能来支持机器学习、深度学习和其他 AI 技术。Anaconda、PyCharm 和 Jupyter Notebook 都是数据科学和人工智能领域非常流行的开发环境和 IDE（集成开发环境）。

（一）Anaconda

Anaconda 是一个用于科学计算的 Python 和 R 的发行版，包含了众多流行的科学计算、数据分析和机器学习库。Anaconda 提供了一个包管理器 Conda，使安装和管理这些库变得非常方便。Anaconda 包括以下主要组件：

Anaconda Navigator：一个图形用户界面，用来启动各种工具和应用程序。

Conda：一个跨平台的包管理和环境管理系统，允许安装不同版本的软件包及其依赖，并创建隔离的工作环境。

Jupyter Notebook/JupyterLab：内置的交互式笔记本界面，支持代码、文本和可视化等多种格式。

（二）PyCharm

PyCharm 是一款专业的 Python 集成开发环境，适合进行大规模的 Python 应用程序开发，提供了许多高级功能用以提高开发效率，包括：

代码编辑：支持智能代码补全、语法高亮等。

调试工具：强大的调试功能，可以设置断点、单步执行等。

版本控制：集成了 Git、SVN 等版本控制系统。

单元测试：支持多种测试框架如 PyTest 和 Unittest。

集成工具：可以与数据库、云服务等进行集成。

（三）Jupyter Notebook

Jupyter Notebook 是一个开放源代码的 Web 应用程序，允许用户创建和共享包含实时代码、方程式、可视化和叙述性文本的文档。Jupyter Notebook 适合做数据清洗和转换、数值模拟、统计建模、数据可视化分析等工作。Jupyter Notebook 的主要特点：

交互式：支持即时运行代码块并查看结果。

多语言支持：除了 Python，还支持 R、Julia 等多种语言。

分享与协作：可以将笔记本导出为多种格式，方便分享给他人。

扩展性：有丰富的插件生态系统，可以通过安装插件来增加新功能。

二、AI 编程框架

（一）TensorFlow/Keras

1. TensorFlow

TensorFlow 是 Google 开发的一款开源机器学习框架，被广泛应用于各种机器学习和深度学习任务，包括计算机视觉、自然语言处理、强化学习等领域。TensorFlow 为开发者提供了一个灵活的架构，可以轻松构建和部署机器学习模型。

TensorFlow 的主要特点：

（1）支持动态图和静态图：TensorFlow 支持两种计算图模式——动态图和静态图。

（2）广泛的硬件支持：TensorFlow 可以运行在 CPU、GPU 和 TPU 上，能够在不同硬件平台上高效地训练模型。

（3）高度可移植：TensorFlow 具有良好的跨平台能力，可以在多个操作系统上运行，包括 Windows、macOS 和 Linux。

（4）丰富的社区支持：TensorFlow 拥有一个庞大的开发者社区，提供了大量的教程、示例和第三方库。

（5）模块化设计：TensorFlow 的模块化设计使其可以轻松地扩展和定制，以满足特定的应用需求。

2. Keras

Keras 是一个用于构建和训练深度学习模型的高级 API（应用程序接口），在 TensorFlow 2.x 以上版本中，Keras 已经被完全集成到了 TensorFlow 的核心 API 中，可以直接在 TensorFlow 中使用。这样既方便了开发者使用 Keras 的高级 API 来构建模型，又能利用 TensorFlow 的强大功能进行高效的训练和部署。

Keras 的目标是使神经网络的设计和实现更加简便、快速和模块化。Keras 提供了许多预定义的层、损失函数、优化器等，因此开发复杂的模型变得相对容易。

Keras 的主要特点：

（1）用户友好：Keras 的设计考虑到了用户体验，API 设计简洁明了。

（2）模块化：Keras 的模型和层是可以组合的组件，用于轻松地创建和定制复杂的模型。

（3）可扩展性强：Keras 既可以与 TensorFlow 紧密集成，也可以与其他后端一起使用。

（4）易于部署：Keras 模型能够转换为 TensorFlow Serving 格式，便于部署到生产环境。

（二）PyTorch

PyTorch 是 Facebook 人工智能研究实验室开发的开源机器学习框架，提供了一个灵活且强大的平台，用于构建和训练深度学习模型。

PyTorch 的主要特点：

（1）动态计算图：PyTorch 使用动态计算图，可以在运行时构建和修改计算图。

（2）易用性：PyTorch 的 API 设计简洁，易于理解和使用。

（3）高性能：PyTorch 利用了高效的 C++ 后端，结合了自动微分引擎和 GPU 加速，可以在 CPU 和 GPU 上实现高性能的训练和推理。

（4）丰富的生态系统：活跃的 PyTorch 社区提供了大量的预训练模型、工具包和资源。

（5）易于部署：PyTorch 提供了 TorchScript 和 ONNX 等工具，使模型可以轻松地部署到生产环境。

（三）百度飞桨

百度飞桨（PaddlePaddle，又称飞桨）是百度公司开发的一款开源深度学习框架，旨在为开发者提供一个全面、高效、易于使用的深度学习平台，集成了深度学习的核心框架、基础模型库、端到端的开发套件、工具组件和服务平台。

百度飞桨的主要特点：

（1）产业级深度学习框架：采用基于编程逻辑的组网范式，支持声明式和命令式编程，兼顾开发灵活性和高性能。

（2）易于上手：对于普通开发者而言，飞桨的设计更接近于他们的开发习惯，新手也能快速上手。

（3）全面开源：飞桨是全面开源开放的平台，支持广泛的社区参与和发展。

（4）技术领先：不断推出新版本以支持最新的研究进展和技术趋势。

（5）功能完备：提供了丰富的基础模型库、开发工具和组件，适用于各种应用场景。

（6）产业融合：飞桨源于产业实践，与产业深度融合，广泛应用于工业、农业、服务业等多个行业。

（四）Caffe

Caffe（Convolutional Architecture for Fast Feature Embedding）是一款高效、清晰、易于使用的深度学习框架，由伯克利人工智能研究小组（BAIR）和伯克利视觉与学习中心（Bvlc）开发。

Caffe 的主要特点：

（1）高效性能：Caffe 被设计为运行速度快，能够有效利用 GPU 进行计算，尤其是在图像分类任务中表现出色。

（2）模块化设计：Caffe 采用了模块化的设计，使模型的构建和训练变得更加灵活。

（3）支持多种模型：Caffe 支持多种类型的深度学习架构，包括卷积神经网络（CNN）、循环神经网络（RNN）、长短期记忆网络（LSTM）和全连接网络。

（4）多接口支持：Caffe 提供了 C++、Python 和 MATLAB 的接口，用户可以根据自己的偏好选择编程语言。

（5）开源与社区：Caffe 是一个拥有活跃的社区支持和丰富的文档资源的开源项目。

（五）MXNet

MXNet（Modular Extreme-scale Neural Network Toolkit）是一个开源的深度学习框架，提供高效且灵活的方式来构建和训练深度学习模型。

MXNet 的主要特点：

（1）灵活性：MXNet 支持符号编程和命令式编程两种风格，开发者既可以享受符号编程带来的优化，又可以使用命令式的编程方式来快速开发和调试。

（2）高效性：MXNet 内部使用了动态依赖调度器，可以自动并行化计算，优化内存使

用，并且支持异步计算，提高了训练效率。

（3）多语言支持：MXNet 提供了多种语言的接口，包括 Python、R、Julia、C＋＋、Scala、MATLAB 和 JavaScript 等。

（4）多平台支持：MXNet 可以在多种硬件平台上运行，包括单个 CPU/GPU、多 GPU、分布式多节点集群以及移动设备（如智能手机）等。

（5）可扩展性：MXNet 支持模型的水平扩展，即可以在多台机器上分布式地训练模型，同时支持多 GPU 的训练。

三、部署本地环境

（一）安装 Anaconda

1. 下载 Anaconda

根据操作系统从 Anaconda 官方网站选择合适的版本进行下载，如图 2-1 所示。

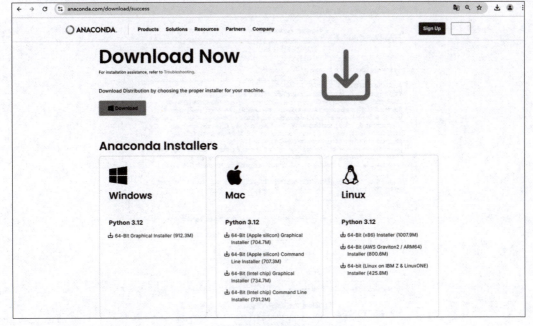

图 2-1　下载 Anaconda 安装程序

2. 安装 Anaconda

以 Windows 系统安装为例。

（1）双击下载的安装程序文件（.exe）运行安装程序，安装界面如图 2-2 所示。

（2）跟随安装向导的指示单击"Next"按钮→"I Agree"按钮→"Next"按钮，如图 2-3~图 2-4 所示。

（3）安装位置：选择安装路径，单击"Next"按钮，如图 2-5 所示。

（4）环境变量：在安装过程中，安装程序会询问是否要将 Anaconda 添加到系统 PATH 环境中。建议选择"Add Anaconda3 to my PATH environment variable"以方便使用。单击"Install"按钮进行安装，如图 2-6~图 2-8 所示。

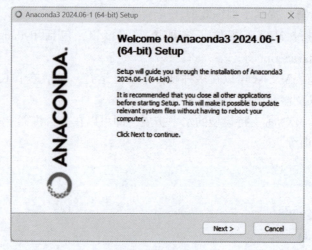

图 2-2　安装界面

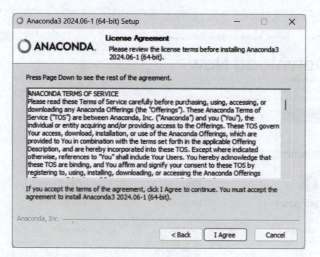

图 2-3　安装协议

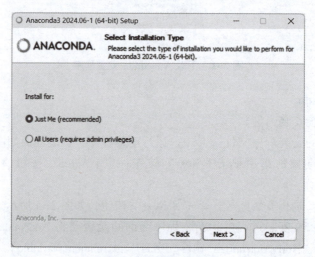

图 2-4　选择安装类型

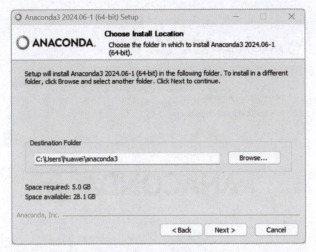

图 2-5　选择安装路径

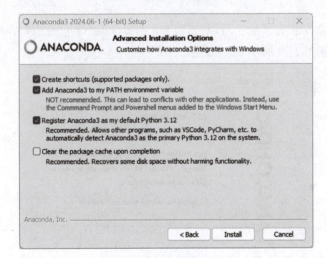

图 2-6　配置环境变量

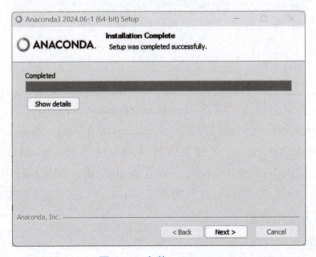

图 2-7　安装 Anaconda

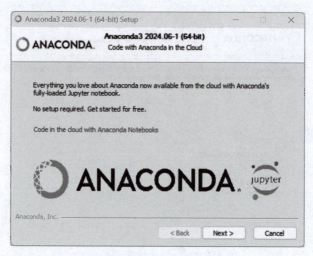

图 2-8　安装 Anaconda Cloud

（5）完成安装：安装完成后，可以选择启动 Anaconda Navigator 或 Anaconda Prompt 以检查安装是否成功，如图 2-9 所示。

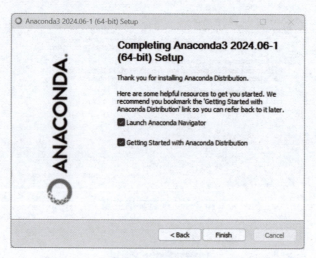

图 2-9　安装完成

（二）安装 Jupyter Notebook

Jupyter Notebook 可以通过命令或者 Anaconda Navigator 进行安装。

（1）打开 Anaconda prompt，通过命令"conda install jupyter notebook"进行安装。

（2）打开 Anaconda Navigator，在列表中选择对应的环境，如 base（root）或 python3，单击"Launch"按钮启动 Jupyter Notebook，如图 2-10 所示。如果该环境中没有安装 Jupyter Notebook，则会显示"Install"按钮，此时可单击"Install"按钮进行安装，如图 2-11 所示。

（三）安装第三方应用资源

1. 虚拟环境创建

在安装各资源之前可以先创建虚拟环境，每个虚拟环境都有自己的 Python 版本和一组

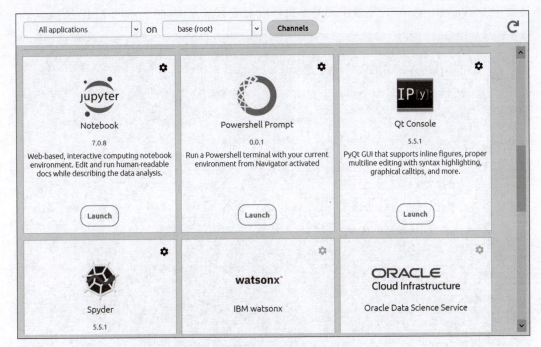

图 2-10　启动 Jupyter Notebook

图 2-11　安装 Jupyter Notebook

独立的包，互相不影响。下面是 Anaconda 中对虚拟环境的管理操作方法。

（1）打开 cmd 或者 anaconda prompt，创建并选择 python 版本，命令如下：

```
conda create -- prefix D:\myenv\env python=3.12
```

其中 D：\myenv\env 是笔者设置的本机环境对应目录（下同），如图 2-12 所示。

图 2-12　创建虚拟环境

如果只装了一个版本的 Python，可以不用选择 Python 版本，命令如下：

conda create -- prefix D:\myenv\env

（2）激活虚拟环境，如图 2-13 所示，命令如下：

conda activate D:\myenv\env

图 2-13　激活虚拟环境

激活后就可以在该环境中安装第三方应用资源了。

（3）查看虚拟环境，如图 2-14 所示，命令如下：

conda env list 或者 conda info -- envs

*表示当前环境。

（4）关闭虚拟环境，如图 2-15 所示，命令如下：

conda deactivate

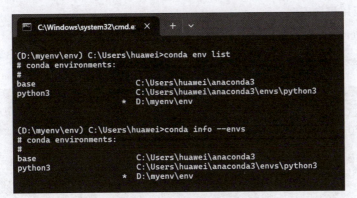

图 2-14　查看虚拟环境

图 2-15　关闭虚拟环境

（5）删除虚拟环境，如图 2-16 所示，命令如下：

```
conda remove -- prefix D:\myenv\env -- all
```

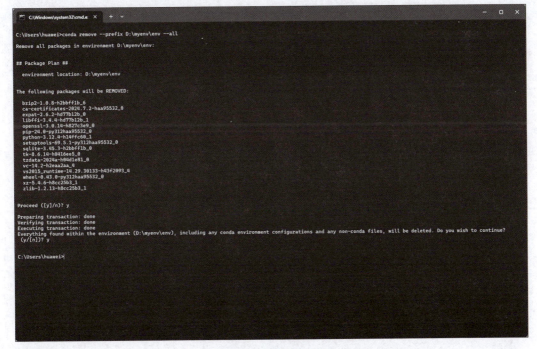

图 2-16　删除虚拟环境

2. 第三方应用资源安装

（1）安装 TensorFlow，如图 2-17 所示，命令如下：

pip install tensorflow

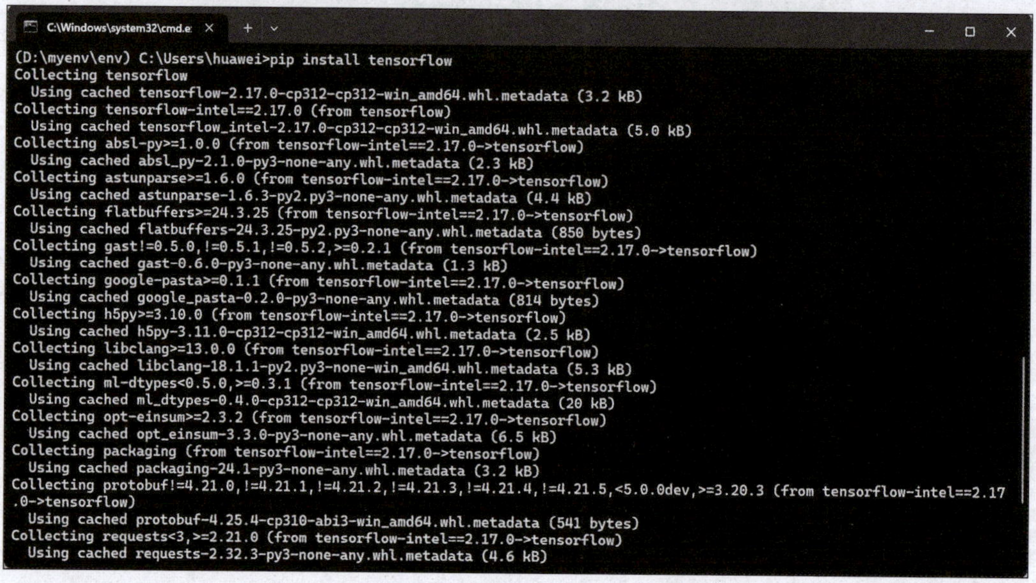

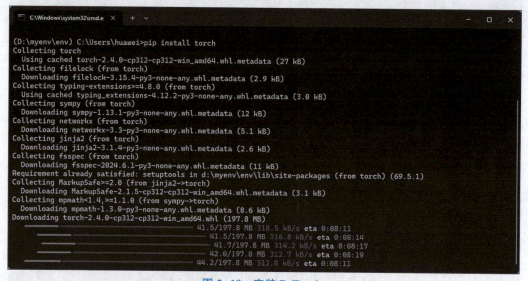

图 2-17　安装 **TensorFlow**

（2）安装 PyTorch，如图 2-18 所示，命令如下：

pip install torch

图 2-18　安装 **PyTorch**

安装 Torchvision，如图 2-19 所示，命令如下：

pip install torchvision

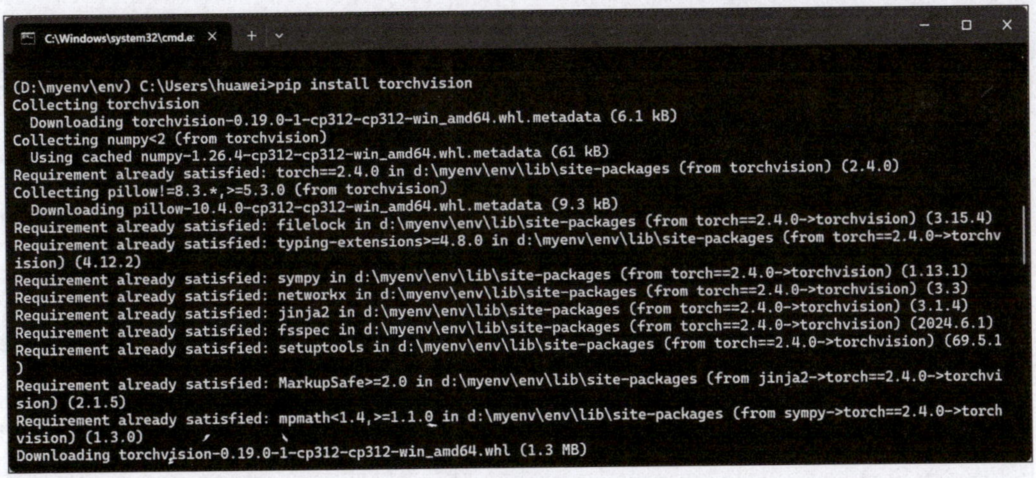

图 2-19　安装 Torchvision

（3）安装百度飞桨，如图 2-20 所示，命令如下：

```
pip install paddlepaddle
```

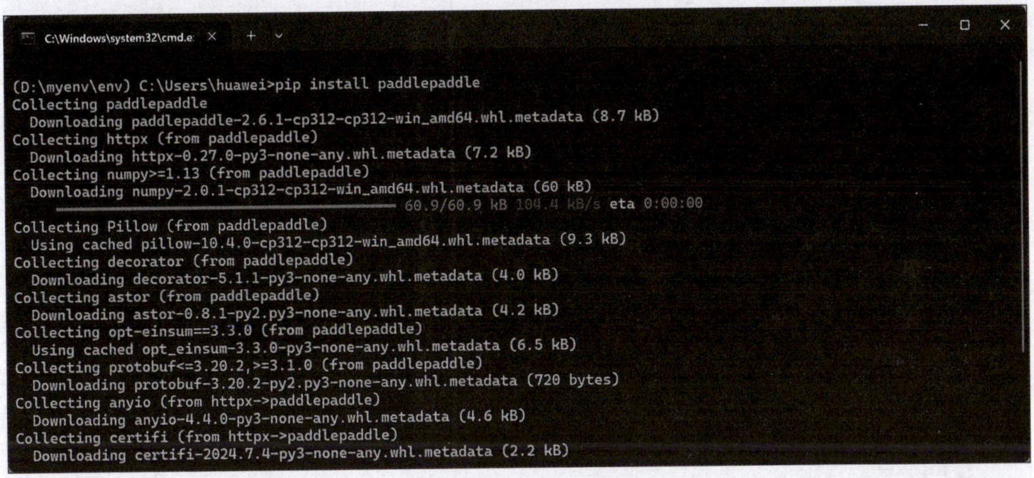

图 2-20　安装百度飞桨

（4）安装 MXNet，如图 2-21 所示，命令如下：

```
pip install mxnet
```

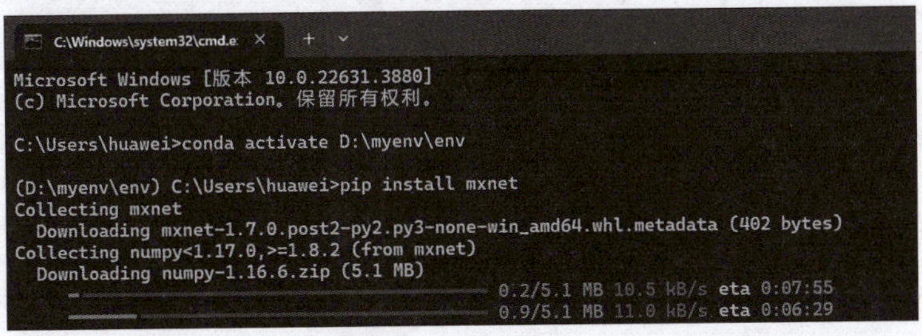

图 2-21　安装 MXNet

四、使用本地环境

（一）使用 Jupyter Notebook

1. 在 Jupyter Notebook 中建立一个新文档

（1）单击"开始菜单"→"Anaconda"→"Jupyter Notebook"，打开 Jupyter Notebook Home 界面，如图 2-22 所示。

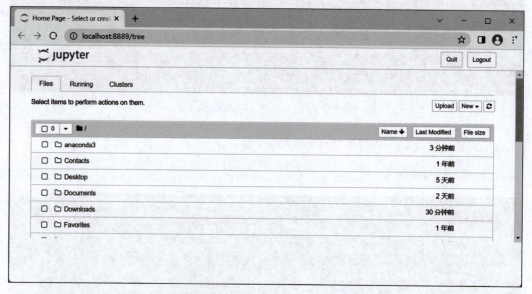

图 2-22　Jupyter Notebook Home 界面

（2）单击右上方"New"按钮，如图 2-23 所示。

其中，"Text File"为纯文本型，"Folder"为文件夹，"Python 3"表示 Python 运行脚本。

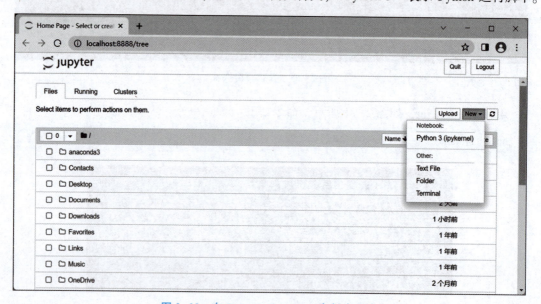

图 2-23　在 Jupyter Notebook 中创建文件

选择 Python 3 创建 Python 脚本，如图 2-24 所示。

Notebook 文档由一系列单元（Cell）构成，主要有代码和 MarkDown 两种形式的单元。代码单元是编写代码的地方，MarkDown 单元是对文本进行编辑。每个单元输入内容后通过运行按钮或者快捷键 Shift+Enter 运行即可得到结果。

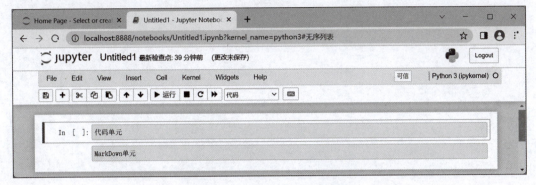

图 2-24　Python 脚本编辑界面

2. MarkDown 单元中的语法标记

（1）以 "#" 开头表示标题。

一个 "#" 为一级标题，以此类推，"#" 和标题之间放一个空格。例如：

```
# 一级标题
## 二级标题
### 三级标题
#### 四级标题
##### 五级标题
```

运行结果如图 2-25 所示。

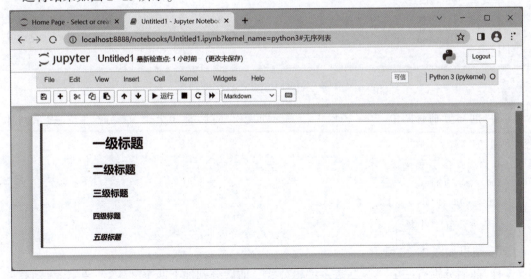

图 2-25　MarkDown 单元中的标题

（2）以"＊""＋"或"－"开头表示无序列表，"＊""＋"或"－"与列表项之间放一个空格。例如：

＊语文

＊数学

＊英语

＋地球

＋月球

＋火星

－中文

－英文

1. 电脑

2. 手机

3. IPAD

运行结果如图2-26所示。

图 2-26　MarkDown 单元中的列表

（3）前后分别有两个"＊"或"_"表示加粗，前后有3个"＊"或"_"表示斜体。例如：

＊＊前后两个"＊"加粗＊＊

__前后两个"_"加粗__

＊＊＊前后三个"＊"斜体＊＊＊

___前后三个"_"斜体___

运行结果如图2-27所示。

（4）前后分别有一个"＄"表示编辑公式。前后分别加上两个"＄＄"表示数学区块。例如："$\Delta s = aT^2$"，运行结果如图2-28所示。

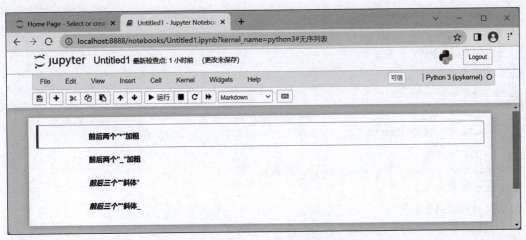

图 2-27　MarkDown 单元中的斜体和加粗

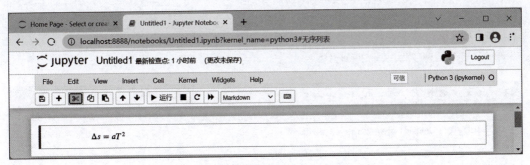

图 2-28　MarkDown 单元中的数学公式

（5）表格。

代码的第一行表示表头，第二行是表头和主体部分的分割线，从第三行开始，每一行代表一个记录；列与列之间用符号"｜"隔开，表格每一行的两边也要有符号"｜"。例如：

```
学号   |姓名 |  性别  |
——————— | —————— | —————— |
| 001  | 张三  |男  |
| 002  | 李四  |女  |
| 003  | 王五  |男  |
```

运行结果如图 2-29 所示。

（二）使用第三方应用资源

1. TensorFlow/Keras

使用 TensorFlow 构建简单线性回归模型：

```
import tensorflow as tf
# 创建数据集
X=tf. constant([1,2,3,4],dtype=tf. float32)
y=tf. constant([2,4,6,8],dtype=tf. float32)
```

```
# 定义模型参数
W=tf. Variable(1. 0)
b=tf. Variable(0. 0)
# 定义损失函数
def loss(W,b):
    y_pred=W * X+b
    return tf. reduce_mean(tf. square(y_pred - y))
# 定义优化器
optimizer=tf. optimizers. SGD(learning_rate=0. 01)
# 训练模型
for i in range(100):
    with tf. GradientTape()as tape:
        current_loss=loss(W,b)
    gradients=tape. gradient(current_loss,[W,b])
     optimizer. apply_gradients(zip(gradients,[W,b]))
# 输出最终结果
print(f"W:{W. numpy()},b:{b. numpy()}")
```

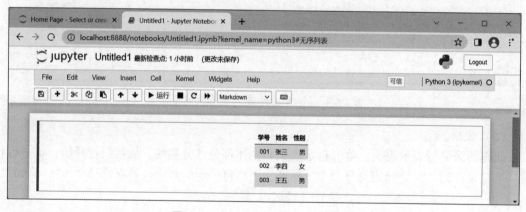

图 2-29　MarkDown 单元中的表格

使用 Keras 构建简单的卷积神经网络（CNN）：

```
import tensorflow as tf
from tensorflow. keras import layers,models
# 创建模型
model=models. Sequential()
model. add(layers.  Conv2D(32,(3,3),activation=' relu' ,input_shape=(28,28,1)))
model. add(layers. MaxPooling2D((2,2)))
model. add(layers.  Conv2D(64,(3,3),activation=' relu' ))
model. add(layers. MaxPooling2D((2,2)))
model. add(layers.  Conv2D(64,(3,3),activation=' relu' ))
model. add(layers. Flatten())
```

```
model. add(layers. Dense(64,activation=' relu' ))
model. add(layers. Dense(10,activation=' softmax' ))
# 编译模型
model. compile(optimizer=' adam' ,
               loss=' sparse_categorical_crossentropy' ,
               metrics=[' accuracy' ])
# 加载数据
mnist=tf. keras. datasets. mnist
(x_train,y_train),(x_test,y_test)=mnist. load_data()
x_train,x_test=x_train / 255. 0,x_test / 255. 0
# 训练模型
model. fit(x_train,y_train,epochs=5)
# 评估模型
test_loss,test_acc=model. evaluate(x_test,y_test)
print(f"Test accuracy:{test_acc}")
```

2. PyTorch

使用 PyTorch 构建简单线性回归模型：

```
import torch
# 创建数据集
X=torch. tensor([[1. 0],[2. 0],[3. 0],[4. 0]],requires_grad=True)
y=torch. tensor([[2. 0],[4. 0],[6. 0],[8. 0]])
# 定义模型参数
W=torch. tensor([1. 0],requires_grad=True)
b=torch. tensor([0. 0],requires_grad=True)
# 定义损失函数
def loss(W,b):
    y_pred=W * X+b
    return torch. mean((y_pred-y) ** 2)
# 定义优化器
optimizer=torch. optim. SGD([W,b],lr=0. 01)
# 训练模型
for i in range(100):
    optimizer. zero_grad()
    current_loss=loss(W,b)
    current_loss. backward()
    optimizer. step()
# 输出最终结果
print(f"W:{W. item()},b:{b. item()}")
```

3. 百度飞桨

使用飞桨构建线性回归模型：

```
import paddle
import numpy as np
# 创建数据集
X=np. random. rand(100,1). astype(' float32' )
y=2 * X+1+0. 1 * np. random. randn(100,1). astype(' float32' )
# 定义模型
class LinearRegression(paddle. nn. Layer):
    def __init__(self):
        super(LinearRegression,self). __init__()
        self. linear=paddle. nn. Linear(1,1)
    def forward(self,x):
        return self. linear(x)
# 创建模型实例
model=LinearRegression()
# 定义损失函数和优化器
loss_fn=paddle. nn. MSELoss()
opt=paddle. optimizer. SGD(learning_rate=0. 01,parameters=model. parameters())
# 训练模型
for epoch in range(100):
    y_pred=model(paddle. to_tensor(X))
    loss=loss_fn(y_pred,paddle. to_tensor(y))
    loss. backward()
    opt. step()
    opt. clear_grad()
    if(epoch+1)% 10==0:
        print(f"Epoch [{epoch+1}/100],Loss:{loss. item()}")
# 输出最终结果
print("Training completed. ")
```

4. Caffe

使用 Caffe 构建卷积神经网络：

（1）定义网络结构（train_val. prototxt）：

```
name:"SimpleNet"              bottom:"data"                pool:MAX
layer {                       top:"conv1"                  kernel_size:2
  name:"data"                 param {                      stride:2
  type:"Data"                     lr_mult:1                }
  top:"data"                  }                            }
  top:"label"                 param {                      layer {
  include {                       lr_mult:2                  name:"fc1"
    phase:TRAIN               }                              type:"InnerProduct"
  }                           convolution_param {            bottom:"pool1"
```

```
transform_param {                    num_output:20              top:"fc1"
    scale:0. 00390625                pad:2                      inner_product_param {
}                                    kernel_size:5                 num_output:500
data_param {                         stride:1                   }
    source:"train_lmdb"          }                            }
    batch_size:64                                            layer {
    backend:LMDB                 }                               name:"loss"
}                                layer {                         type:
}                                    name:"pool1"                "SoftmaxWithLoss"
layer {                              type:"Pooling"              bottom:"fc1"
    name:"conv1"                     bottom:"conv1"              bottom:"label"
    type:"Convolution"               top:"pool1"                 top:"loss"
                                     pooling_param {         }
```

（2）训练模型：

```
# 编译 Caffe
make all-j8

# 训练网络
. /build/tools/caffe train \
    -- solver=examples/mnist/mnist_auto_solver. prototxt
```

（3）预测：

```
. /build/tools/caffe classify \
    -- model=examples/mnist/lenet_auto_train_val. prototxt \
    -- weights=examples/mnist/lenet_iter_10000. caffemodel \
    -- image_file=data/mnist/test. png
```

5. MXNet

使用 MXNet 构建线性回归模型：

```
from mxnet import nd,autograd,gluon
# 创建数据集
X=nd. random. normal(shape=(1000,2))
true_w=[2,-3. 4]
true_b=4. 2
y=true_w[0] * X[:,0]+true_w[1] * X[:,1]+true_b
y+=0. 01 * nd. random. normal(shape=y. shape)
# 定义模型
net=gluon. nn. Sequential()
net. add(gluon. nn. Dense(1))
# 初始化模型参数
net. initialize()
```

```
# 定义损失函数
loss＝gluon. loss. L2Loss()
# 定义优化器
trainer＝gluon. Trainer(net. collect_params(),' sgd' ,{' learning_rate' :0. 1})
# 训练模型
batch_size＝10
dataset＝gluon. data.  ArrayDataset(X,y)
data_iter＝gluon. data. DataLoader(dataset,batch_size,shuffle＝True)
for epoch in range(10):
    for x,y in data_iter:
        with autograd. record():
            output＝net(x)
            l＝loss(output,y)
        l. backward()
        trainer. step(batch_size)
    print(f"Epoch [{epoch+1}/10],Loss:{loss(net(X),y). mean(). asscalar()}")
# 输出最终结果
params＝net. collect_params()
print(f"Estimated w:{params[' dense0_weight' ]. data()},Estimated b:{params[' dense0_bias' ]. data()}")
```

【知识拓展】

过去的十年，深度学习框架在中国发展迅速，已经实现本地化并拥有自主知识产权：

1. 百度飞桨（PaddlePaddle）。

百度公司于 2016 年 9 月 1 日在百度世界大会宣布将为中国市场量身定制的百度深度学习框架对外开放，命名为百度飞桨。该框架在中文数据处理、本地化技术支持和服务等方面具有可比优势，拥有庞大的开发者社区，以及丰富的教程和文档资源，有助于降低入门难度。它提供从模型训练直到部署的一站式解决方案，包括模型库、开发套件、工具组件等，方便生态企业快速搭建 AI 系统。框架针对国内硬件环境进行优化，能更好地支持国产芯片。

2. MindSpore。

华为公司于 2019 年发布 MindSpore 深度学习框架，设计时考虑到了隐私保护的重要性，支持联邦学习等特性，可以在不共享原始数据的情况下进行模型训练，在不同设备之间无缝迁移，实现从边缘设备到云端服务器运行相同的代码。

总体来看，百度飞桨和 MindSpore 在中国市场的适应性和优化方面均有其独特的应用场景和优势。这些框架不仅推动我国在人工智能领域的研究与开发，也反映出我国在全球 AI 竞赛中的积极参与。随着中国对自主可控技术需求的增加，国产框架将会得到更多支持和发展。中国政府对于人工智能产业的支持，以及国内企业和研究机构对于 AI 技术的投资，都在不断促进该领域的进步。

【模块自测】

(1) 以下哪个选项是一个用于科学计算的 Python 发行版？（　　）

A. PyCharm   B. Jupyter Notebook

C. Anaconda   D. TensorFlow

(2) 如果需要在本地计算机上设置一个可以运行 Python 脚本的环境，你应该（　　）。

A. 安装 Anaconda   B. 安装 Jupyter Notebook

C. 安装第三方应用资源   D. 以上全部

(3) 使用 Jupyter Notebook 时，可以（　　）。

A. 编写和执行 Python 代码   B. 运行 Web 应用程序

C. 管理版本控制   D. 调试代码

(4) 当需要在本地环境中使用外部库时，你应该（　　）。

A. 安装 Anaconda   B. 使用 pip 或 conda 安装库

C. 使用 PyCharm   D. 使用 TensorFlow

(5) 关于 MarkDown，以下描述正确的是（　　）。

A. 前后分别有一个"＊"或"_"表示加粗，前后有两个"＊"或"_"表示斜体

B. 以"＊""+"或"–"开头表示无序列表，列表项紧跟"＊""+"或"–"

C. 前后分别有两个"＄"表示编辑公式

D. "#"开头表示标题

任务二　使用 Numpy、Pandas 和 Matplotlib

一、Numpy 操作

（一）认识 Numpy

Numpy（Numerical Python）是 Python 编程语言中用于科学计算的一个基础库，为 Python 提供了高性能的多维数组对象以及用于操作这些数组的工具。Numpy 是许多科学计算库的基础，如 SciPy、Pandas、Matplotlib 等。

（二）Ndarray 对象

Ndarray（N-dimensional array）是 Numpy 库中的核心数据结构，它是一个多维数组对象，用于存储同数据类型的数据，提供了许多属性和方法，用以高效地处理数组数据。

1. 创建基本数组

Ndarray 通过 array 函数创建数组：

numpy. array（object，dtype＝None，copy＝True，order＝'K'，subok＝False，ndmin＝0）

其中：

object 表示要创建的数组。

dtype 表示数组所需的数据类型，如果未指定，会根据 object 自动推断，默认值为 None。

copy 控制是否从 object 复制数据。如果为 True，即使 object 已经是一个 Ndarray，也会创

建一个新副本。

order：指定数组元素的存储顺序。C 表示按行存储，F 表示按列存储，A 表示与输入相同的存储顺序，K 表示尽可能保持原有存储顺序，默认值为 K。

subok：如果为 True，则保留子类类型，默认值为 False。

ndmin 用于指定数组应该具有的最小维数，默认值为 0。

例如：创建一个 2×3 的数组 arr = np. array([[1,2,3],[4,5,6],[7,8,9]])，结果如图 2-30 所示。

```
In [31]: import numpy as np

         # 创建2×3的数组
         arr=np.array([[1,2,3],[4,5,6],[7,8,9]])
         arr
Out[31]: array([[1, 2, 3],
                [4, 5, 6],
                [7, 8, 9]])
```

图 2-30　创建数组

2. 创建有规则的数组

除了基本数组之外，Ndarray 还可以通过函数来创建一些有规则的数组。例如：
（1）创建 2×3 的全零矩阵。

```
zeros_arr=np. zeros([2,3])S
```

（2）创建 3×2 的全一矩阵。

```
ones_arr=np. ones [3,2]
```

（3）创建 3×3 矩阵，用 3.14 填充。

```
filled_arr=np. full((3,3),3.14)
```

（4）创建 0~10 的整数的数组。

```
arange_arr=np. arange(0,10)
```

（5）创建在 0~1 的 10 个元素的等差数列。

```
linspace _arr=np. linspace(0,1,10)
```

结果如图 2-31 所示。

3. 创建随机数组

（1）创建一个 2×3 的随机数组。

```
rand_array=np. random. rand(2,3)
```

（2）创建一个 3×4 的随机整数数组。

```
int_array=np. random. randint(1,10,size=(2,3))
```

（3）创建一个 2×3 的随机正态分布数组。

```
normal_array=np. random. randn(2,3)
```

```
In  [9]:  import numpy as np

          # 创建2x3的全零矩阵
          zeros_arr= np.zeros([2,3])
          zeros_arr

Out[9]:   array([[0., 0., 0.],
                 [0., 0., 0.]])
```

```
In  [11]: # 创建3x2的全一矩阵
          ones_arr= np.ones([3,2])
          ones_arr

Out[11]:  array([[1., 1.],
                 [1., 1.],
                 [1., 1.]])
```

```
In  [22]: # 创建3x3矩阵，用3.14填充
          filled_arr =np.full((3,3), 3.14)
          filled_arr

Out[22]:  array([[3.14, 3.14, 3.14],
                 [3.14, 3.14, 3.14],
                 [3.14, 3.14, 3.14]])
```

```
In  [21]: # 创建0~10的整数的数组
          arange_arr= np.arange(0,10)
          arange_arr

Out[21]:  array([0, 1, 2, 3, 4, 5, 6, 7, 8, 9])
```

```
In  [24]: # 创建在0~1的10个元素的等差数列
          linspace_arr=np.linspace(0,1,10)
          linspace_arr

Out[24]:  array([0.        , 0.11111111, 0.22222222, 0.33333333, 0.44444444,
                 0.55555556, 0.66666667, 0.77777778, 0.88888889, 1.        ])
```

图 2-31　创建特定数组

（4）创建一个 3×3 的随机正态分布数组，均值为 5，标准差为 2。

```
normal_loc_scale_array=np.random.normal(loc=5,scale=2,size=(2,3))
```

（5）从一个数组中随机抽取元素。

```
choices_array=np.random.choice([1,2,3,4,5],size=(2,3),replace=True)
```

结果如图 2-32 所示。

4. Ndarray 的属性

Ndarray 的常用属性如表 2-1 所示，Ndarray 的属性示例如图 2-33 所示。

表 2-1　Ndarray 的常用属性

名称	说明
shape	返回 tuple，表示数组的维度大小。例如（2，3）表示一个 2 行 3 列的二维数组
dtype	返回数据类型对象，描述数组中每个元素的数据类型。例如，np.int32，np.float64
ndim	返回 int，数组的维度数目
size	返回 int，数组中元素的总数
itemsize	返回 int，数组中每个元素所占的字节数
data	返回一个缓冲区对象，指向数组中第一个元素的内存位置
flags	返回一个类似字典的对象，提供数组存储和内存布局相关信息

```
In [25]:  # 创建随机数组
          # 创建一个 2×3 的随机数组
          rand_array = np.random.rand(2, 3)
          rand_array

Out[25]:  array([[0.38562552, 0.24586009, 0.47198334],
                 [0.73068611, 0.20893229, 0.22577961]])

In [26]:  # 创建一个 3×4 的随机整数数组
          int_array = np.random.randint(1, 10, size=(2, 3))
          int_array

Out[26]:  array([[1, 6, 2],
                 [6, 4, 7]])

In [27]:  # 创建一个 2×3 的随机正态分布数组
          normal_array = np.random.randn(2, 3)
          normal_array

Out[27]:  array([[ 0.53634238,  1.5094527 , -0.80773152],
                 [ 0.82618042, -0.07817418,  0.14418932]])

In [28]:  # 创建一个 3×3 的随机正态分布数组，均值为 5，标准差为 2
          normal_loc_scale_array = np.random.normal(loc=5, scale=2, size=(2, 3))
          normal_loc_scale_array

Out[28]:  array([[1.95440085, 7.73954872, 3.58818059],
                 [7.7743133 , 4.2978775 , 6.36703235]])

In [29]:  # 从一个数组中随机抽取元素
          choices_array = np.random.choice([1, 2, 3, 4, 5], size=(2, 3), replace=True)
          choices_array

Out[29]:  array([[4, 1, 3],
                 [3, 1, 1]])
```

图 2-32　创建随机数组

```
In [1]:  import numpy as np

         #创建一个2*3的二维数组
         arr = np.array([[1,2,3],[4,5,6]])
         print('arr=', arr)

         #数组属性
         print("数组维度大小Shape:", arr.shape)
         print("元素的数据类型Data type:", arr.dtype)
         print("数组的维度数目：", arr.ndim)
         print("数组中元素的总数：", arr.size)
         print("数组中每个元素所在的字节数：", arr.itemsize)
         print("数组中第一个元素的内存位置：", arr.data)
         print("数组存储和内存布局相关信息：", arr.flags)

         arr= [[1 2 3]
          [4 5 6]]
         数组维度大小Shape: (2, 3)
         元素的数据类型Data type: int32
         数组的维度数目： 2
         数组中元素的总数： 6
         数组中每个元素所在的字节数： 4
         数组中第一个元素的内存位置： <memory at 0x000001DCD47B5630>
         数组存储和内存布局相关信息：  C_CONTIGUOUS : True
           F_CONTIGUOUS : False
           OWNDATA : True
           WRITEABLE : True
           ALIGNED : True
           WRITEBACKIFCOPY : False
```

图 2-33　Ndarray 的属性示例

（三）形状操作

Numpy 的 Ndarray 对象提供了多种方法来操作数组的形状。这些方法允许你改变数组的维度、扁平化数组、重复数组元素等。表 2-2 中列出了一些常用的形状操作函数。

表 2-2　改变数组形状的函数

名称	说明
reshape	改变数组的形状而不改变元素
transpose	数组转置，即调换数组的轴
ravel	返回一个包含原始数组所有元素的一维视图
flatten	返回一个新数组，该数组为包含原始数组的所有元一维数组
hstack/vstack	数组横向/纵向组合
concatenate	数组组合，参数 axis＝1 时横向组合，axis＝0 时纵向组合
hsplit/vsplit	数组横向/纵向分割
split	数组分割，参数 axis＝1 时横向分割，axis＝0 时纵向分割

1. 改变数组形状和数组转置

创建一维数组 arr＝np.arange(1,25)，将 arr 转换成 4 行 6 列的二维数组，再将其转置。结果如图 2-34 所示。

```
In [1]: import numpy as np

In [5]: arr=np.arange(1,25)
        arr
Out[5]: array([ 1,  2,  3,  4,  5,  6,  7,  8,  9, 10, 11, 12, 13, 14, 15, 16, 17,
               18, 19, 20, 21, 22, 23, 24])

In [6]: reshape_arr=arr.reshape((4,6))
        reshape_arr
Out[6]: array([[ 1,  2,  3,  4,  5,  6],
               [ 7,  8,  9, 10, 11, 12],
               [13, 14, 15, 16, 17, 18],
               [19, 20, 21, 22, 23, 24]])

In [7]: transpose_arr=reshape_arr.transpose()
        transpose_arr
Out[7]: array([[ 1,  7, 13, 19],
               [ 2,  8, 14, 20],
               [ 3,  9, 15, 21],
               [ 4, 10, 16, 22],
               [ 5, 11, 17, 23],
               [ 6, 12, 18, 24]])
```

图 2-34　改变数组形状和转置

2. 多维数组扁平化

将数组 transpose_arr 改变形状为（4，6）后，将其与 reshape_arr 分别用 ravel 和 flatten 进行扁平化转换。结果如图 2-35 所示。

```
In [13]: ravel_arr=reshape_arr.ravel()
         ravel_arr
Out[13]: array([ 1,  2,  3,  4,  5,  6,  7,  8,  9, 10, 11, 12, 13, 14, 15, 16, 17,
                18, 19, 20, 21, 22, 23, 24])

In [14]: flatten_arr=transpose_arr.flatten()
         flatten_arr
Out[14]: array([ 1,  7, 13, 19,  2,  8, 14, 20,  3,  9, 15, 21,  4, 10, 16, 22,  5,
                11, 17, 23,  6, 12, 18, 24])
```

图 2-35　数组扁平化

3. 数组组合

将数组 reshape_arr 和 transpose_arr 分别用 hstack/vstack 和 concatenate 进行横向和纵向组合。结果如图 2-36、图 2-37 所示。

```
In [21]: transpose_arr_reshape=transpose_arr.reshape((4,6))
         transpose_arr_reshape

Out[21]: array([[ 1,  7, 13, 19,  2,  8],
                [14, 20,  3,  9, 15, 21],
                [ 4, 10, 16, 22,  5, 11],
                [17, 23,  6, 12, 18, 24]])
```

```
In [25]: hstack_arr=np.hstack([reshape_arr, transpose_arr_reshape])
         hstack_arr

Out[25]: array([[ 1,  2,  3,  4,  5,  6,  1,  7, 13, 19,  2,  8],
                [ 7,  8,  9, 10, 11, 12, 14, 20,  3,  9, 15, 21],
                [13, 14, 15, 16, 17, 18,  4, 10, 16, 22,  5, 11],
                [19, 20, 21, 22, 23, 24, 17, 23,  6, 12, 18, 24]])
```

```
In [26]: vstack_arr=np.vstack([reshape_arr, transpose_arr_reshape])
         vstack_arr

Out[26]: array([[ 1,  2,  3,  4,  5,  6],
                [ 7,  8,  9, 10, 11, 12],
                [13, 14, 15, 16, 17, 18],
                [19, 20, 21, 22, 23, 24],
                [ 1,  7, 13, 19,  2,  8],
                [14, 20,  3,  9, 15, 21],
                [ 4, 10, 16, 22,  5, 11],
                [17, 23,  6, 12, 18, 24]])
```

图 2-36　hstack/vstack 组合数组

```
In [27]: hconcatenate_arr=np.concatenate([reshape_arr, transpose_arr_reshape], axis=1)
         hconcatenate_arr

Out[27]: array([[ 1,  2,  3,  4,  5,  6,  1,  7, 13, 19,  2,  8],
                [ 7,  8,  9, 10, 11, 12, 14, 20,  3,  9, 15, 21],
                [13, 14, 15, 16, 17, 18,  4, 10, 16, 22,  5, 11],
                [19, 20, 21, 22, 23, 24, 17, 23,  6, 12, 18, 24]])
```

```
In [28]: vconcatenate_arr=np.concatenate([reshape_arr, transpose_arr_reshape], axis=0)
         vconcatenate_arr

Out[28]: array([[ 1,  2,  3,  4,  5,  6],
                [ 7,  8,  9, 10, 11, 12],
                [13, 14, 15, 16, 17, 18],
                [19, 20, 21, 22, 23, 24],
                [ 1,  7, 13, 19,  2,  8],
                [14, 20,  3,  9, 15, 21],
                [ 4, 10, 16, 22,  5, 11],
                [17, 23,  6, 12, 18, 24]])
```

图 2-37　conncatenate 组合数组

4. 数组分割

将数组 vconcatenate_arr 分别用 hsplit/vsplit 和 split 横向和纵向分割成两份，结果如图 2-38、图 2-39 所示。

(四) 切片

NumPy 中的数组切片是用于提取数组的一部分或多个部分。切片允许以简洁的方式访问数组中的元素，不必显式地循环遍历数组。

语法：array[start:stop:step]

start：开始索引的位置（包含），默认为 0。

```
In [31]: hsplit_arr=np.hsplit(vconcatenate_arr,2)
         hsplit_arr
Out[31]: [array([[ 1,  2,  3],
                 [ 7,  8,  9],
                 [13, 14, 15],
                 [19, 20, 21],
                 [ 1,  7, 13],
                 [14, 20,  3],
                 [ 4, 10, 16],
                 [17, 23,  6]]),
          array([[ 4,  5,  6],
                 [10, 11, 12],
                 [16, 17, 18],
                 [22, 23, 24],
                 [19,  2,  8],
                 [ 9, 15, 21],
                 [22,  5, 11],
                 [12, 18, 24]])]

In [32]: vsplit_arr=np.vsplit(vconcatenate_arr,2)
         vsplit_arr
Out[32]: [array([[ 1,  2,  3,  4,  5,  6],
                 [ 7,  8,  9, 10, 11, 12],
                 [13, 14, 15, 16, 17, 18],
                 [19, 20, 21, 22, 23, 24]]),
          array([[ 1,  7, 13, 19,  2,  8],
                 [14, 20,  3,  9, 15, 21],
                 [ 4, 10, 16, 22,  5, 11],
                 [17, 23,  6, 12, 18, 24]])]
```

图 2-38　hsplit 和 vsplit 分割数组

```
In [33]: hsplit_arr=np.split(vconcatenate_arr,2,axis=1)
         hsplit_arr
Out[33]: [array([[ 1,  2,  3],
                 [ 7,  8,  9],
                 [13, 14, 15],
                 [19, 20, 21],
                 [ 1,  7, 13],
                 [14, 20,  3],
                 [ 4, 10, 16],
                 [17, 23,  6]]),
          array([[ 4,  5,  6],
                 [10, 11, 12],
                 [16, 17, 18],
                 [22, 23, 24],
                 [19,  2,  8],
                 [ 9, 15, 21],
                 [22,  5, 11],
                 [12, 18, 24]])]

In [34]: vsplit_arr=np.split(vconcatenate_arr,2,axis=0)
         vsplit_arr
Out[34]: [array([[ 1,  2,  3,  4,  5,  6],
                 [ 7,  8,  9, 10, 11, 12],
                 [13, 14, 15, 16, 17, 18],
                 [19, 20, 21, 22, 23, 24]]),
          array([[ 1,  7, 13, 19,  2,  8],
                 [14, 20,  3,  9, 15, 21],
                 [ 4, 10, 16, 22,  5, 11],
                 [17, 23,  6, 12, 18, 24]])]
```

图 2-39　split 分割数组

stop：结束索引的位置（不包含），默认为数组的长度。

step：索引之间的步长，默认为 1。

1. 一维数组切片

创建一维数组 arr1 = array[1.9,2.6,3.5,4.8,5.7]，对数组进行表 2-3 中的切片，并且比较 f 和 g 的 shape 和 dtype 的不同。

表 2-3　一维数组切片范例

选择数组 arr1 的第一个元素	arr1[0]
选择数组 arr1 的第二个元素	arr1[-4]
选择数组 arr1 的第二、三、四三个元素	arr1[1:4]
选择数组 arr1 的第一、二两个元素	arr1[-5:-3]
选择数组 arr1 中大于 3 的元素	arr1[arr1>3]
选择数组 arr1 的第三个元素	f=arr1[2]
选择数组 arr1 的第三个元素	g=arr1[2:3]

结果如图 2-40 所示。

```
In [12]: import numpy as np

arr1=np.array([1.9, 2.6, 3.5, 4.8, 5.7])              #创建一维数组arr1
print("arr1=", arr1)
print("a=", arr1[0])                        #取数组arr1的第一个元素
print("b=", arr1[-4])                       #取数组arr1的第二个元素
print("c=", arr1[1:4])                      #取数组arr1的第二、三、四三个元素
print("d=", arr1[-5:-3])                    #取数组arr1的第一、二两个元素
print("e=", arr1[arr1>3])                   #取数组arr1中大于3的元素
f=arr1[2]                     #取数组arr1的第三个元素
g=arr1[2:3]                   #取数组arr1的第三个元素
print("f=", f, "a的维度是", f.shape, "a的类型是", f.dtype)
print("g=", g, "b的维度是", g.shape, "b的类型是", g.dtype)

arr1= [1.9 2.6 3.5 4.8 5.7]
a= 1.9
b= 2.6
c= [2.6 3.5 4.8]
d= [1.9 2.6]
e= [3.5 4.8 5.7]
f= 3.5 a的维度是 () a的类型是 float64
g= [3.5] b的维度是 (1,) b的类型是 float64
```

图 2-40　一维数组切片

2. 多维数组切片

创建一维数组 arr2=np.arange(0,25)，将 arr2 转换成 5 行 5 列的二维数组，再将其转置，如图 2-41 所示。

```
In [17]: import numpy as np

arr2=np.arange(0, 25)      #创建一维数组arr2
arr2

Out[17]: array([ 0,  1,  2,  3,  4,  5,  6,  7,  8,  9, 10, 11, 12, 13, 14, 15, 16,
               17, 18, 19, 20, 21, 22, 23, 24])

In [18]: arr2=arr2.reshape([5, 5])          #将一维数组改变成二维数组
arr2

Out[18]: array([[ 0,  1,  2,  3,  4],
               [ 5,  6,  7,  8,  9],
               [10, 11, 12, 13, 14],
               [15, 16, 17, 18, 19],
               [20, 21, 22, 23, 24]])

In [19]: arr2=arr2.transpose()              #数组转置
arr2

Out[19]: array([[ 0,  5, 10, 15, 20],
               [ 1,  6, 11, 16, 21],
               [ 2,  7, 12, 17, 22],
               [ 3,  8, 13, 18, 23],
               [ 4,  9, 14, 19, 24]])
```

图 2-41　创建多维数组

进行以下切片操作：

选择多维数组 arr2 的前两行。

选择多维数组 arr2 前 4 行，但每次间隔两行输出。

选择多维数组 arr2 的前两行和第 2 到第 3 列的子数组。

选择多维数组 arr2 的所有行和第 3 列和第 4 列的子数组。

选择多维数组 arr2 的所有行和第 3 列和第 4 列的子数组。

结果如图 2-42 所示。

```
In [20]: arr2[0:2]              #选择多维数组的前两行
Out[20]: array([[ 0,  5, 10, 15, 20],
                [ 1,  6, 11, 16, 21]])

In [21]: arr2[:4:2]            #选择前4行，但每次间隔行输出
Out[21]: array([[ 0,  5, 10, 15, 20],
                [ 2,  7, 12, 17, 22]])

In [23]: arr2[0:2,1:3]        #选择多维数组的前两行和第2到第3列的子数组
Out[23]: array([[ 5, 10],
                [ 6, 11]])

In [26]: arr2[:,2:4]          #选择多维数组的所有行和第3列和第4列的子数组
Out[26]: array([[10, 15],
                [11, 16],
                [12, 17],
                [13, 18],
                [14, 19]])
```

图 2-42　多维数组切片

（五）加、减、乘、除

Numpy 提供了丰富的功能来执行数组运算，这些运算可以是基本的算术运算，也可以是更复杂的数学和统计运算。对数组进行加、减、乘、除运算可以执行数组之间的逐元素的数学运算。

创建两个数组 arr1 = np.arange(0,20).reshape(4,5) 和 arr2 = np.arange(1,40,2).reshape(4,5)，如图 2-43 所示。对 arr1 和 arr2 进行加、减、乘、除运算，如图 2-44 所示。

```
In [35]: arr1 = np.arange(0, 20).reshape(4, 5)
         arr2 = np.arange(1, 40, 2).reshape(4, 5)

In [36]: arr1
Out[36]: array([[ 0,  1,  2,  3,  4],
                [ 5,  6,  7,  8,  9],
                [10, 11, 12, 13, 14],
                [15, 16, 17, 18, 19]])

In [37]: arr2
Out[37]: array([[ 1,  3,  5,  7,  9],
                [11, 13, 15, 17, 19],
                [21, 23, 25, 27, 29],
                [31, 33, 35, 37, 39]])
```

图 2-43　运算数组

```
In [42]: arr1+arr2
Out[42]: array([[ 1,  4,  7, 10, 13],
               [16, 19, 22, 25, 28],
               [31, 34, 37, 40, 43],
               [46, 49, 52, 55, 58]])
```

```
In [41]: arr1-arr2
Out[41]: array([[ -1,  -2,  -3,  -4,  -5],
               [ -6,  -7,  -8,  -9, -10],
               [-11, -12, -13, -14, -15],
               [-16, -17, -18, -19, -20]])
```

```
In [43]: arr1*arr2
Out[43]: array([[  0,   3,  10,  21,  36],
               [ 55,  78, 105, 136, 171],
               [210, 253, 300, 351, 406],
               [465, 528, 595, 666, 741]])
```

```
In [44]: arr1/arr2
Out[44]: array([[0.        , 0.33333333, 0.4       , 0.42857143, 0.44444444],
               [0.45454545, 0.46153846, 0.46666667, 0.47058824, 0.47368421],
               [0.47619048, 0.47826087, 0.48      , 0.48148148, 0.48275862],
               [0.48387097, 0.48484848, 0.48571429, 0.48648649, 0.48717949]])
```

图 2-44　数组加、减、乘、除运算

（六）聚合运算

Numpy 还提供了丰富的聚合函数来执行数组统计运算，常用的聚合函数有：

求和：np. sum(arr)

平均值：np. mean(arr)

标准差：np. std(arr)

最大值：np. max(arr)

最小值：np. min(arr)

累积和：np. cumsum(arr)

累积积：np. cumprod(arr)

创建数组 arr = np. arange(0,20). reshape(4,5)，对 arr 进行求和、平均值、标准差、最大值、最小值、累积和、累积积等聚合运算。结果如图 2-45 所示。

（七）广播

当参与运算的两个数组的形状不完全匹配时，Numpy 会尝试通过广播机制来匹配它们的形状。广播机制能够自动调整数组的形状，以便进行逐元素运算。

创建数组 arr = np. arange(0,20). reshape(4,5)，计算 arr+30，结果如图 2-46 所示。

二、Pandas 操作

（一）认识 Pandas

Pandas 是一个开源的用于数据处理和分析的 Python 库，提供了易于使用的数据结构和数据分析工具，特别适用于处理结构化数据，如表格型数据。Pandas 是数据科学和分析领域中常用的工具之一，它使用户能够轻松地从各种数据源中导入数据，并对数据进行高效的操作和分析。Pandas 主要引入了两种快速灵活的数据结构：Series 和 DataFrame。

```
In [53]:  arr = np.arange(1, 21).reshape(4, 5)
          arr

Out[53]:  array([[ 1,  2,  3,  4,  5],
                 [ 6,  7,  8,  9, 10],
                 [11, 12, 13, 14, 15],
                 [16, 17, 18, 19, 20]])
```

```
In [54]:  np.sum(arr)

Out[54]:  210
```

```
In [55]:  np.mean(arr)

Out[55]:  10.5
```

```
In [56]:  np.std(arr)

Out[56]:  5.766281297335398
```

```
In [57]:  np.max(arr)

Out[57]:  20
```

```
In [58]:  np.min(arr)

Out[58]:  1
```

```
In [59]:  np.cumsum(arr)

Out[59]:  array([  1,   3,   6,  10,  15,  21,  28,  36,  45,  55,  66,  78,  91,
                 105, 120, 136, 153, 171, 190, 210])
```

```
In [60]:  np.cumprod(arr)

Out[60]:  array([          1,           2,           6,          24,         120,
                        720,        5040,       40320,      362880,     3628800,
                   39916800,   479001600,  1932053504,  1278945280,  2004310016,
                 2004189184,  -288522240,  -898433024,   109641728, -2102132736])
```

图 2-45　数组聚合运算

```
In [61]:  arr = np.arange(1, 21).reshape(4, 5)
          arr

Out[61]:  array([[ 1,  2,  3,  4,  5],
                 [ 6,  7,  8,  9, 10],
                 [11, 12, 13, 14, 15],
                 [16, 17, 18, 19, 20]])
```

```
In [62]:  arr+30

Out[62]:  array([[31, 32, 33, 34, 35],
                 [36, 37, 38, 39, 40],
                 [41, 42, 43, 44, 45],
                 [46, 47, 48, 49, 50]])
```

图 2-46　广播

（二）Series

Series 是一维的带标签数组，可以容纳任何数据类型（整数、字符串、浮点数、Python 对象等），类似于一维数组和字典，将数据与索引关联起来。Pandas 通过 Series() 函数来创建 Series。例如：

```
data=["Google","Runoob","Wiki"]
series=pd.Series(data=data)
```

如图 2-47 所示。
也可以将字典转换成 Series，如图 2-48 所示。

```
In  [1]:  import pandas as pd
```

```
In  [2]:  data = ["Google", "Runoob", "Wiki"]
          series = pd.Series(data=data)
```

```
In  [3]:  series
```

```
Out[3]:  0    Google
         1    Runoob
         2      Wiki
         dtype: object
```

```
In  [4]:  series[1]
```

```
Out[4]:  'Runoob'
```

```
In  [5]:  s2 = pd.Series(data=data, index=["x", "y", "z"])
```

```
In  [6]:  s2
```

```
Out[6]:  x    Google
         y    Runoob
         z      Wiki
         dtype: object
```

```
In  [7]:  s2["y"]
```

```
Out[7]:  'Runoob'
```

图 2-47　创建 Series

```
In  [14]:  s3=pd.Series({"a":"Google", "b":"Runoob", "c":"Wiki"})
```

```
In  [15]:  s3
```

```
Out[15]:  a    Google
          b    Runoob
          c      Wiki
          dtype: object
```

图 2-48　将字典转换成 Series

Series 的常用方法如表 2-4 所示。

表 2-4　Series 的常用方法

名称	说明
head(n)	返回前 n 行
tail(n)	返回最后 n 行
describe( )	提供统计数据摘要
mean( )	计算均值
sum( )	计算总和
min( )	找到最小值
max( )	找到最大值
sort_values( )	按值排序
sort_index( )	按索引排序
isnull( )	判断是否存在缺失值

续表

名称	说明
notnull( )	判断是否不存在缺失值
fillna(value)	填充缺失值
dropna( )	删除缺失值
unique( )	获取唯一值
value_counts( )	获取每个唯一值的计数

（三）DataFrame 及其运算

DataFrame 是一个强大的二维数据结构，类似于电子表格或 SQL 数据库表，用于存储和操作结构化数据。DataFrame 由行和列组成，每列可以包含不同的数据类型。它既有行索引也有列索引，可以被看作由 Series 组成的字典（共同用一个索引），如图 2-49 和图 2-50 所示。

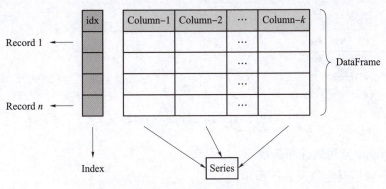

图 2-49　DataFrame 结构

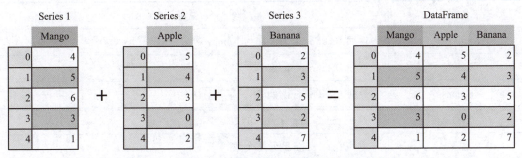

图 2-50　DataFrame 可以看成共用索引的 Series 构成

1. 构造 DataFrame

Pandas 可以通过 DataFrame( ) 方法构造 DataFrame。例如：

```
data=[[' Google' ,10],[' Runoob' ,12],[' Wiki' ,13]]
df=pd. DataFrame(data=data,columns=[' site' ,' age' ],index=[' x' ,' y' ,' z' ])
```

也可以通过字典构造 DataFrame，如：

```
data＝{' site' :2[' Google' ,' Runoob' ,' Wiki' ],' age' :[10,12,13]}
df2＝pd. DataFrame(data＝data,index＝[' x' ,' y' ,' z' ])
```

结果如图 2-51 所示。

```
In  [2]:  import pandas as pd

In  [3]:  data = [['Google',10],['Runoob',12],['Wiki',13]]
          df = pd.DataFrame(data=data, columns=['site', 'age'], index=['x', 'y','z'])

In  [4]:  df

Out[4]:         site   age
          x   Google    10
          y   Runoob    12
          z    Wiki     13

In  [5]:  data = {'site':['Google', 'Runoob', 'Wiki'], 'age':[10, 12, 13]}
          df2 = pd.DataFrame(data=data, index=['x', 'y', 'z'])

In  [6]:  df2

Out[6]:         site   age
          x   Google    10
          y   Runoob    12
          z    Wiki     13
```

图 2-51　DataFrame 的构造

2. DataFrame 常用属性和函数

DataFrame 常用属性如表 2-5 所示。

表 2-5　DataFrame 常用属性

名称	说明
values	返回 DataFrame 的值作为 Numpy 数组
index	返回 DataFrame 的索引
columns	返回 DataFrame 的列名
dtypes	返回 DataFrame 中每列的数据类型
size	返回 DataFrame 的元素个数
ndim	返回 DataFrame 的维度数
shape	返回 DataFrame 的形状，即（行数，列数）

DataFrame 常用函数如表 2-6 所示。

表 2-6　DataFrame 常用函数

名称	说明
head(n)	返回前 n 行
tail(n)	返回最后 n 行
describe( )	提供统计数据摘要
mean( )	计算均值
sum( )	计算总和
min( )	找到最小值
max( )	找到最大值
sort_values(by, ascending)	按值排序
sort_index(axis)	按索引排序
isnull( )	判断是否存在缺失值
notnull( )	判断是否不存在缺失值
fillna(value)	填充缺失值
dropna( )	删除缺失值
unique( )	获取唯一值
value_counts( )	获取每个唯一值的计数
groupby( )	对数据进行分组
merge( )	合并 DataFrame
pivot( )	创建透视表
agg(func)	应用聚合函数

3. 访问 DataFrame 数据

DataFrame 的单列数据为一个 Series。根据 DataFrame 的定义看出 DataFrame 是一个带有标签的二维数组，每个标签相当于每一列的列名，可以通过数据标签访问单列数据。例如：

df[' age'] 或者 df. age

结果如图 2-52 所示。

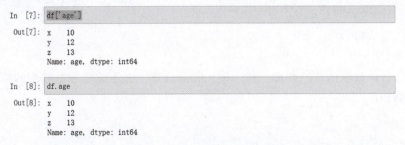

图 2-52　通过标签访问数据

也可以通过 head(n) 和 tail(n) 访问 DataFrame 的前面 n 行和后面 n 行，还可以使用 loc，iloc 方法来访问数据。Loc 和 iloc 的区别是，loc 根据行、列的标签访问数据，iloc 根据行、列的位置访问数据。例如：

```
df. loc[:,' age' ]
df. loc[[' y' ,' z' ],[' age' ]]
df. iloc[0:2,1:2]
```

结果如图 2-53 所示。

```
In  [9]:   # 基于标签选择数据
           df.loc[:, 'age']
Out[9]:    x    10
           y    12
           z    13
           Name: age, dtype: int64

In  [10]:  df.loc[['y', 'z'], ['age']]
Out[10]:        age
           y     12

           z     13

In  [13]:  # 基于位置选择数据
           df.iloc[0:2, 1:2]
Out[13]:        age
           x     10

           y     12
```

图 2-53　loc 和 iloc 访问数据

4. DataFrame 数据处理

（1）数据合并和连接。

使用 concat( ) 和 merge( ) 等方法，可以将多个 DataFrame 进行合并和连接，以便进行更复杂的分析。例如：

```
data1 = {' Name' :[' Alice' ,' Bob' ,' Charlie' ],
         ' Age' :[25,30,35]}
data2 = {' Name' :[' Dave' ,' Eve' ,' Frank' ],
         ' Age' :[28,32,37]}
df1 = pd. DataFrame(data = data1)
df2 = pd. DataFrame(data = data2)
merged_df = pd. concat([df1,df2])
```

结果如图 2-54 所示。

（2）列操作。

对列进行各种数学运算，如加、减、乘、除等运算，在不改变数据结构的情况下对数据进行修改。例如：

```
merged_df[' Age' ]+5
merged_df[' Age5' ] = merged_df[' Age' ]+5
```

```
In [1]: import pandas as pd

In [2]: data1 = {'Name': ['Alice', 'Bob', 'Charlie'],
                 'Age': [25, 30, 35]}
        data2 = {'Name': ['Dave', 'Eve', 'Frank'],
                 'Age': [28, 32, 37]}
        df1 = pd.DataFrame(data=data1)
        df2= pd.DataFrame(data = data2)

In [3]: # 拼接数据
        merged_df = pd.concat([df1, df2])

In [4]: merged_df
```

Out[4]:

	Name	Age
0	Alice	25
1	Bob	30
2	Charlie	35
0	Dave	28
1	Eve	32
2	Frank	37

图 2-54　连接 DataFrame

结果如图 2-55 所示。

```
In [5]: # 数值操作
        merged_df['Age']+5

Out[5]: 0    30
        1    35
        2    40
        0    33
        1    37
        2    42
        Name: Age, dtype: int64

In [6]: merged_df['Age5'] = merged_df['Age']+5

In [7]: merged_df
```

Out[7]:

	Name	Age	Age5
0	Alice	25	30
1	Bob	30	35
2	Charlie	35	40
0	Dave	28	33
1	Eve	32	37
2	Frank	37	42

图 2-55　DataFrame 列操作

（3）统计运算。

使用函数进行计算列的统计，使你能够了解数据的分布和特征。例如：

```
merged_df['Age'].max()
merged_df['Age'].min()
merged_df.drop('Age5')
```

结果如图 2-56 所示。

（4）缺失值处理。

使用 fillna（）方法来填充缺失值，或使用 dropna（）方法删除包含缺失值的行或列。

```
In  [8]:  # 统计值
          merged_df['Age'].max()
Out[8]:   37

In  [9]:  merged_df['Age'].min()
Out[9]:   25

In  [ ]:  # 丢掉某一列
          merged_df.drop('Age5')
```

图 2-56　DataFrame 统计运算

（四）文件读写

Pandas 提供了一系列方法来读取和写入不同格式的数据文件。

1. CSV 文件读写

CSV 是一种逗号分隔的文件格式，因为其分隔符不一定是逗号，又被称为字符分隔文件，文件以纯文本形式存储表格数据（数字和文本）。

（1）读取 CSV 文件，如图 2-57 所示。

> pandas.read_csv(filepath_or_buffer,sep=',',header='infer',names=None,index_col=None,usecols=None,
> dtype=None,skiprows=None,nrows=None)

```
In  [1]:  import pandas as pd

In  [2]:  df = pd.read_csv('data.csv')

In  [3]:  df
Out[3]:
               x1   x2   x3   x4   y
          0    6.4  2.8  5.6  2.2  2
          1    5.0  2.3  3.3  1.0  1
          2    4.9  2.5  4.5  1.7  2
          3    4.9  3.1  1.5  0.1  0
          4    5.7  3.8  1.7  0.3  0
          ...  ...  ...  ...  ...  ...
          145  6.1  3.0  4.6  1.4  1
          146  5.2  4.1  1.5  0.1  0
          147  6.7  3.1  4.7  1.5  1
          148  6.7  3.3  5.7  2.5  2
          149  6.4  2.9  4.3  1.3  1

          150 rows × 5 columns
```

图 2-57　读取 CSV 文件

参数说明：

filepath_or_buffer：文件路径或文件对象。

sep：字段分隔符，默认为","。

header：表头所在的行索引，默认为 0。

names：列名列表，如果文件没有表头，则需要指定此参数。

index_col：用作索引的列名或列号。

usecols：需要读取的列名列表或列号列表。

dtype：列的数据类型字典。

skiprows：跳过的行数或行号列表。

nrows：读取的最大行数。

（2）存储 CSV 文件，如图 2-58 所示。

> DataFrame. to_csv(path_or_buf＝None,sep＝',',na_rep＝',' columns＝None,header＝True,index＝True,index_
> label＝None,mode＝' w' ,encoding＝None)

参数说明：

path_or_buf：文件存储路径。

sep：字段分隔符，默认为 ","。

na_rep：缺失值，默认为 ""。

columns：写出的列名，默认为 None。

header：是否将列名写出，默认为 True。

index：是否将行名（索引）写出，默认为 True。

index_label：索引名，默认为 None。

mode：数据写入模式，默认为 w。

encoding：存储文件的编码格式，默认为 None。

```
In [1]: df.to_csv('output.csv', index=False)
```

图 2-58　存储 CSV 文件

2. Excel 文件读写

（1）读取 Excel 文件，如图 2-59 所示。

> pandas. read_excel(io,sheet_name＝0,header＝0,index_col＝None,usecols＝None,dtype＝None,skiprows＝
> None,nrows＝None)

```
In [6]: import pandas as pd

In [8]: df = pd.read_excel('data.xlsx')

In [9]: df
```

Out[9]:

	x1	x2	x3	x4	y
0	6.4	2.8	5.6	2.2	2
1	5.0	2.3	3.3	1.0	1
2	4.9	2.5	4.5	1.7	2
3	4.9	3.1	1.5	0.1	0
4	5.7	3.8	1.7	0.3	0
...	...	...	...	...	...
145	6.1	3.0	4.6	1.4	1
146	5.2	4.1	1.5	0.1	0
147	6.7	3.1	4.7	1.5	1
148	6.7	3.3	5.7	2.5	2
149	6.4	2.9	4.3	1.3	1

150 rows × 5 columns

图 2-59　读取 Excel 文件

参数说明：

io：文件路径或文件对象。

sheet_name：读取的工作表名称或索引。

header：表头所在的行索引，默认为 0。

index_col：用作索引的列名或列号。

usecols：需要读取的列名列表或列号列表。

dtype：列的数据类型字典。

skiprows：跳过的行数或行号列表。

nrows：读取的最大行数。

（2）存储 Excel 文件，如图 2-60 所示。

> DataFrame. to_excel(excel_writer = None, sheet_name = None, na_rep = ' ', header = True, index = True, index_label = None, mode = ' w' ', encoding = None)

参数说明：

excel_writer：文件路径或 ExcelWriter 对象。

sheet_name：工作表名称，默认为' Sheet1' 。

na_rep：缺失值，默认为 " "。

header：是否保存列名，默认为 True。

index：是否保存索引，默认为 True。

index_label：索引名，默认为 None。

mode：数据写入模式，默认为 w。

encoding：存储文件的编码格式，默认为 None。

```
In [11]: df.to_excel('output.xlsx', index=False)
```

图 2-60　存储 Excel 文件

三、Matplotlib 操作

（一）认识 Matplotlib

Matplotlib 是一个广泛使用的 Python 图形库，用于创建图表和可视化 Matplotlib，其常用函数如表 2-7 表示。

表 2-7　Matplotlib 常用函数

类别	函数名	说明
基本绘图函数	plot( )	用于绘制线图
	scatter( )	用于绘制散点图
	bar( )	用于绘制条形图
	hist( )	用于绘制直方图
	pie( )	用于绘制饼图
	imshow( )	用于显示图像

续表

类别	函数名	说明
设置图形属性函数	title( )	设置图形标题
	xlabel( )	设置 x 轴坐标
	ylabel( )	设置 y 轴坐标
	xlim( )	设置 x 轴范围
	ylim( )	设置 y 轴范围
	xticks( )	指定 y 轴刻度的数目与取值
	yticks( )	指定 y 轴刻度的数目与取值
	legend( )	设置图例
其他函数	saveig( )	保存图形到文件
	show( )	显示图形
	close( )	关闭图形
	figure( )	创建图形对象

（二）折线图

折线图的主要功能是变量 y 随着变量 x 改变的趋势，适合用于显示随时间而变化的连续数据，同时还可以看出数量的差异，增长趋势的变化。

中国改革开放 40 年国内生产总值发展趋势折线图代码及结果如图 2-61 所示。

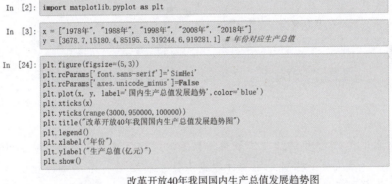

```
In [2]:  import matplotlib.pyplot as plt

In [3]:  x = ["1978年", "1988年", "1998年", "2008年", "2018年"]
         y = [3678.7, 15180.4, 85195.5, 319244.6, 919281.1]  # 年份对应生产总值

In [24]: plt.figure(figsize=(5,3))
         plt.rcParams['font.sans-serif']='SimHei'
         plt.rcParams['axes.unicode_minus']=False
         plt.plot(x, y, label='国内生产总值发展趋势', color='blue')
         plt.xticks(x)
         plt.yticks(range(3000, 950000, 100000))
         plt.title("改革开放40年我国国内生产总值发展趋势图")
         plt.legend()
         plt.xlabel("年份")
         plt.ylabel("生产总值(亿元)")
         plt.show()
```

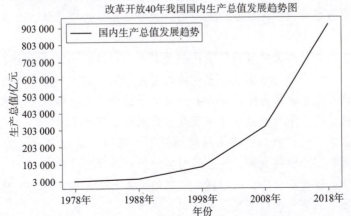

图 2-61　中国改革开放 40 年国内生产总值发展趋势折线图代码及结果

（三）散点图

散点图又称为散点分布图，是以一个特征为横坐标，另一个特征为纵坐标，利用坐标点的分布形态反映特征间的统计关系的一种图形。

中国改革开放 40 年国内生产总值散点图代码及结果如图 2-62 所示。

```
In [30]:  x=[1978, 1985, 1988, 1995, 1998, 2005, 2008, 2015, 2018]
          y=[3678.7, 9098.9, 15180.4, 61339.9, 85195.5, 187318.9, 319244.6, 688858.2, 919281.1]

In [34]:  plt.figure(figsize=(5,3))
          plt.rcParams['font.sans-serif']='SimHei'
          plt.rcParams['axes.unicode_minus']=False
          plt.scatter(x, y, label='国内生产总值散点图', color='green')
          plt.xticks(x)
          plt.title("改革开放40年我国国内生产总值散点图")
          plt.legend()
          plt.xlabel("年份")
          plt.ylabel("生产总值(亿元)")
          plt.show()
```

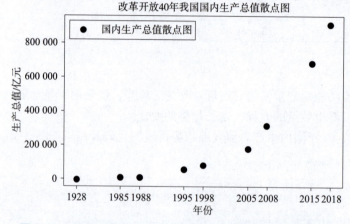

图 2-62　中国改革开放 40 年国内生产总值散点图代码及结果

【知识拓展】

中国在改革开放 40 多年的历程中取得了显著的成就，这些成就体现在多个方面：

经济增长：中国从一个相对封闭的计划经济体系转变为一个更加开放的市场经济体系。这一转变推动了中国经济的快速增长，使中国成为全球第二大经济体，并确立了其作为工业大国的地位。

对外开放：中国的对外开放政策使它能够吸引外资和技术，促进了国际贸易和投资的增长。中国已经形成了全方位、多层次、宽领域的对外开放格局，对外交流与合作日益密切。

社会进步：改革开放政策关注民生改善，致力于提高人民生活水平。例如，浙江安吉县的环保理念和金东区的居家养老服务体现了改革成果惠及普通民众。

创新发展：从模仿到创新，中国在科技创新领域取得了重大突破，这不仅包括信息技术、航空航天等高科技产业的发展，还包括对传统行业的改造升级。

国际地位提升：随着经济实力的增强，中国的国际影响力也在不断提升。中国在全球治理、气候变化、公共卫生等领域发挥了更加积极的作用。

总之，改革开放不仅极大地改变了中国的面貌，也对世界经济产生了深远的影响。

【模块自测】

（1）Numpy 中的基本数组对象是（　　　）。

A．Series　　　　　　B．DataFrame　　　　　C．Ndarray　　　　　D．Figure

（2）在 Numpy 中，改变数组形状而不复制数据的方法是（　　　）。

A．reshape( )　　　　B．resize( )　　　　　C．copy( )　　　　　D．transpose( )

（3）Pandas 中的 Series 对象类似于（　　　）。

A．一维数组　　　　　B．二维表格　　　　　C．图表　　　　　　D．字典

（4）Pandas 中的 DataFrame 进行列运算时，可以使用（　　　）。

A．索引切片　　　　　B．键值对　　　　　　C．函数调用　　　　D．列名

（5）在 Matplotlib 中绘制散点图的方法是（　　　）。

A．plot( )　　　　　　B．scatter( )　　　　　C．bar( )　　　　　D．pie( )

模 块 三

机器学习——从数据中认识规律

【情境导入】

当我们在公园漫步，对着花朵拍照时，手机可以快速显示这朵花的名字、种类及其生长习性。类似这样的体验，已经在生活中随处可见，展现了人工智能（AI）技术对人类生活的重要影响。

同样地，当我们将目光投向社会经济领域，人工智能的力量也非常重要。以房价预测为例，这是一个复杂且充满变数的任务，需要通过分析海量的历史房价数据、地理位置信息、社会经济指标乃至政策导向等多维度因素。人工智能技术通过学习这些特性，能够捕捉到影响房价的微妙规律，作出较为精准的走势判断，辅助房地产市场参与者作出决策。

【情境分析】

在深入探讨房价预测及图像识别等人工智能应用之前，我们有必要揭开机器学习的神秘面纱。机器学习作为人工智能领域的一个重要分支，其核心在于让计算机通过学习和分析数据，找到规律和模式，从而完成复杂的任务。根据学习方式的不同，机器学习可以分为监督学习、无监督学习、半监督学习等多种类型。

为了构建有效的机器学习模型，数据的准备与预处理至关重要。高质量的数据集是模型训练与性能优化的基石。接下来，我们将以鸢尾花数据集、房价数据集为例，通过这些数据集，逐步构建不同的机器学习模型，用以区分不同种类的鸢尾花以及预测房价走势。在这个过程中，我们将深入了解机器学习的基本流程，包括模型选择、训练与评估等环节，并掌握一系列常用的机器学习概念与技巧。

【学习目标】

1. 知识目标

（1）了解机器学习的基本概念和应用

（2）掌握数据集的表示、划分方式

（3）理解数据集的划分方式

（4）熟悉机器学习的开发流程

（5）熟悉监督学习、无监督学习的基本区别

（6）理解分类问题、回归问题的特性以及常用算法

（7）掌握分类问题、回归问题的性能度量

（8）认识神经网络的训练过程，包括前向/反向传播、小批量梯度下降和超参数

2. 技能目标

（1）掌握使用 Scikit-Learn 等机器学习库进行数据集加载、数据折分等

（2）能够使用 Scikit-Learn 等机器学习库实现常见的机器学习算法，如决策树、逻辑回归、KMeans 聚类等

（3）能够使用适当的评估指标对模型进行性能评估

3. 素养目标

锻炼发现问题、分析问题、解决问题的能力，在不断尝试和改进中体会成功的乐趣，从而树立正确的工作态度和价值观。

任务一 认识机器学习

【思维导图】

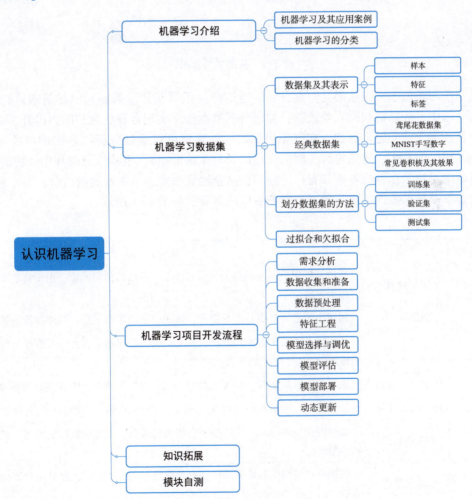

一、机器学习介绍

（一）机器学习及其应用案例

机器学习介绍

机器学习（Machine Learning）是人工智能领域的一个关键分支，通过大量的数据使计算机具备自主学习的能力。简而言之，机器学习使计算机能够从海量数据中自动提取出潜在的规律和模式，然后基于这些规律和模式来解决实际问题，如图3-1所示。

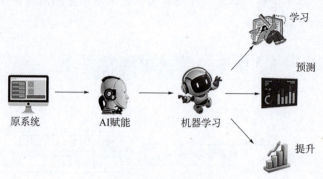

图 3-1　机器学习介绍

机器学习类似于人类从婴儿时期开始，通过经验积累和父母指导来学习新知识的过程。在机器学习中，计算机如同人类大脑，通过分析数据集来实现自我优化和能力提升，从而有效解决复杂多变的问题。例如，在图像识别时，计算机可以通过分析图片中的特征（如毛发颜色、尾巴的有无、体形轮廓、腿的长度以及耳朵的形状），准确区分图片中动物类别。

机器学习技术在各行各业都有广泛应用，从金融到医疗，从农业到制造业，各个领域都通过机器学习技术实现了更高效、更智能的解决方案，如表3-1所示。

表 3-1　机器学习的应用

应用领域	方向	简介
金融	信用评分	通过分析用户的金融行为和历史数据，评估其信用风险，用于贷款审批和信用卡发放
	股票预测	利用历史股票数据和市场趋势，预测股票的未来走势，辅助投资决策
医疗	疾病预测	利用患者的历史数据和症状，预测疾病的发展趋势，辅助医生作出更准确的诊断
	医学图像分析	自动分析医学影像，如 X 光片或 MRI，帮助发现和诊断疾病，如肿瘤检测
农业	作物产量预测	分析天气、土壤和作物数据，预测农作物的产量，帮助农民优化种植计划
	病虫害检测	通过图像识别技术，自动检测农作物的病虫害，减少农药的使用，提高作物质量
零售	个性化推荐	根据用户的浏览和购买历史，推荐可能感兴趣的商品，提升用户体验和销售额
	销售预测	分析历史销售数据和市场趋势，预测未来的销售情况，优化库存管理

续表

应用领域	方向	简介
制造业	设备故障预测	分析设备运行数据，预测可能的故障，提前进行维护，减少停机时间和维修成本
	生产优化	优化生产流程和资源分配，提高生产效率和产品质量
交通运输	交通流量预测	预测城市交通流量变化，优化交通信号和路线，缓解交通拥堵
	智能调度	实时调度公交、出租车等交通工具，提高运输效率和服务质量
能源	电力需求预测	分析历史用电数据和气象数据，预测未来的电力需求，优化电网调度和能源分配
	设备监控	实时监控发电设备和输电设备的运行状态，及时发现并处理故障
教育	自适应学习	根据学生的学习进度和表现，动态调整学习内容和难度，提供个性化教学
	学生表现分析	分析学生的学习数据，提供有针对性的辅导和建议，帮助学生提高成绩
安防	网络入侵检测	监控网络流量，检测并阻止潜在的网络攻击，保护系统安全
	视频监控分析	通过分析监控视频，实时发现异常行为和安全隐患，提高安防水平
娱乐	内容推荐	基于用户的浏览记录和兴趣，推荐相关的文章、视频等内容，增加平台的用户黏性
	游戏 AI	设计游戏中的智能角色，使其行为更智能化，增强游戏的互动性和趣味性
环境保护	气象预测	分析气象数据，预测天气变化，为农业、航运等行业提供重要参考
	污染监测	监测空气和水质等环境数据，发现污染源并采取措施改善环境质量

（二）机器学习的分类

算法是一系列明确定义的步骤或规则，用于解决特定问题或执行特定计算。机器学习算法是实现计算机自动学习的核心工具。在机器学习中，算法用于从数据中提取有用信息，进行分类、回归、聚类等任务。根据问题和数据的类型，机器学习算法通常分为三类：监督学习、无监督学习和半监督学习。这些算法各自适用于不同的场景，能够帮助解决各种实际问题。

监督学习（Supervised Learning）：监督学习（见图 3-2）就像婴儿在成长过程中，父母直接给予指导和反馈的过程。在这个过程中，父母（即"监督者"）会明确告诉婴儿哪些行为是正确的，哪些是错误的，通过反复示范和纠正来帮助婴儿建立正确的认知和行为模式。在机器学习中，监督学习也需要"监督者"提供带有明确标签（即正确答案）的数据集。计算机通过学习这些数据集和标签之间的关系，来判断新数据的标签。

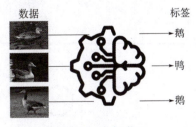

图 3-2 监督学习

例如，通过带有正确分类标签的图像数据，判断新给入的图片的类别。

无监督学习（Unsupervised Learning）：无监督学习（见图 3-3）则更像是婴儿在没有明

确指导的情况下，自发地对周围环境进行探索和分类的过程。婴儿可能会注意到周围物体的颜色差异，并开始将具有相似颜色的物体归为一类，尽管他们可能并不了解这些颜色的具体名称或含义。在机器学习中，无监督学习算法不需要事先标记的数据集，而是通过分析数据中的内在结构或模式来发现隐藏的规律或分类。

例如，通过社交媒体的使用数据，自动识别用户群体或发现用户行为模式。

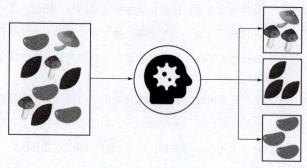

图 3-3　无监督学习

半监督学习（Semi-supervised Learning）：半监督学习则介于监督学习和无监督学习之间，它结合了两者的特点。就像婴儿在成长过程中，既会受到父母的直接指导，也会有一定的自主探索空间一样，半监督学习算法在处理数据时，既利用了少量带标签的数据进行有监督学习，又利用了大量未标记的数据进行无监督学习。这种方式有助于算法在有限的监督信息下，更好地理解和利用数据，提高学习效率和效果。

例如，医学图像识别中利用少量带标签的肿瘤影像进行训练，同时利用未标记的影像数据来进一步理解肿瘤的变异特征和对患者病情进行预测。

二、机器学习数据集

如图 3-4 所示描述了机器学习的过程，数据集是机器学习算法自主学习的基础，通过不同的数据集，机器学习算法可以训练出不同的模型，从而在面对新的数据时，模型能够基于所学进行准确的预测。

机器学习的数据集

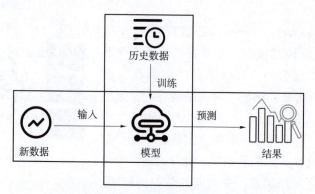

图 3-4　机器学习的过程

（一）数据集及其表示

数据集是一个包含一组相关数据的集合，这些数据通常用于训练机器学习模型。为了更好地理解数据集，我们可以把它拆分成几个关键部分：样本、特征和标签。

样本：数据集中的每一个个体数据点称为样本。例如，一张图片、一段文本、一位用户信息。

特征：用来描述样本的属性或信息。例如，对于一张图片，特征可能包括颜色值、形状信息等；对于一位用户，特征可能包括年龄、性别、购买历史等。每个样本由多个特征组成。

标签：标签是我们要预测或分类的目标值。对于监督学习来说，每个样本都会有一个对应的标签。例如，图片分类任务中的标签可能是"猫"或"狗"；医疗诊断任务中的标签可能是"健康"或"患病"。

在图 3-5 所示的例子中，左表为无标签的数据集，右表为有标签的数据集。每一行为一个样本，每一列为样本的特征。

在数学上，数据集通常表示为 $\{(\boldsymbol{x}_1, y_1), (\boldsymbol{x}_2, y_2), \cdots, (\boldsymbol{x}_i, y_i), \cdots, (\boldsymbol{x}_m, y_m)\}$ 的形式，m 表示总样本个数。

x_i 为样本 i 的特征，由于一个样本通常有很多特征，$\boldsymbol{x}_i$ 表示的是个向量。

y_i 表示样本 i 的标签。

编号	形状	大小	颜色
1	条形	中等	黄色
2	球形	大	红色
3	球形	小	红
4	球形	中等	红色

编号	形状	大小	颜色	类别
1	条形	中等	黄色	香蕉
2	球形	大	红色	西瓜
3	球形	小	红	樱桃
4	球形	中等	红色	苹果

图 3-5　数据集的表示

（二）经典数据集

1. 鸢尾花数据集

鸢尾花数据集是机器学习领域中的经典数据集之一，包含 3 类鸢尾花共 150 条记录，每类鸢尾花各 50 条数据。每条记录都有 4 项特征：花萼长度、花萼宽度、花瓣长度、花瓣宽度，可以通过这 4 个特征预测鸢尾花属于山鸢尾、变色鸢尾或者是维吉尼亚鸢尾中的哪个品种，分别用数字 0，1，2 表示品种，如图 3-6 所示。

山鸢尾　　　　　变色鸢尾　　　　维吉尼亚鸢尾

花瓣　花萼　　　花瓣　花萼　　　花瓣　花萼

图 3-6　3 个品种的鸢尾花

表3-2所示为其中的三个不同类别的数据，用数学公式可以表示为：

$$\{([5.1,3.5,1.4,0.2],0),([6.9,3.1,4.9,1.5],1),([6.2,3.4,5.4,2.3],2),\cdots,(x_m,y_m)\}$$

表3-2 三个种类的鸢尾花数据

样本编号	花萼长度/cm	花萼宽度/cm	花瓣长度/cm	花瓣宽度/cm	种类
1	5.1	3.5	1.4	0.2	0
2	6.9	3.1	4.9	1.5	1
3	6.2	3.4	5.4	2.3	2
…	…	…	…	…	…

鸢尾花数据集加载：

在Python中，可以使用Scikit-learn（旧版本名称sklearn）库轻松加载和使用鸢尾花数据集。

```python
# 导入所需的库
from sklearn. datasets import load_iris
import pandas as pd


# 加载鸢尾花数据集
iris=load_iris()


# 提取特征数据和目标标签
X=iris. data
y=iris. target


# 创建DataFrame以便更好地查看数据
iris_df=pd. DataFrame(data=X,columns=iris. feature_names)
iris_df[' target' ]=y


# 打印前5行数据
print(iris_df. head())
```

2. MNIST 手写数字字符集

MNIST手写数字字符集是经典图像数据集之一，包含70 000个样本，每个样本代表一张28px×28px的手写数字图片，每个像素对应一个灰度值（0~255），表示一个特征值。因此每个样本共有784个特征。所有的手写数字总共可以分为10类，分别是数字0到9。

图3-7所示为一张手写数字"5"，用数学公式可以表示为：$([0,0,0,\cdots,255,255,\cdots,0,0,0],5)$，其中特征向量 $[0,0,0,\cdots,255,255,\cdots,0,0,0]$表示图片中的784个像素值，5表示图片的标签。

MNIST手写数字字符加载：

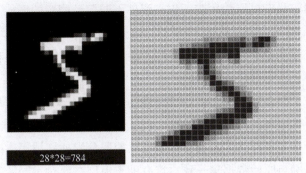

图 3-7　MNIST 手写数字字符"5"

MNIST 手写数字字符为图像数据，使用 Scikit-learn 库加载 MNIST 手写数字字符集可以通过 fetch_openml 函数来实现。

```
# 导入所需的库
from sklearn. datasets import fetch_openml
import matplotlib. pyplot as plt

# 加载 MNIST 数据集
mnist=fetch_openml(' mnist_784' ,version=1)

# 提取特征数据和目标标签
X=mnist. data
y=mnist. target

# 显示第一个样本的图像和标签
first_image=X. iloc[0]. values. reshape(28,28)
first_label=y. iloc[0]

plt. imshow(first_image,cmap=' gray' )
plt. title(f"标签:{first_label}")
plt. show()
```

（三）划分数据集的方法

在机器学习项目中，合理划分数据集是确保模型有效性和泛化能力的重要步骤。通常，数据集会分为训练集、验证集和测试集。

训练集（Training Set）：用于训练模型的数据。模型通过学习训练集中的样本，了解特征与标签之间的关系。例如，如果我们训练一个模型识别手写数字，训练集就会包含大量的手写数字图片及其对应的标签。

验证集（Validation Set）：用于模型的调优和超参数选择。验证集通常是从训练集中划分出来的一部分数据。我们可以使用验证集来评估不同模型配置的性能，并根据性能选择最佳模型。

测试集（Test Set）：用于最终评估模型的性能。一旦模型经过训练和验证，我们可以使用测试集来估计模型在实际应用中的性能。

合理划分数据集是确保模型有效性和可靠性的关键步骤。为了让模型在各种数据上都能表现良好，我们需要确保每一部分的数据都有代表性和一致性。这意味着在划分数据集时，要考虑数据的整体分布和多样性。例如，我们可以使用分层抽样技术，确保训练集、验证集和测试集中的样本比例与原始数据集一致。这有助于模型在面对不同的数据时表现得更加稳定和可靠。

在划分数据集时，Scikit-learn 库提供了有一些常见的比例策略：

留出法：随机地将数据分为训练集和测试机。

```
from sklearn. model_selection import train_test_split
# 假设 X 是特征数据，y 是目标标签，常用比例是 80% 作为训练集，20% 作为测试集
X_train,X_test,y_train,y_test=train_test_split(X,y,test_size=0. 2,random_state=42)
```

K 折交叉验证：将数据集划分为 K 个折叠（folds），其中一个用于测试，其余用于训练。这个过程重复 K 次，每个折叠都充当一次验证集，从而综合了不同数据的性能评估。

```
from sklearn. model_selection import KFold

kf=KFold(n_splits=5,shuffle=True,random_state=42)

for train_index,val_index in kf. split(X):
    X_train,X_val=X[train_index],X[val_index]
    y_train,y_val=y[train_index],y[val_index]
```

分层抽样：将数据集划分成 k 份，在划分的 k 份中，每一份内各个类别数据的比例和原始数据集中各个类别的比例相同。

（四）过拟合和欠拟合

在机器学习中，模型的性能不仅取决于数据集的划分，还与模型的复杂性和训练过程中的问题密切相关。两个常见的问题是过拟合和欠拟合。

过拟合（Overfitting）：过拟合是指模型在训练集上表现得很好，但在测试集或新数据上表现较差。这通常是因为模型过于复杂。可以通过简化模型、正则化、交叉验证、增加数据量等方式提高模型的泛化能力，以减少模型的过拟合。

欠拟合（Underfitting）：欠拟合是指模型在训练集和测试集上都表现得较差。这通常是因为模型过于简单，无法捕捉数据中的复杂模式。可以通过增加模型复杂度、增加特征、减少正则化等方式提高模型的泛化能力，以减少模型的欠拟合。

三、机器学习项目开发流程

一个完整的机器学习过程可以拆分成多个步骤，包括需求分析、数据收集和准备、数据预处理、特征工程、模型选择与调优、模型评估、模型部署和动态更新。图3-8所示为电商网站分析提高用户留存率机器学习流程。

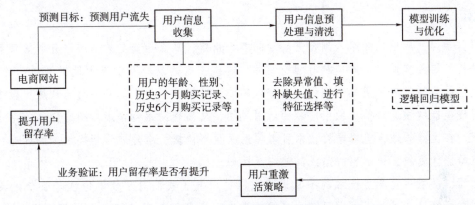

图3-8　电商网站分析提高用户留存率机器学习流程

机器学习的工作流程

（1）需求分析：首先，根据业务需求明确机器学习任务的具体目标。例如，一家电信公司可能希望预测哪些客户会流失，以便采取措施减少客户流失率，提高客户保留率。

（2）数据收集和准备：为实现既定目标，需要广泛收集相关数据。这一阶段包括数据的收集、整合与初步筛选，确保数据的多样性、代表性和覆盖性。例如，从公司的数据库中提取客户的基本信息、服务使用情况和客户服务记录等。

（3）数据预处理：在数据准备的基础上，进行深入的数据清洗。处理缺失值（填充、删除或插值）、识别和纠正异常值、转换数据类型等。同时，根据业务需求进行特征选择，剔除无关或冗余特征，保留对目标预测有贡献的特征。

（4）特征工程：在数据预处理之后，通过特征标准化、数据离散化、特征编码（如独热编码、标签编码）、特征构造（基于现有特征创造新特征）等手段，进一步提升数据的表达能力和模型的学习效率。

（5）模型选择与调优：基于问题的性质和数据特点，选择合适的机器学习模型。例如，可以选择逻辑回归、随机森林或梯度提升树等分类模型。通过交叉验证、网格搜索、随机搜索等方法对模型参数进行精细调优，以最大化模型的泛化能力和准确性。

（6）模型评估：使用独立的测试数据集对训练好的模型进行全面评估。评估指标包括但不限于准确率、召回率、F1分数等。基于评估结果，判断模型是否满足业务需求，并据此进行必要的迭代优化。

（7）模型部署：将经过验证的模型集成到实际业务系统中，实现自动化决策或预测。部署前需进行模型封装、接口设计以及性能优化，确保模型能够稳定、高效地运行于生产环境，并无缝集成到现有业务流程中。

（8）动态更新：随着业务发展和数据量的增加，模型性能可能会逐渐下降。因此，需要建立模型监控和更新机制，定期评估模型表现，并根据新的数据动态调整模型参数或重新训练模型，以适应新的业务场景和数据分布。同时，利用在线学习技术实现模型的实时更新，以快速响应市场变化。

【知识拓展】

机器学习的应用已经深入到日常生活的各个角落，从金融交易的信用评分到医疗影像的自动分析，再到交通流量的预测与智能调度，这些技术的发展不仅极大地提高了工作效率，也为我们的生活带来了便利。例如，在金融领域，通过分析用户的金融行为和历史数据，机器学习模型能够快速评估贷款申请者的信用风险，从而辅助银行作出贷款审批和信用卡发放的决策。在医疗领域，机器学习技术可以帮助医生更快捷、准确地诊断疾病，例如通过自动分析医学影像资料，识别出肿瘤或其他病变区域。

然而，随着机器学习技术的不断进步，它也引发了我们对于技术伦理与责任的深刻思考。在金融领域，尽管机器学习模型能够提高信用评估的效率，但如果训练数据存在偏差，则可能导致对某些群体的不公平对待。因此，作为技术开发者，我们必须确保使用的数据是公正且无偏的，并且在设计算法时充分考虑到可能产生的社会影响。同样，在医疗领域，机器学习技术的应用虽然能够辅助医生提高诊断精度，但也必须严格遵守数据保护法规，确保患者的隐私得到尊重。

【模块自测】

（1）机器学习是一种人工智能领域的技术，其主要目标是（　　　）。

A. 制造机器人　　　　　　　　　　B. 使计算机具备学习能力

C. 改进计算机硬件性能　　　　　　D. 创造人类智慧

（2）数据集中的每个数据示例通常由（　　）组成。

A. 图像　　　　　B. 特征和标签　　　C. 模型　　　　　D. 算法

（3）数据集的划分通常包括（　　）部分（可选择多项）。

A. 训练集　　　　　B. 测试集　　　　C. 探索集　　　　D. 验证集

（4）在机器学习中，数据预处理的主要目的是（　　　）。

A. 准备数据用于训练　　　　　　　B. 减少模型复杂度

C. 增加数据集的大小　　　　　　　D. 选择合适的算法

（5）将以下机器学习工作流程的步骤按顺序排列，正确的是（　　　）。

a. 模型评估 b. 数据收集和准备 c. 模型部署和动态更新 d. 特征工程 e. 模型选择与调优 f. 需求分析 g. 数据预处理

A. fbdgeac　　　　　B. fbdgaec　　　　C. fbgdeac　　　　D. fbgdaec

任务二　机器学习方法

【思维导图】

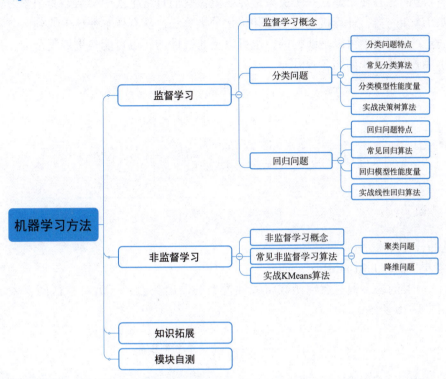

一、监督学习

（一）监督学习概念

监督学习是一种依赖于一组带有明确标签的训练数据的机器学习算法。模型通过学习这些数据集中的特征和标签之间的关系，从而能够预测新数据的标签。监督学习算法的核心在于从已标注的数据中学习到一个函数或模型，这个函数能够将输入的特征值映射到目标值。

监督学习广泛应用于各种领域，包括但不限于图像识别、自然语言处理、语音识别、推荐系统等。例如，在图像识别中，监督学习算法可以通过分析大量标记好的图像数据来学会识别不同的物体；在自然语言处理中，则可以用于情感分析、文本分类等任务。

监督学习通常根据目标值的特点，分为分类问题和回归问题。

（二）分类问题

1. 分类问题特点

分类问题是监督学习中最常见的一类问题，其目标是将输入的数据分配到预定义的类别或标签中。简单来说，就是给定一组数据，模型需要学会如何将这些数据正确地归类到几个有限的类别里。它通过学习特征值和目标类别标签之间的关系，建立一个分类器，进而对新的输入数据进行分类。

监督学习分类问题

分类问题的目标值是离散的。例如，根据年龄、肿瘤大小等数据来预测肿瘤的性质。在这里，年龄和肿瘤大小是输入特征值，而肿瘤的性质（恶心或者良性）则是目标值。其他常见的分类问题，包括电子邮件分类（将邮件分为垃圾邮件和非垃圾邮件）以及图像分类等。

2. 常见分类算法

分类问题的核心在于建立一个决策边界。就像我们日常生活中会从经验中学习，形成对事物类别的认知一样，计算机通过学习和优化分类算法，从有样本数据中找到区分不同类别的规律。这个决策边界可以是线性的，也可以是非线性的，也可能是更加复杂的，具体取决于数据的特征和关系，如图 3-9 所示。

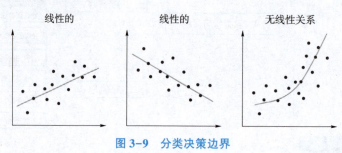

图 3-9　分类决策边界

常见的分类算法：

1）逻辑回归（Logistic Regression）

用于二分类问题，通过逻辑函数将线性模型的输出映射到（0，1）区间，表示类别的概率，如图 3-10 所示。

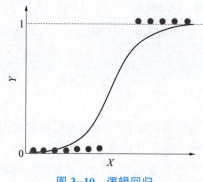

图 3-10　逻辑回归

2）决策树（Decision Tree）

一种树状结构的模型，通过一系列的决策规则将数据逐步分类，具有良好的可解释性，如图 3-11 所示。

3）随机森林（Random Forest）

一种基于决策树的集成学习方法，它通过多个决策树的投票来提高分类准确性和鲁棒性，如图 3-12 所示。

4）支持向量机（Support Vector Machine，SVM）

通过寻找一个最优的超平面来分离不同类别的数据点，常用于二分类和多分类问题，如图 3-13 所示。

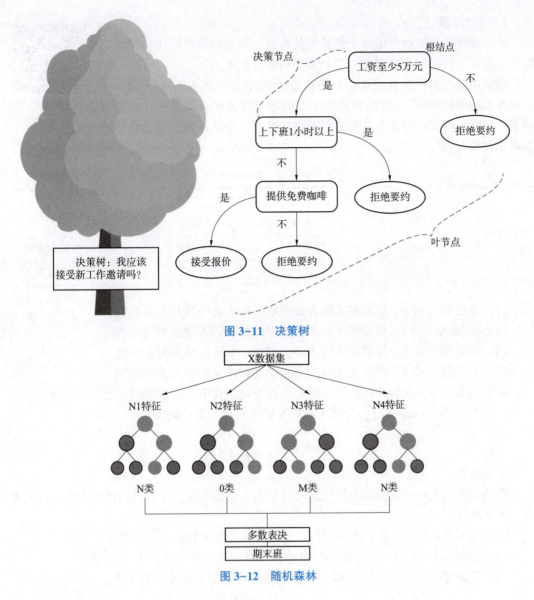

图 3-11 决策树

图 3-12 随机森林

5）K 近邻算法（K-Nearest Neighbors，K-NN）

根据输入数据的 K 个邻近样本的类别进行分类，如图 3-14 所示。

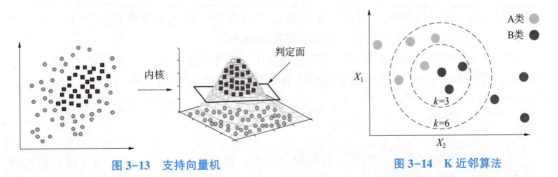

图 3-13 支持向量机

图 3-14 K 近邻算法

3. 性能度量

为了验证哪个算法更适合当前模型的构建，需要对模型输出的结果进行性能度量，性能度量直观反应了模型当前的泛化能力。

混淆矩阵是一种常见的评估分类模型性能的表格（表3-3所示为二分类模型的混淆矩阵）。混淆矩阵展示了模型对样本的分类情况，将预测结果与实际标签进行对比，从而提供对模型性能的全面评估。混淆矩阵的基本结构如下：

分类问题的性能度量

表3-3　混淆矩阵

实际类别	预测类别		
	正例	负例	总计
正例	TP	FN	P（实际为正例）
负例	FP	TN	N（实际为负例）

（1）真正例（TP）：模型将实际为正类别的样本正确预测为正类别。

（2）假负例（FN）：模型将实际为正类别的样本错误预测为负类别。

（3）假正例（FP）：模型将实际为负类别的样本错误预测为正类别。

（4）真负例（TN）：模型将实际为负类别的样本正确预测为负类别。

基于混淆矩阵，我们可以计算不同的度量方式。其中，最常用的包括：

（1）准确率（accuracy）：分类正确样本数占总样本数比例。

$$\text{accuracy} = \frac{\text{TP+TN}}{\text{TP+FP+FN+TN}}$$

适用场景：

类别分布均衡时：在类别分布均衡的情况下，准确率是一个有效的评估指标。准确率越高，模型越好。

快速判断模型整体性能：准确率可以快速反映模型的整体分类效果。

（2）错误率（error）：分类错误样本数占总样本数比例，值为1-准确率。

（3）精确率（precision），反映了模型判定的正例中真正比例的比重。

$$\text{precision} = \frac{\text{TP}}{\text{TP+FP}}$$

适用场景：

关注误报代价高的情况：例如，在垃圾邮件分类中，错把正常邮件分类为垃圾邮件（假正例）会造成较大的负面影响，因此需要高精确率。

需要减少假正例的场景：例如，在疾病筛查中，减少健康人被误诊为病人的情况。

（4）召回率（recall），反映了总正例中被模型正确判定正例的比重。

$$\text{recall} = \frac{\text{TP}}{\text{TP+FN}}$$

适用场景：

关注漏报代价高的情况：例如，在癌症筛查中，错过任何一个癌症病例（假负例）都是严重的，因此需要高召回率。

需要检测到所有正例的场景：例如，在入侵检测系统中，尽可能检测到所有的入侵行为。

（5）F 值（F_β-score）是精确率和召回率的综合度量。通常比较常用的是F_1，表示两者同等重要。

$$F_1 = \frac{2 \times TP}{2 \times TP + FP + FN}$$

（6）受试者工作特征（ROCCurve）及曲线下面积（AUC）。

ROC 曲线是以假正例率为横轴，真正例率为纵轴绘制的曲线，AUC 是 ROC 曲线下面积，用于衡量模型的分类性能，如图 3-15 所示。

观察 ROC 曲线的形状和 AUC 值。ROC 曲线越靠近左上角，即（0，1）点，AUC 值越接近 1，模型性能越好。

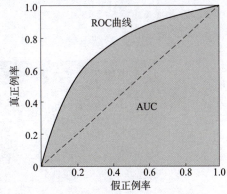

图 3-15　ROC-AUC

4. 实战决策树算法

为了更好地理解如何在实际中应用分类模型，我们使用经典的鸢尾花数据集（Iris Dataset）作为示例进行演示。鸢尾花数据集包含 150 个样本，每个样本有 4 个特征：花萼长度、花萼宽度、花瓣长度和花瓣宽度。该数据集的目标是根据这些特征将样本分为三个类别：Setosa、Versicolor 和 Virginica。我们利用 Python 中的 Scikit-learn 库，展示如何通过决策树算法 DecisionTreeClassifier 进行分类以及简单的性能度量。

决策树

1）导入必要的库

首先，导入 Python 中常用的机器学习库，如 Pandas、Numpy、Matplotlib 和 Scikit-learn。

```
import pandas as pd
import numpy as np
import matplotlib. pyplot as plt
from sklearn. datasets import load_iris
from sklearn. model_selection import train_test_split
from sklearn. tree import DecisionTreeClassifier
from sklearn. metrics import accuracy_score,confusion_matrix,classification_report
from sklearn. tree import plot_tree
```

2）加载和探索数据集

使用 Scikit-learn 自带的函数加载鸢尾花数据集，并进行简单的数据探索，图 3-16 所示为鸢尾花数据集前 5 行展示。

```
# 加载鸢尾花数据集
iris=load_iris()
X=iris. data
y=iris. target
feature_names=iris. feature_names
target_names=iris. target_names
```

```
# 将数据转换为 DataFrame 格式,便于观察
df=pd. DataFrame(X,columns=feature_names)
df[' species' ]=y

# 查看数据集的前 5 行
print(df. head())
```

	sepal length (cm)	sepal width (cm)	petal length (cm)	petal width (cm)	species
0	5.1	3.5	1.4	0.2	0
1	4.9	3.0	1.4	0.2	0
2	4.7	3.2	1.3	0.2	0
3	4.6	3.1	1.5	0.2	0
4	5.0	3.6	1.4	0.2	0

图 3-16　鸢尾花数据集前 5 行展示

3）数据预处理

将数据集分为训练集和测试集，常见的比例是 70%用于训练，30%用于测试。

```
# 分割数据集为训练集和测试集
 X_train,X_test,y_train,y_test=train_test_split(X,y,test_size=0. 3,random_state=42)
```

4）训练决策树模型

使用 Scikit-learn 中的 DecisionTreeClassifier 训练决策树模型。
DecisionTreeClassifier 为决策树的分类算法，通过提供不同的参数，控制树的生长和复杂度，例如最大深度、最小叶子节点数等。

（1）fit：用于训练决策树模型。

（2）predict：用于对新的样本进行分类，基于已经训练好的决策树模型。

```
# 初始化决策树分类器
# random_state=42 是一个参数,用于控制决策树构建过程中的随机性(特征选择、树结构#等)。设置
这个参数可以确保每次运行代码时得到的结果是一致的,便于结果的可重复性。
clf=DecisionTreeClassifier(random_state=42)
# 训练模型
clf. fit(X_train,y_train)
```

5）模型预测和评估

```
# 使用测试集进行预测
y_pred=clf. predict(X_test)

# 计算模型的准确率,accuracy_score 是从 sklearn. metrics 模块中导入的函数,用于计
# 算分类准确率。
accuracy=accuracy_score(y_test,y_pred)
print(f' 模型准确率:{accuracy:. 2f}' )
```

```
# 打印混淆矩阵,confusion_matrix 是从 sklearn.metrics 模块中导入的函数,用于生成
# 混淆矩阵。
cm=confusion_matrix(y_test,y_pred)
print(' 混淆矩阵:' )
print(cm)


# 打印分类报告
# classification_report 同样是从 sklearn.metrics 模块中导入的函数,用于生成一个包# 含主要分类指标
的文本报告。
# 这些指标包括每个类别的精确率( precision )、召回率( recall )、F₁ 分数( F₁ - score )# 以及支持度( 即每
个类别的真实样本数)。


report=classification_report(y_test,y_pred,target_names=target_names)
print(' 分类报告:' )
print(report)
```

分类结果展示如图 3-17 所示。

```
模型准确率:1.00
混淆矩阵:
[[ 19   0   0]
 [  0  13   0]
 [  0   0  13]]
分类报告:
              precision    recall  f1-score   support

      setosa       1.00      1.00      1.00        19
  versicolor       1.00      1.00      1.00        13
   virginica       1.00      1.00      1.00        13

    accuracy                           1.00        45
   macro avg       1.00      1.00      1.00        45
weighted avg       1.00      1.00      1.00        45
```

图 3-17　分类结果展示

(三) 回归问题

1. 回归问题特点

监督学习回归
问题

回归问题是监督学习的另一种表达形式,其目标是通过寻找一条合适的曲线或函数,模拟数据曲线的走势。换句话说,回归问题通过已知的特征和目标值建立一个模型,以便在给定新的输入数据时能够预测相应的输出值。

回归问题的目标值是连续的数值。例如:房价预测,通过房屋的面积预测房屋的价格,如图 3-18 所示;股票价格预测,以帮助投资决策;交通流量预测,以优化城市的交通管理和道路建设。

2. 常见回归算法

回归算法的核心任务是建立输入特征与目标变量之间的关系模型。

北京市六环外某小区房价预测模型

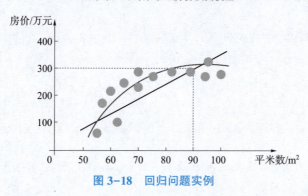

图 3-18　回归问题实例

常见的回归算法：

（1）线性回归（Linear Regression）：它建立了输入特征 x 与目标变量 y 之间的线性关系，例如，$y=ax+b$，通常通过一条直线来拟合数据。这种算法简单而直观，特别适用于处理线性关系较强的问题。线性回归的优点之一是其模型的可解释性，我们可以直观地理解特征对目标的影响。

（2）多项式回归（Polynomial Regression）：与线性回归不同，多项式回归允许建立非线性关系模型，如曲线、弧线或其他非线性形状。例如，二次多项式回归的公式为：

$$y=a_0+a_1x+a_2x^2$$

（3）贝叶斯回归（Bayesian Regression）：通过引入先验概率分布，对模型参数进行贝叶斯估计，能更好地处理不确定性和复杂模型。

（4）决策树回归（Decision Tree Regression）：与决策树分类类似，利用决策树的方式进行回归，通过分割数据空间来预测目标变量。

（5）支持向量回归（Support Vector Regression，SVR）：基于支持向量机分类原理，通过在高维空间中找到最佳的回归超平面来进行预测，适用于处理复杂的非线性关系。

3. 性能度量

回归算法通过对比预测值与真实值之间的差异，来衡量模型的性能。预测值与真实值差距越小，表示模型的预测越准确。

（1）均方误差（Mean Squared Error，MSE），它衡量了模型预测值与实际值之间平方差异的平均值。

$$MSE = \frac{1}{n}\sum_{i=1}^{n}(y_i - \hat{y}_i)^2$$

（2）平均绝对误差（Mean Absolute Error，MAE），它衡量了模型预测值与实际值之间绝对差异的平均值。MAE 特别适用于对异常值比较敏感的情况。

$$MAE = \frac{1}{n}\sum_{i=1}^{n}|y_i - \hat{y}_i|$$

（3）均方根误差（Root Mean Squared Error，RMSE）：RMSE 是 MSE 的平方根，用来更直观地表示误差的大小。

$$\text{RMSE} = \sqrt{\text{MSE}} = \sqrt{\frac{1}{n}\sum_{i=1}^{n}(y_i - \hat{y}_i)^2}$$

（4）均绝对百分比误差（Mean Absolute Percentage Error，MAPE）：MAPE 是绝对误差与真实值之比的平均值，通常以百分比表示。MAPE 适用于真实值不为零的情况，反映了预测误差的相对大小。

$$\text{MAPE} = \frac{1}{n}\sum_{i=1}^{n}\left|\frac{y_i - \hat{y}_i}{y_i}\right| \times 100\%$$

线性回归

4. 实战线性回归算法

为了更直观地理解回归算法，我们使用 Scikit-learn 自带的加利福尼亚房屋价格数据集，该数据集是一个经典的回归模型数据集，包含中位收入、房屋年龄中位数、房屋年龄中位数等 9 个区域特征，共有 20 640 条记录，通过区域特征预测该区域价格。同时，我们利用 Python 中的 Scikit-learn 库，展示如何通过回归算法 LinearRegression 进行预测，使用 MSE 和 MAE 进行评估。

1）导入必要的库

首先，导入 Python 中常用的数据处理和机器学习库，如 Pandas、Numpy、Matplotlib 和 Scikit-learn。

```
import pandas as pd
import numpy as np
import matplotlib. pyplot as plt
from sklearn. datasets import fetch_california_housing
from sklearn. model_selection import train_test_split
from sklearn. linear_model import LinearRegression
from sklearn. metrics importmean_squared_error,mean_absolute_error
```

2）加载和探索数据集

使用 Scikit-learn 自带函数加载加利福尼亚房屋价格数据集，并进行简单的数据探索，如图 3-19 所示。

	MedInc	HouseAge	AveRooms	AveBedrms	Population	AveOccup	Latitude	Longitude			
									0	4.526
0	8.325 2	41.0	6.984 127	1.023 810	322.0	2.555 556	37.88	−122.23	1	3.585
1	8.301 4	21.0	6.238 137	0.971 880	2 401.0	2.109 842	37.86	−122.22	2	3.521
2	7.257 4	52.0	8.288 136	1.073 446	496.0	2.802 260	37.85	−122.24	3	3.413
3	5.643 1	52.0	5.817 352	1.073 059	558.0	2.547 945	37.85	−122.25	4	3.422
4	3.846 2	52.0	6.281 853	1.081 081	565.0	2.181 467	37.85	−122.25		

图 3-19　加利福尼亚房价数据集（左：特征，右：标签）

```
# 加载加利福尼亚房屋价格数据集
california=fetch_california_housing()
X=pd. DataFrame(california. data,columns=california. feature_names)
y=pd. Series(california. target,name=' MedHouseVal' )
```

```
# 查看数据集的前 5 行
print(X. head())
print(y. head())
```

3）数据预处理

将数据集分为训练集和测试集。

```
# 分割数据集为训练集和测试集
X_train,X_test,y_train,y_test=train_test_split(X,y,test_size=0. 3,random_state=42)
```

4）训练线性回归模型

使用 Scikit-learn 中的 LinearRegression 训练线性回归模型。

```
# 初始化线性回归模型
lr=LinearRegression()
# 训练模型
lr. fit(X_train,y_train)
```

5）模型预测和评估

使用测试集对模型进行预测，并评估模型的性能。

```
# 使用测试集进行预测
y_pred=lr. predict(X_test)


# mean_squared_error 是从 sklearn. metrics 模块中导入的函数,用于计算均方误差。
mse=mean_squared_error(y_test,y_pred)
print(f' 均方误差:{mse:. 2f}' )


# mean_absolute_error 是从 sklearn. metrics 模块中导入的函数,用于计算平均绝对误差。
mae=mean_absolute_error(y_test,y_pred)
print(f' 平均绝对误差:{mae:. 2f}' )
```

均方误差（MSE）和平均绝对误差（MAE）如图 3-20 所示。

均方误差: 0.53
平均绝对误差: 0.53

图 3-20　均方误差（MSE）和平均绝对误差（MAE）

6）可视化结果

可视化实际值和预测值的关系，如图 3-21 所示。

```
# 绘制实际值与预测值的散点图
plt. scatter(y_test,y_pred,alpha=0. 3)
plt. xlabel(' 实际值' )
plt. ylabel(' 预测值' )
plt. title(' 实际值与预测值对比' )
plt. show()
```

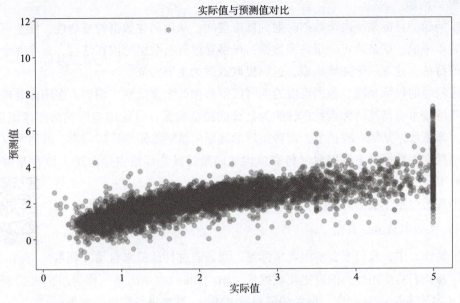

图 3-21　实际值与预测值分布图

二、非监督学习

（一）非监督学习概念

非监督学习是一种不依赖于带有明确标签的训练数据的机器学习算法。模型通过学习数据集中的内在结构和模式，从而能够对新数据进行归类或降维。非监督学习算法的核心在于从未标注的数据中发现隐藏的模式、结构或特征，这些模式可以帮助我们理解数据的分布和属性。

非监督学习

非监督学习广泛应用于各种领域，包括但不限于聚类分析、异常检测、降维和数据可视化等。例如，在客户细分中，非监督学习算法可以通过分析大量未标记的客户数据来自动将客户分为不同的组；在图像处理中，则可以用于图像压缩和特征提取等任务。

非监督学习通常根据任务的特点，分为聚类问题和降维问题。

（二）常见非监督学习算法

1. 聚类问题

聚类问题是非监督学习中最常见的一类问题，其目标是将输入的数据根据其相似性分配到多个组或簇中，而不是预定义的类别中。简单来说，就是给定一组未标记的数据，模型需要学会如何将这些数据按照某种相似性标准进行分组。它通过分析数据之间的距离或相似性，建立一个聚类模型，进而发现数据中的内在结构和模式。

聚类问题的目标是揭示数据的自然分组。例如，在客户细分中，企业可以通过分析客户的购买行为、年龄、收入等数据，将客户分为不同的组。在这里，购买行为、年龄和收入是输入特征值，而客户的组别是通过模型自动发现的，而不是类似监督学习中事先给入的标签。

常用算法包括 KMeans 聚类和层次聚类等。

2. 降维问题

降维问题的目标是将高维数据映射到低维空间，从而简化数据的复杂性，便于可视化和处理。简单来说，就是给定一组高维数据，模型通过分析数据的内在结构，去除冗余和相关性较高的特征，建立一个降维模型，进而提取数据的主要特征。

降维问题的目标是减少数据维度的同时保留数据的主要信息。例如，在图像处理中，可以通过降维技术将高维的像素数据转换为低维的特征向量，从而加速后续的图像识别任务。在这里，像素数据是输入特征值，而转换后的特征向量则是降维后的结果。其他常见的降维问题，包括文本数据的主题提取（将高维词频向量转换为低维主题向量）以及基因数据的特征提取等。

常用算法包括主成分分析（PCA）和 t-SNE 等。

（三）实战 KMeans 算法

KMeans

在聚类任务中，我们不会使用类别标签，而是通过特征值来自动发现数据的分组。我们将使用经典的鸢尾花数据集（Iris Dataset）中的特征作为示例进行演示。利用 Python 中的 Scikit-learn 库，展示如何通过 KMeans 算法进行简单的聚类。

1. 导入必要的库

```
import pandas as pd
import numpy as np
import matplotlib. pyplot as plt
from sklearn. datasets import load_iris
from sklearn. cluster import KMeans
from sklearn. metrics import silhouette_score
```

2. 加载数据集

```
# 加载鸢尾花数据集数据特征
iris = load_iris()
X = pd. DataFrame(iris. data,columns = iris. feature_names)
```

3. 使用 KMeans 进行聚类

使用 KMeans 算法对数据进行聚类。在 KMeans 算法的使用过程中，需要我们实现给出需要分组的个数。

```
# 初始化 KMeans 模型
kmeans = KMeans(n_clusters = 3,random_state = 42)

# 训练模型
kmeans. fit(X)

# 预测每个样本的簇
labels = kmeans. predict(X)
```

4. 可视化聚类结果

我使用前两个特征（花萼长度和花萼宽度）进行可视化，以便更直观地展示聚类结果，不同的颜色表示不同的分类，如图 3-22 所示。

```
# 绘制聚类结果
plt. scatter(X. iloc[:,0],X. iloc[:,1],c=labels,cmap=' viridis' ,alpha=0. 5)
plt. xlabel(' 花萼长度/cm' )
plt. ylabel(' 花萼宽度/cm' )
plt. title(' KMeans 聚类结果' )
plt. show()
```

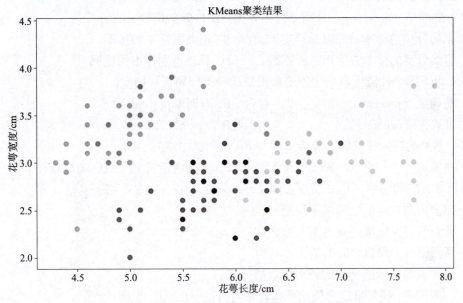

图 3-22　鸢尾花数据（前两个特征）聚类结果展示

【知识拓展】

里奥·布莱曼（Leo Breiman）是机器学习领域的重要先驱之一，他的贡献深远，影响了统计学和数据科学的发展。20 世纪 50 年代，布莱曼进入加州大学伯克利分校（UCLA）攻读数学博士学位，师从著名概率论学者米切尔·洛伊夫（Michel Loève），在导师指导下证明了著名的 Shannon-McMillan-Breiman（SMB）定理，奠定了在学术界的地位。完成学业后，布莱曼曾在军队服役，之后重返伯克利担任教授多年，继续研究概率论。其间，前往非洲利比里亚进行实地调查，这段经历加深了他对统计学实际应用的理解。在随后咨询公司工作的十几年间，布莱曼接触到大量实际问题，发明了 CART 算法，这是一种用于分类和回归任务的决策树方法。20 世纪 90 年代，布莱曼开始关注机器学习和神经网络，提出随机森林算法，这一集成学习方法至今仍在多个领域得到广泛应用。除了学术成就以外，布莱曼多才多艺，尝试雕塑创作，有过创业经历，他的一生充满探索与创新，始终保持着对新事物的好奇心和热情。

里奥·布莱曼的故事告诉我们，无论是在学术研究还是生活中，保持开放心态和持续探索精神都是非常重要的，需要不断突破自我，勇敢地追求自己的梦想，关注技术的社会价值，为人类进步贡献力量。

【模块自测】

（1）在监督学习中，分类问题的目标是（　　）。

A. 预测目标为数值型　　　　　　　　B. 预测目标为离散型

C. 寻找异常值　　　　　　　　　　　D. 连续数据拟合

（2）在二元分类中，正类别（positive class）通常是指（　　）。

A. 模型的输出结果　　　　　　　　　B. 预测为正类别的样本

C. 预测为负类别的样本　　　　　　　D. 数据集中的所有样本

（3）准确率（accuracy）是用于评估分类模型性能的度量，它计算为（　　）。

A. 正确分类的样本数除以总样本数　　B. 正类别样本的比例

C. 错误分类的样本数除以总样本数　　D. 真正类别样本的比例

（4）以下哪个性能度量对于不平衡类别的分类问题更有用？（　　）

A. 精确度（precision）　　　　　　　B. 召回率（recall）

C. 准确率（accuracy）　　　　　　　D. F_1 分数（F_1-score）

（5）常见的二元分类算法包括（　　）（可选择多项）。

A. 决策树　　　　B. K 均值聚类　　　　C. 支持向量机　　　　D. 随机森林

（6）在回归问题中，均方误差（Mean Squared Error，MSE）用于度量（　　）。

A. 预测值与实际值之间的平均绝对误差

B. 预测值与实际值之间的平方差之和

C. 预测值与实际值之间的最大绝对值

D. 预测值与实际值之间的最小绝对值

（7）以下哪个任务最适合使用非监督学习方法？（　　）

A. 垃圾邮件分类　　　　　　　　　　B. 图像识别

C. 用户分群　　　　　　　　　　　　D. 电影评分预测

模 块 四

深度学习——厚积薄发的集大成者

【情境导入】

1. 想象一下，将来的某一天，高度智能的机器人走入人类社会，它们不仅能够理解复杂的情感交流，还能在瞬间作出精准决策，甚至预测未来事件的发展。这些超乎寻常的能力，源自它们模仿人脑构造的神经网络，并在此基础上搭建的先进深度学习系统。

2. 让我们深入一个机器人的"大脑"内部，其中展现出错综复杂的神经网络结构。在这个微观世界里，每一个节点（神经元）都在闪烁，传递着信息，学习和适应着，仿佛是无数思维的火花在跳跃。好奇心驱使我们陷入沉思，这些看似神秘的网络是如何让机器能够像人类一样思考和学习呢?

【情境分析】

我们不禁要问：这些智能背后的科学原理是什么？神经网络如何模拟人脑的工作机制？它们又是如何通过层层学习，从原始数据中提取高级特征，实现创造性任务的？现在，我们将一起揭开神经网络与深度学习的神秘面纱，从认知出发，逐步探索它们如何从理论走向实践，成为推动人工智能发展的核心力量。通过实例分析，我们将亲手构建一个两层的全连接神经网络模型，体验如何利用鸢尾花的特征数据来进行花的品种分类，从而开启通往未来智能世界的大门。

【学习目标】

1. 知识目标

(1) 了解生物神经元和人工神经元模型

(2) 了解感知机及其线性不可分

(3) 认识神经网络的定义、结构

(4) 认识深度神经网络和深度学习的定义

(5) 了解万能逼近定理及其意义

(6) 理解神经网络层和节点对应的函数表达

(7) 了解激活函数的作用和常用激活函数

(8) 认识神经网络的训练过程，包括前向/反向传播、小批量梯度下降和超参数

2. 技能目标

(1) 掌握使用 TensorFlow 游乐场搭建简单的神经网络进行训练

(2) 掌握使用全连接神经网络实现鸢尾花数据集分类任务

3. 素养目标

锻炼发现问题、分析问题、解决问题的能力，在不断尝试和改进中体会成功的乐趣，从而树立正确的工作态度和价值观。

任务一 认识神经网络

【思维导图】

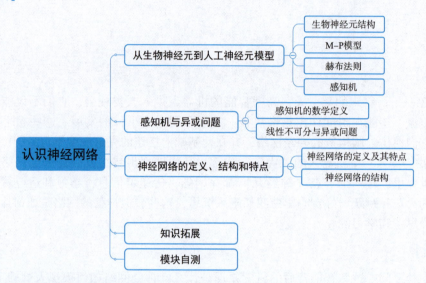

一、从生物神经元到人工神经元模型

（一）生物神经元结构

生物神经元的结构如图4-1所示，图中的神经元细胞是神经系统结构与功能的基本单元，由树突、细胞核、轴突组成。树突负责接收其他神经元的信号，细胞核对信号进行处理，并通过轴突末梢向其他神经元传递。多个神

从生物神经元到
人工神经元模型

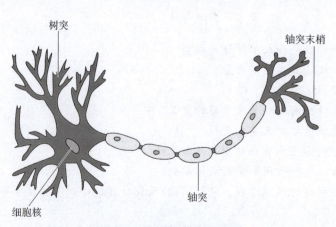

图4-1　生物神经元的结构

经元之间通过轴突、树突形成连接，神经元之间的连接强度由连接数量的多少、粗细等生物特征表征。据统计，人类大脑包含 120 到 140 亿个神经元，每个神经元与 100~10 000 个其他神经元相连接，构成一个极为庞大而复杂的网络，即生物神经网络。

（二）M-P 模型

1943 年，美国心理学家沃伦·麦卡洛克和数理逻辑学家沃尔特·皮茨参考生物神经元的结构，提出以两人名字首字母命名的抽象神经元模型 M-P，如图 4-2 所示。该模型是首个通过模仿生物神经元而形成的人工神经元模型，基本思想是抽象和简化生物神经元的特征，达到捕获神经元执行计算的方式。M-P 模型的参数固定，接收多个输入 x_1 到 x_n，产生单一的输出 y，输出 y 只有两种状态，即兴奋和抑制。通过改变神经元的激发阈值，可以完成"与"、"或"、"非"等数字逻辑运算。但是，M-P 模型缺乏一个对人工智能而言至关重要的学习机制。

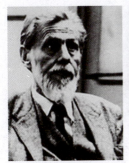

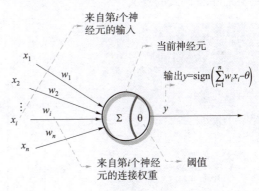

沃伦·麦卡洛克　　　　沃尔特·皮茨

图 4-2　M-P 模型

（三）赫布法则

1949 年加拿大心理学家唐纳德·赫布在出版的《行为的组织》一书中提出了其神经心理学理论，如图 4-3 和图 4-4 所示。他认为知识和学习的发生主要是通过大脑神经元间突触的形成与变化，这个出人意料并影响深远的想法简称"赫布法则"，通俗讲就是两个神经元细胞交流越多，它们连接的效率就越高，反之就越低。

图 4-3　唐纳德·赫布　　　　图 4-4　《行为的组织》

（四）感知机

在 M-P 模型和赫布法则的研究基础上，美国康奈尔大学航天实验室的计算科学家罗森布拉特（见图 4-5）发现了一种类似于人类学习过程的学习算法——感知机学习，并于 1958 年正式提出了由两层神经元组成的神经网络，该网络的输入层接收外界信号，输出层是 M-P 神经元，既阈值逻辑单元，也称为神经网络的一个处理单元，如图 4-6 所示。感知机本质上是一种线性模型，从结构上看，与 M-P 模型一致，区别在于感知机引入了学习的概念。神经元之间通过权重 w 传递信息，通过响应函数确定输出 y，并且根据输出 y 与真实值的误差来调节权重 w，使 w 到达合适的值，这就是学习的过程。感知机可以对输入的训练集数据进行二分类，它的提出吸引了大量科学家对人工神经网络研究的兴趣，对神经网络的发展具有里程碑式的意义。

图 4-5　罗森布拉特

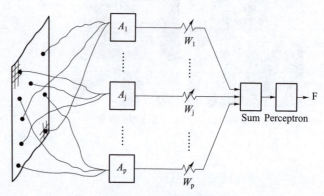

图 4-6　感知机原型

感知机的训练数据分类的过程请扫码视频，可以看到，经过若干次的学习过程，权重迭代到合适的值，最后将两部分数据线性分开。

二、感知机与异或问题

（一）感知机的数学定义

从感知机模型结构图（参考图 4-2），推导得到它的数学定义如图 4-7 所示，其中 w 是权重、x 是输入特征、θ 是阈值，sign 是符号函数，由此得到的感知机输出是 1 或者-1，表示二分类。从感知机的数学定义可以得出感知机本质上是一种线性分类模型，无法解决复杂数据集的分类问题。

感知机与异或
问题

$$y = \text{sign}\left(\sum_{i=1}^{n} w_i x_i - \theta\right)\begin{array}{l} w_i、x_i、\theta \in \mathbf{R} \\ \text{sign}(x) = \begin{cases} +1, x \geq 0 \\ -1, x < 0 \end{cases} \end{array}$$

图 4-7　感知机的数学定义

（二）线性不可分与异或问题

所谓线性不可分，在二维平面上的几何解释就是不能用一条直线将数据集划分为两部分。如图4-8所示，我们不能用一条直线将苹果和香蕉分开。因为苹果或者香蕉始终有个体位于对方的两侧，无论怎么画直线，都无法做到将苹果和香蕉整个分开。

1969年，人工智能领域的知名学者马文·明斯基在其著作《感知机：计算几何学导论》中，证明了感知机本质上是一个线性模型，其连最基本的异或问题都无法解决，这也使当时的许多人工智能研

图4-8　感知机无法区分香蕉和苹果

究者对感知机失去了兴趣，人工智能进入第一个寒冬。所谓感知机不能表示"异或"问题，我们对比"与""或"等逻辑运算进行讲解。如图4-9所示，"与"运算4个坐标点的运算结果分别是0、0、0、1，可以用一条直线分开0和1；"或"运算4个坐标点的运算结果分别是1、0、1、1，也可以用一条直线分开0和1；"异或"运算4个坐标点的运算结果分别是1、0、1、0，就无法用一条直线分开0和1了，意味着感知机不能表示"异或"问题。

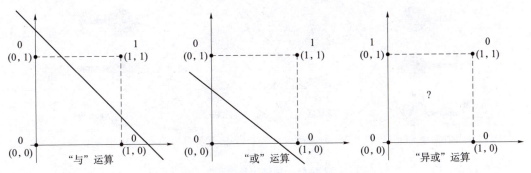

图4-9　感知机不能表示"异或"问题

后面内容会讲到含有隐藏层的神经网络可以表示异或，主要是增加了激活函数，网络能够代表一个非线性函数，表达能力提升了。如果没有激活函数，不管神经网络有多少隐藏层，都是线性模型，均不能表示"异或"。

三、神经网络的定义、结构和特点

（一）神经网络的定义及其特点

人工神经网络的英文名为 Artificial Neural Network，简称 ANN。芬兰计算机科学家托伊沃·科霍宁给出人工神经网络的定义为：一种由具有自适应性的简单单元构成的广泛并行互联的网络，它的组织结构能够模拟生物神经系统对真实世界所作出的交互反应。这里的关键词是互联、模拟和反应，分别对应神经网络的连接、仿生和学习等特点。图4-10所示是神经网络与人脑的相似性对比。

人工神经网络的
定义、结构和特点

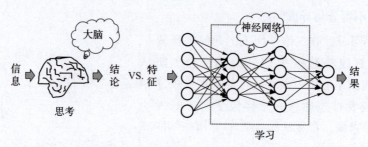

图 4-10　神经网络与人脑的相似性对比

（二）神经网络的结构

人工神经网络由 1 个输入层、0 个或多个隐藏层和 1 个输出层组成，如图 4-11 所示。其中输入层按照输入特征数确定输入节点数量，从外部接收数据，隐藏层处理数据，输出层根据使用目标提供 1 个或多个输出节点。如图 4-12 和图 4-13 所示，检测人、汽车和动物的 3 分类神经网络的输出层包含 3 个节点，对银行交易在安全和欺诈之间进行分类的二分类神经网络只有 1 个输出节点。

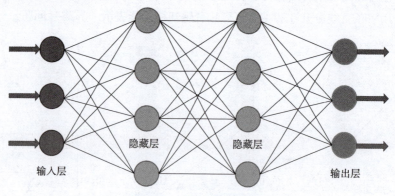

图 4-11　神经网络的结构

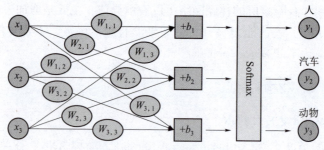

图 4-12　三分类神经网络

诸如此类的神经网络也称为前馈神经网络，英文名称 Feedforward Neural Network，简称 FNN。前馈神经网络的每个神经元只与前后层的神经元相连，接收前一层的输入，并输出给下一层，处于同一层的神经元之间没有连接，也不存在神经元之间的跨层连接；外界信号从

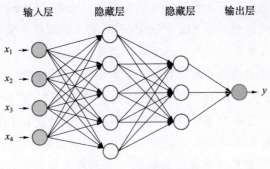

图4-13 二分类神经网络

输入层经由隐藏层到达输出层，不存在信号的逆向传播。常见的前馈神经网络是每个神经元与前后层的各个神经元完全连接，称为全连接神经网络，英文名称 Full Connect Neural Network，简称 FCNN。

【知识拓展】

　　ImageNet 是计算机视觉领域具有里程碑意义的数据集，也是推动人工智能研究的重要工具。ImageNet 项目的诞生源于对计算机视觉领域现状的深刻反思，它的出现为该领域带来了突破性的进展。回顾计算机视觉领域的发展历程，在过去的几十年里，研究者们一直在努力开发出能够理解和识别图像中各种对象的算法和模型。然而，尽管取得了一些进展，但这些模型的效果一直不尽如人意。究其原因，主要是由于缺乏大规模高质量的图像数据集，导致模型无法充分学习和泛化。为了解决这个问题，研究者们不断地尝试构建更大、更全面的图像数据集。然而，由于人力和资源有限，这些数据集的质量和覆盖面达不到理想的效果。此外，由于不同的研究者使用不同的数据集和评估标准，使彼此之间的比较和评估变得困难。

　　在这样的背景下，ImageNet 应运而生。该项目的目标是建立一个大规模、高质量的图像数据集，并为计算机视觉领域的研究者们提供一个公平的竞赛平台。ImageNet 的出现，为计算机视觉领域的研究者们提供了一个前所未有的机会，他们可以使用这个数据集来训练和评估自己的模型，从而实现更加准确的对象识别和理解。ImageNet 数据集的构建是一个庞大的工程，需要大量的人力、物力和财力支持。在该项目中，研究者们通过购买和收集网上开源的图片资源，对它们进行分类和标注。为了确保数据集的质量和覆盖面，研究者们使用了许多技术和工具来进行数据清洗、标注和验证。同时，他们还为数据集提供了一系列的辅助信息和工具，如图像注释、边界框等，以方便进行实验和分析。除了为计算机视觉领域提供了一个大规模、高质量的图像数据集之外，ImageNet 还为该领域带来了一些重要的变革。首先，它促进了计算机视觉领域的研究合作。在 ImageNet 挑战赛中，来自世界各地的团队共同合作，互相交流研究成果和思路。这种合作不仅促进了研究者们之间的交流和互动，同时也推动了计算机视觉技术的快速发展。其次，ImageNet 挑战赛为研究者们提供了一个公平的竞赛平台。在比赛中，每个团队都需要使用自己的算法和模型来对 ImageNet 中的图像进行分类和识别。这种公平的竞赛环境，使研究者们可以更加客观地评估自己的研究成果，同时也可以借助其他团队的思路和方法来完善自己的模型。此外，ImageNet 还对计算机视觉领域的研究方向产生了深远的影响。在 ImageNet 出现之前，计算机视觉领域的研究主要集中在一些特定的任务上，如人脸识别、物体检测等。但是，ImageNet 的出现使研究者们可以更加全面地研究和探索图像数据的特征表示和分类识别问题。这种研究方向的转变，不仅推动了计算机视觉技术的发展，同时也为其他领域的研究提供了更多的思路和方法。最后，ImageNet 对人工智能的发展和应用产生了深远的影响。通过使用 ImageNet 训练的模型，可以更加准确地识别和理解图像中的各种对象，从而实现更加智能化的应用。例如，在智能驾驶领域，使用 ImageNet 训练的模型可以帮助车辆更加准确地识别交通标志和行人，从而实现更加智能化的驾驶；在医疗影像分析领域，使用 ImageNet 训练的模型可以帮助医生更加准确地诊断疾病和分析病理切片。这些应用不仅提高了人工智能技术的水平，同时也为人类的生活带来了更多的便利和效益。总之，ImageNet 不仅是一个计算机视觉研究数据集，更是一个推动计算机视觉领域向前发展的强大动力。它的出现为该领域带来了突破性的进展，同时促进了计算机视觉领域的研究合作和应用拓展，未来随着人工智能技术的不断发展；ImageNet 将会继续发挥其重要作用，为计算机视觉领域和其他领域的发展提供更多的思路和方法。

【模块自测】

（1）一个神经元不包含（　　　）。

A. 神经元细胞核　　B. 轴突　　　　　C. 树突　　　　　D. 突触　　　　　E. 轴突的末梢

（2）以下关于 M-P 模型错误的是（　　　）。

A. M-P 模型的参数固定

B. 接收单个输入，产生单一的输出

C. 输出只有两种状态，代表兴奋和抑制

D. 通过改变神经元的激发阈值，可以完成"与""或""非"等数字逻辑运算

（3）（　　　）提出了感知机。

A. 沃伦·麦卡洛克　　　　　　　B. 沃尔特·皮兹

C. 弗兰克·罗森布拉特　　　　　D. 阿兰·图灵

（4）（多选）以下关于感知机说法正确的有（　　　）。

A. 感知机基于线性二分类

B. 感知机基于非线性二分类

C. 感知机无法解决数据线性不可分问题

D. 感知机可以解决数据线性不可分问题

（5）（判断）神经网络可以只有输入层和输出层，没有隐藏层。（　　　）

A. 正确　　　　　B. 错误

（6）请问下列关于神经元的描述中，哪一项是正确的？（　　　）

A. 每个神经元可以有 1 个输入和 1 个输出

B. 每个神经元可以有多个输入和 1 个输出

C. 每个神经元可以有 1 个输入和多个输出

D. 每个神经元可以有多个输入和多个输出

E. 上述都正确

（7）前馈神经网络中，信息流动的方向是（　　　）。

A. 从输出层到输入层

B. 从输入层到输出层

C. 在各层之间双向流动

D. 信息在每层内循环流动

任务二　深度神经网络

【思维导图】

一、什么是深度学习

将神经网络的隐藏层进一步推广到多层，就得到多隐藏层的神经网络，称为深度神经网络。深度的意思就是多层，网络结构如图4-14所示，图中有 k 个隐藏层，各个隐藏层的节点数量一般情况下不一致。这张图显示了 m 个输入节点和1个输出节点的神经网络结构，对于一般的 m 个输入节点和 n 个输出节点的神经网络，只要将最后输出层设置为 n 个节点、每个输出节点与前一层神经元全连接即可。

什么是深度学习

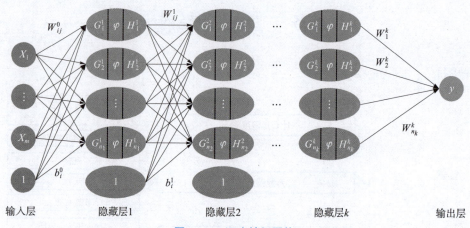

图 4-14 深度神经网络

（一）深度学习概念及其与人工智能、机器学习的关系

维基百科对深度学习的解释是：深度学习是机器学习的分支，是一种以人工神经网络为架构，对数据进行表征学习的算法。深度学习中的形容词"深度"是指使用多层神经网络。早期的工作表明，线性感知机不能成为通用分类器，但具有非多项式激活函数和一个无限宽度隐藏层的网络可以成为通用分类器。这段话的关键点包括：深度学习是机器学习的一个分支；深度学习的实现依赖于深度神经网络；深度学习可以模拟通用函数。更进一步，图4-15表明了深度学习、机器学习和人工智能的关系，可以认为：机器学习是人工智能的一个实现途径，深度学习由机器学习的一种方法发展而来。

（二）深度学习应用

自深度学习出现以来，依靠大数据和大算力的支撑，深度学习已经成为处理图像、视频、文本和声音等多模态复杂高维数据的主要方法，尤其在计算机视觉、语音识别和自然语言处理等领域得到广泛应用。在通用检验数据集，如语音识别中的 TIMIT 和图像识别中的 ImageNet、Cifar10 上的实验证明，深度学习能够很大地提高识别的精度。通过使用循环神经网络（RNN）、长短时记忆网络（LSTM）、Transformer 等模型，深度学习改进了文本分类、情感分析、机器翻译、聊天机器人和问答系统等任务的表现。利用 WaveNet 和 Transformer 等深度学习技术，实现了高精度的语音转文字以及自然流畅的语音合成，广泛应用于智能助手、自动字幕生成等领域。电商、流媒体平台等利用深度神经网络分析用户行为，实现个性化推荐，提高用户体验和商业效益。结合计算机视觉、传感器数据处理和决策制定，深度学

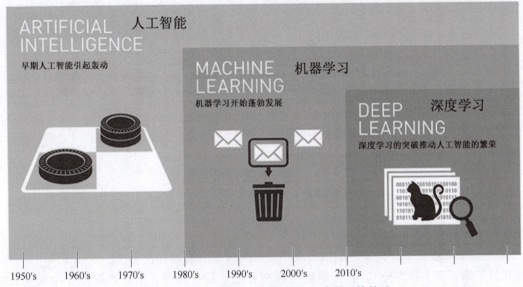

图 4-15 人工智能、机器学习和深度学习的关系

习助力车辆实现自主导航、障碍物检测和路径规划。深度学习还应用于疾病预测、基因序列分析、药物发现等领域，推动精准医疗发展。深度学习模型能够识别异常模式，有效检测网络攻击、垃圾邮件和金融欺诈等行为。根据学生的学习行为和表现，帮助定制教学计划，提供个性化的学习资源和反馈。这些应用不仅展示了深度学习的广泛影响力，也预示着未来人工智能技术在促进各行业创新和效率提升方面的巨大潜力。

二、万能逼近定理

（一）概念

1989 年，在 Kurt Hornik 等人公开发表的论文 *Multilayer Feedforward Networks Are Universal Approximators* 一文中，首次从理论上证明"一个至少包含一层隐藏层神经元的前馈神经网络，能以任意精度逼近任意预定的连续函数"。万能逼近定理又翻译为"通用近似定理"、"万能近似定理"等。

万能逼近定理

（二）图示表达

图 4-16 是万能逼近定理的图示表达，说明不管连续函数在形式上有多复杂，总能确保找到一个神经网络，对任何可能的输入，以任意高的精度近似输出该函数的值，即使该函数有多个输入和输出。

使用这个定理时，需要注意以下两点：

第一，定理说的是，可以设计一个神经网络尽可能好地去"近似"某个特定函数，而不是说"准确"计算这个函数。我们通过增加隐藏层神经元的个数来提升近似的精度。

第二，被近似的函数必须是连续函数。如果函数是非连续的，也就是说有极陡跳跃的函数，神经网络就"爱莫能助"了。

万能逼近定理的图示表达如图 4-16 所示。

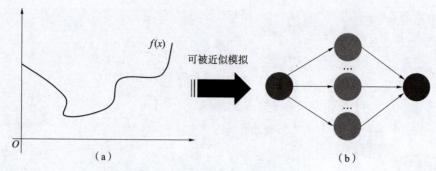

图4-16　万能逼近定理的图示表达

（a）任意连续函数；（b）被神经网络以任意精度近似

（三）实践意义

即使函数是连续的，关于神经网络能不能解决所有问题也存在争议。道理很简单，就是"理想很丰满，现实很骨感"，万能逼近定理在理论上是一回事，而在实际操作中又是另外一回事。

生成对抗网络 GAN 的发明者伊恩·古德费洛曾经发表意见说，"仅含有一层隐藏层的前馈神经网络，的确足以有效地表示任何函数。但是，这样的网络结构可能会格外庞大，进而无法正确地学习和泛化。古德费洛的言外之意是说，"浅层胖"的神经网络在理论上是万能的，但在实践中却不是那么回事。因此，网络往"深"的方向去做，才是正途。

事实上，从 1989 年万能逼近定理提出，到 2006 年深度学习开始厚积而薄发，这期间神经网络并没有因为这个定理而得到蓬勃发展。因此，从某种程度上验证了古德费洛的判断，反映出模型训练的难度，说明"浅层胖"网络相比"深度瘦"网络难于学习和泛化。

三、神经网络的函数表达

本部分内容介绍可视化神经网络训练工具 TensorFlow 游乐场和设计神经网络架构的基本思路。

（一）TensorFlow 游乐场

TensorFlow 游乐场是一个通过网页浏览器手动操作，实现设计和训练神经网络的可视化工具，本次学习过程会使用到这个工具以强化我们的认识。

神经网络的
函数表达

在浏览器中输入网址 http：//playground.tensorflow.org/，打开 TensorFlow 游乐场。它的使用步骤分为 5 步，包括选取数据集、搭建模型、设置参数、进行训练、查看结果。

（二）设计神经网络架构

图 4-17 所示为两种颜色数据的二分类问题，如何设计单层神经网络实现？显然，输出的数据非此即彼，可以用 1 个输出节点表示。输入数据现在处于二维平面，需要两个特征来进行表示，所以用于二分类的单层神经网络如图 4-17（b）所示，有 X_1 和 X_2 两个输入节点和 1 个输出节点 y，X_0 是偏置，与模型设计无关。

在 TensorFlow 游乐场中演示单层神经网络的二分类过程和结果如图 4-18 所示，这里选取高斯数据集，然后搭建用于二分类的单层神经网络模型，输入层有 X_1 和 X_2 这两个节点，

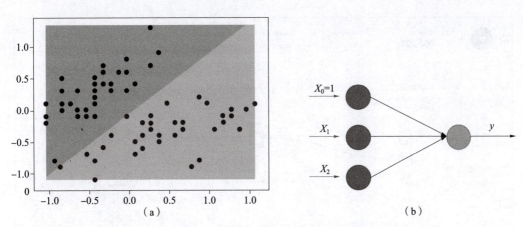

图4-17　单层神经网络用于二分类数据集

（a）需要二分类的数据集；（b）用于二分类的单层神经网络模型

没有隐藏层，输出层有1个节点；训练参数均不做改变；单击运行按钮进行训练，很快输出结果就将两个数据集分开了。

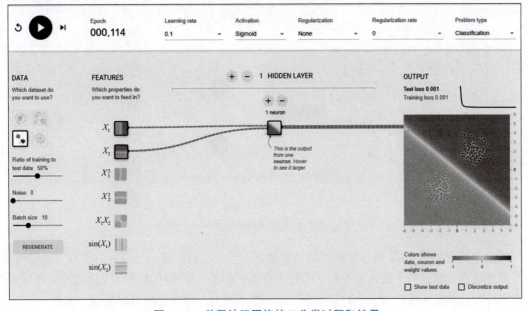

图4-18　单层神经网络的二分类过程和结果

接下来演示单层神经网络面对异或数据的线性不可分。切换为异或数据集，选择最常用的 ReLU 激活函数，其余均不做改变，单击运行按钮进行训练，可以看到随着迭代次数的增加，始终无法将两类不同颜色的数据分开，如图4-19所示。

那么如何搭建多层神经网络呢？考虑分类图4-20中的红绿两类数据。几何表示上可以用6条线段交集进行分类。对应到神经网络结构，输入特征数量和二分类问题没有变化，所以依然是2个输入节点和1个输出节点。只是要增加1个隐藏层，其中包含6个神经元，每个神经元模拟1条线段，如图4-20所示。

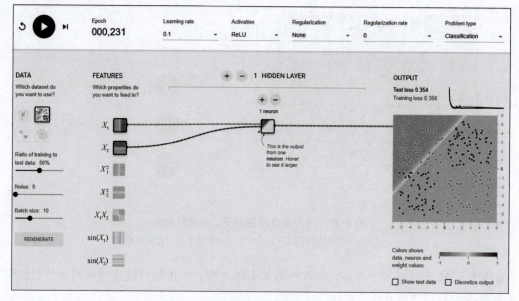

图 4-19　单层神经网络异或线性不可分

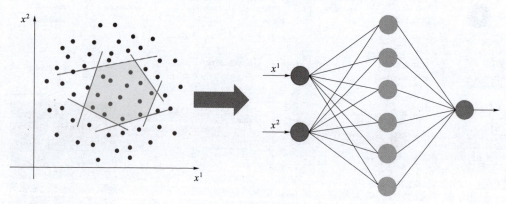

图 4-20　搭建多层神经网络的思路——交集

　　考虑如何分类图 4-21 所示中的红绿两类数据，其中绿色数据是分离的两部分。比较前例，神经网络结构依然是两个输入节点和 1 个输出节点，但是需要增加含两个神经元的隐藏层来表征两部分绿色数据，所以第 1 个隐藏层是 4+6=10 个节点，第 2 个隐藏层是两个节点。

　　以下切换到 TensorFlow 游乐场演示多层神经网络分类异或数据集。根据刚才的讨论，在神经网络设计时，增加两个隐藏层，第 1 个隐藏层包含 4 个神经元，第 2 个隐藏层包含两个神经元，输出层有 1 个节点，这里选择 ReLU 激活函数，其余均不做改变，单击运行按钮进行训练，可以看到随着迭代次数的增加，两类不同颜色的数据被分开，如图 4-22 所示。

激活函数

四、激活函数

　　神经元对输入信息进行求和运算之后，紧接着使用一个固定的非线性函数进行变换，变

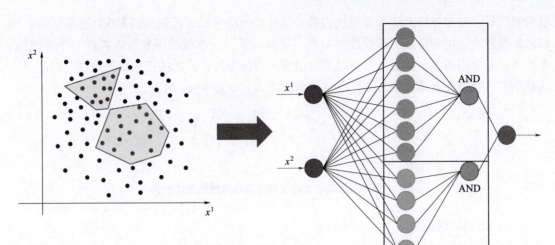

图 4-21　搭建多层神经网络的思路——并集

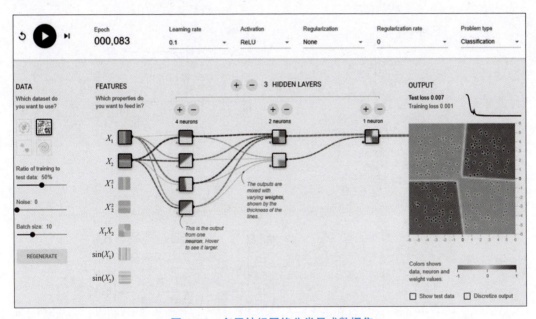

图 4-22　多层神经网络分类异或数据集

换结果作为下一个神经元的输入，这个非线性函数称为激活函数（activation function），如图 4-23 所示。

（一）激活函数的作用

如果没有激活函数，神经网络中每一层的输入、输出都是一个线性求和的过程，输出只是输入的线性变换，无论构造的神经网络多么复杂，有多少层，最后的输出结果都是输入信息的线性组合，纯粹的线性组合并不能够解决更为复杂的问题。引入非线性的激

图 4-23　激活函数 θ

活函数之后，会给神经元注入非线性因素，使神经网络可以逼近任意的非线性连续函数，可以将神经网络应用到更多的非线性模型中。想象一下，一个激活函数可以拟合一个折线段，多个神经元使用的多个激活函数可以拟合出更多的折线段，折线的极限就是曲线，因此激活函数的引入让神经网络具备表达非线性函数的能力，如图4-24所示。

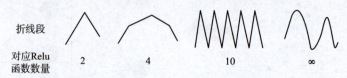

图4-24　激活函数让神经网络具备非线性表达能力

（二）常用激活函数

常用的激活函数有 ReLU 函数、Sigmoid 函数、Tanh 函数和 Softmax 函数等，如图4-25所示。

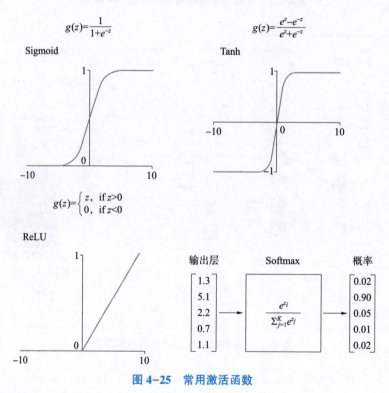

图4-25　常用激活函数

1. Sigmoid

Sigmoid 函数将取值为（$-\infty$，$+\infty$）的数映射到（0，1），常用于二分类任务的输出层，其中一个分类结果趋近于0，另一个分类结果趋近于1。

2. Tanh

Tanh 函数将取值为（$-\infty$，$+\infty$）的数映射到（-1，1），在循环神经网络中使用较多。

3. ReLU

ReLU 函数是默认使用的激活函数，使用场合最多，该函数训练模型可以较快收敛。

4. Softmax

Softmax 函数是用于多分类问题的激活函数，用概率值代表属于该分类的可能性。如图 4-25 所示，5 分类任务的输出经过 Softmax 运算，得到 5 个代表分类可能性的概率值，其中第二个分类的可能性达到 90%，在 5 个概率值中最大，因此将输入对象划分到第二个分类。

五、训练神经网络

训练神经网络的过程请参见图 4-26。初始化神经网络时，神经元之间连接的参数是随机赋值的，这些参数包括权重参数和偏置参数。训练目标是迭代优化这些参数，使神经网络逐步满足训练数据集的分布要求，即逼近数据集表征的函数。训练过程中，每次选取训练数据集的一个小批量样本，进行神经网络模型参数更新。

训练神经网络

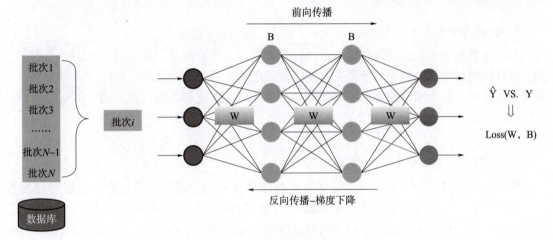

图 4-26　神经网络的训练

（一）前向传播

首先是前向传播，样本特征由输入层通过隐藏层向输出层传递，按从左到右的顺序计算和存储神经网络中每层的结果。

（二）误差计算

输出层输出的结果与样本标签之间的误差通过损失函数 Loss 计算得到。再使用反向传播由输出层向输入层方向逐层计算每个模型参数的梯度，进而利用梯度下降方法更新每个参数。一般情况下，整个训练过程遍历训练数据集多次，直到满足预设的迭代次数才会停止。训练完毕，达到设计要求的神经网络就可以实际使用了。

（三）反向传播-梯度下降

反向传播中模型待计算的参数梯度，比如某个权重参数 w 的梯度，可以简单地理解为损失函数 Loss 相对 w 的导数，几何上就是 Loss 相对 w 的斜率。如图 4-27 所示蓝色虚线代表的斜率为 Loss 函数在 w^0 处求出的导数，我们沿着梯度下降的方向迈出一步，步伐的大小称为步长，从而得到新的 w^1。梯度下降保证误差沿着减小的方向，这样经过多次小批量样本训练的迭代优化，从整体上看神经网络所有的权重参数 w 和偏置参数 b 都得到了优化，使损失函数最终接近极小值，模型训练完成。

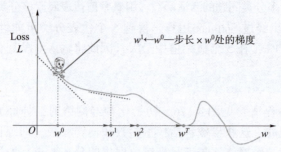

图 4-27　通过梯度下降训练模型参数（附彩插）

六、神经网络的超参数

（一）超参数与模型参数的区别

模型参数是神经元连接的权重参数和偏置参数，由神经网络训练过程得到，而神经网络中有些参数的值是人为凭经验设定的，并不是通过神经网络训练学习得到，对于网络模型而言属于"上帝视角"，因此称为超参数。通常所说的"调参"指的正是调节超参数，例如通过反复试错来找到超参数合适的值。

神经网络的超
参数

（二）常用超参数分类及其含义

常见的超参数分为两类，一类是和神经网络结构相关，比如网络层数、各层神经元数量、选取的激活函数类型等；另一类是和神经网络训练相关，比如训练回合数、小批量样本数量、学习率、损失函数、选取的优化器类型等。部分超参数的含义，我们通过 TensorFlow 游乐场的具体案例来进行讲解。图 4-28 所示是用神经网络进行数据集的二分类任务。

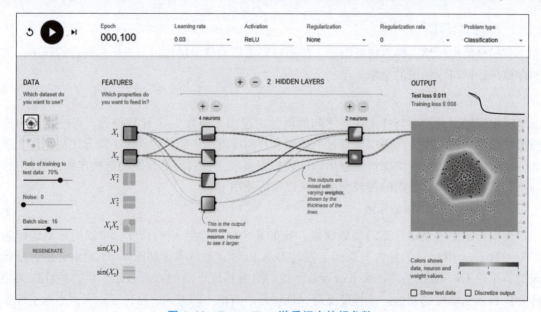

图 4-28　TensorFlow 游乐场中的超参数

1. 训练回合数 Epoch

代表训练调用数据集全体数据的次数，1 个 Epoch 就是使用数据集中的全体样本训练 1 次。Epoch 设置越大，神经网络模型训练次数越多。当模型性能不再提升时，应停止训练，也就是 Epoch 值不宜无限增加。

2. 小批量样本数量 Batch size

每次训练用到的样本数，通常设置为 2 的指数次方。Batch size 值介于 1 到数据集数据量之间，值越小神经网络模型参数更新越频繁，训练收敛越快，但样本反映数据集全体的能力较低，且不能有效利用图形处理器 GPU 的并行计算能力；Batch size 值越大，模型参数更新越慢，内存越容易溢出。

3. 学习率 Learning rate

学习率决定了神经网络模型参数优化的步长。小的学习率可以收敛到更小的训练误差值，但模型参数优化速度更慢；大的学习率使模型参数优化速度加快，但可能不收敛到训练误差的极小值。

图 4-28 中神经网络的网络层数（HIDDEN LAYERS）是 2，输入层不列入层数计算，隐藏层和输出层神经元数量（neurons）分别是 4 和 2，选取 ReLU 函数作为激活函数（Activation）。

七、全连接神经网络实战——鸢尾花分类任务

本部分我们使用全连接神经网络进行鸢尾花分类任务的有关操作，整个任务可以分为加载深度学习训练资源、数据集加载和预处理、建立全连接神经网络模型、模型编译和训练、分析训练结果、模型评价等 6 个步骤，下面依次说明并提供完整的实现源码。

全连接神经网络
实现鸢尾花数据
集分类任务

（一）加载深度学习训练资源

TensorFlow 是一个完整的生态系统，可以帮助用户使用机器学习解决棘手的现实问题。本次任务利用 TensorFlow 完成神经网络的训练，我们使用 TensorFlow 的高阶 Keras 应用程序接口（API）来构建和训练模型。在 TensorFlow 在线用户手册中可以找到供各类模型训练和学习调用的函数。诸如模型训练时参数更新的梯度计算等复杂运算，可以在 TensorFlow 中轻松实现。首先是加载第三方资源库的操作，导入科学计算资源库 Numpy、数据分析资源库 Pandas、可视化绘图资源库 Matplotlib 和深度学习资源库 TensorFlow，接着导入神经网络模型的容器对象 Sequential 和全连接层函数 Dense，以便后续使用这些资源。

```
importnumpy as np                              # 科学计算资源库
import pandas aspd                             # 数据分析资源库
importmatplotlib. pyplot as plt                # 可视化绘图资源库
importtensorflow as tf                         # 深度学习框架资源库
fromkeras import Sequential                    # 神经网络模型的容器
fromkeras. layers import Dense,Activation      # 全连接层和激活函数
```

（二）数据集加载和预处理

我们再次使用鸢尾花数据集，表 4-1 显示了该数据集的前 15 条记录，每类鸢尾花各 50 条数据。每条记录都有 4 项特征：花萼长度、花萼宽度、花瓣长度、花瓣宽度，用 X_1、X_2、

X_3、X_4 表示，可以通过这 4 个特征预测鸢尾花属于山鸢尾、变色鸢尾或者是维吉尼亚鸢尾中的哪个品种。

表 4-1　鸢尾花数据集的前 15 条记录

x_1	x_2	x_3	x_4	y
6.4	2.8	5.6	2.2	2
5	2.3	3.3	1	1
4.9	2.5	4.5	1.7	2
4.9	3.1	1.5	0.1	0
5.7	3.8	1.7	0.3	0
4.4	3.2	1.3	0.2	0
5.4	3.4	1.5	0.4	0
6.9	3.1	5.1	2.3	2
6.7	3.1	4.4	1.4	1
5.1	3.7	1.5	0.4	0
5.2	2.7	3.9	1.4	1
6.9	3.1	4.9	1.5	1
5.8	4	1.2	0.2	0
5.4	3.9	1.7	0.4	0

从数据文件加载鸢尾花数据集，分别划分训练集、测试集的输入数据和输出标签。其中，训练集输入 X_train 有 120 行 4 列，输出 y_train 有 120 行 1 列；测试集输入 X_test 有 30 行 4 列，输出 y_test 有 30 行 1 列。将输入数据的每列特征减去该列的平均值作为输入，称为数据中心化，这样的操作可以加快模型训练迭代的速度。最后，将输入数据转变为 TensorFlow 张量才能输入模型。

```
# 数据加载
iris_data=pd. read_csv(' data/iris_data. csv' )    # 从数据文件读入鸢尾花数据集


# 数据预处理
iris_train=np. array(iris_data. iloc[:120])        # 前 120 条记录作为训练集
iris_test=np. array(iris_data. iloc[120:])         # 后 30 条记录作为测试集


X_train=iris_train[:,0:4]      # 训练集输入数据,对应鸢尾花的花萼长度、花萼宽度、花瓣长度、花瓣宽
度等 4 项特征
y_train=iris_train[:,4]        # 训练集输出数据,对应鸢尾花的 3 个品种
X_test=iris_test[:,0:4]        # 测试集输入数据,对应鸢尾花的花萼长度、花萼宽度、花瓣长度、花瓣宽
度等 4 项特征
y_test=iris_test[:,4]          # 测试集输出数据,对应鸢尾花的 3 个品种
```

```
# 数据中心化,可以在后续模型训练中加快迭代速度
X_train=X_train-np. mean(X_train,axis=0)
X_test=X_test-np. mean(X_test,axis=0)


# 输入数据类型转换
X_train=tf. cast(X_train,tf. float32)
X_test=tf. cast(X_test,tf. float32)
```

(三) 建立全连接神经网络模型

利用 Sequential 对象作为容器建立两层的全连接神经网络,包含 1 个隐藏层和 1 个输出层,输入层不单独计算层数,如图 4-29 所示。隐藏层输入有花萼长度、花萼宽度、花瓣长度、花瓣宽度等 4 个特征,所以有 4 个输入节点;设置该层的神经元个数为 16,所以有 16 个节点,使用 ReLU 激活函数。判断鸢尾花是山鸢尾、变色鸢尾、维吉尼亚鸢尾中的某个品种,属于三分类任务,所以输出层有 3 个节点,为了使这 3 个节点的输出能够代表属于该分类的概率值,使用 Softmax 作为输出层的激活函数,每个节点的输出均为 0~1 的概率值,且和为 1,选取概率最大值所在节点作为分类依据。

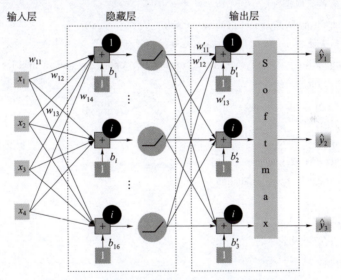

图 4-29　用于鸢尾花数据集分类的全连接神经网络

这个神经网络每一条连接线的权值,视作一个参数。每层需要训练的参数包括权重参数 W 和偏置参数 B,根据全连接神经网络前后层神经元两两联结的特性,隐藏层共有 $4×16+16=80$ 个参数,输出层共有 $16×3+3=51$ 个参数,合计 131 个待训练的参数,如图 4-30 所示。

(四) 模型编译和训练

模型编译参数中选用交叉熵损失函数,adam 优化器和精度准则。交叉熵损失函数用于计算模型输出的分类概率与分类标签之间的误差;adam 优化器是一种优化训练过程中学习率 (步长) 的工具;训练和测试期间要评估的指标是精度,也就是正确分类数据和全部待分类数据的比值。

Model: "sequential_10"

Layer (type)	Output Shape	Param #
dense_20 (Dense)	(None，16)	80
dense_21 (Dense)	(None，3)	51

Total params: 131
Trainable params: 131
Non-trainable params:0

图 4-30   各层模型参数的数量

模型训练中验证集划分比例为 0.2，也就是验证集数据为 120×0.2＝24 条，则参与训练的数据为 120−24＝96 条。训练回合数 Epoch 为 100，即反复调用训练集 100 次进行训练。每个训练回合的小批量样本数默认设置为 32，那么参与训练的数据量为 96/32＝3，所以每个 Epoch 先后调用 3 次小批量样本数据进行训练。

模型训练过程如图 4-31 所示，经过 100 回合迭代训练，训练数据和验证数据的平均误差小于 0.3，精度大于 0.9。

```
# 定义模型编译和训练函数
def complie_and_fit(model,x,y,epochs,validation_split):
    # 交叉熵损失函数,adam 优化方法,accuracy 模型评估指标
    model. compile(loss=' sparse_categorical_crossentropy' ,optimizer=' adam' ,metrics=[' accuracy' ])
    return model. fit(
            x=x,
            y=y,
            epochs=epochs,
            verbose=2,
            validation_split=validation_split)


# 验证集划分比例
VALIDATION_SPLIT=0. 2
# 训练回合数
EPOCH=100
# VERBOSE 为表示显示打印的训练过程
VERBOSE=2


# 传入数据,开始训练
train_history=complie_and_fit(model,
        x=X_train,
        y=y_train,
        epochs=EPOCH,
        validation_split=VALIDATION_SPLIT)
```

```
Epoch 96/100
3/3 - 0s - loss: 0.3368 - accuracy: 0.9062 - val_loss: 0.3645 - val_accuracy: 0.9583
Epoch 97/100
3/3 - 0s - loss: 0.3333 - accuracy: 0.9062 - val_loss: 0.3612 - val_accuracy: 0.9583
Epoch 98/100
3/3 - 0s - loss: 0.3301 - accuracy: 0.9062 - val_loss: 0.3579 - val_accuracy: 0.9583
Epoch 99/100
3/3 - 0s - loss: 0.3271 - accuracy: 0.9062 - val_loss: 0.3547 - val_accuracy: 0.9583
Epoch 100/100
3/3 - 0s - loss: 0.3242 - accuracy: 0.9062 - val_loss: 0.3515 - val_accuracy: 0.9583
```

图 4-31　模型训练过程的最后 5 个回合

（五）分析训练结果

我们将分析模型训练过程中误差和精度的变化，画出可视化图形，如图 4-32 所示，可以看到随着训练回合数的增加，误差减小，精度上升，说明模型训练达到预期效果。

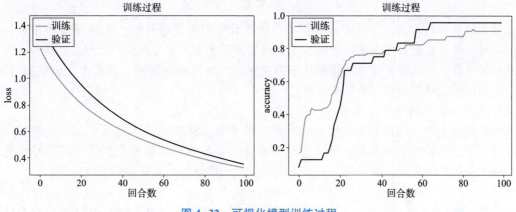

图 4-32　可视化模型训练过程

（六）模型评价

调用测试集进行模型评价，得到测试数据的平均误差为 0.406 1，精度为 0.933 3，如图 4-33 所示，也就是 30 条测试数据只有 2 条与真实值不一致，说明我们训练的全连接神经网络预测准确率较高。

```
# 模型评价---总体误差和精度
scores=model. evaluate(X_test,y_test)
print(' loss：' ,scores[0])
print(' accuracy：' ,scores[1])
```

```
1/1 [==============================] - 0s 13ms/step - loss: 0.4061 - accuracy: 0.9333
loss: 0.4060909152030945
accuracy: 0.9333333373069763
```

图 4-33　测试集模型评价

【知识拓展】

交叉熵损失函数

如图 4-29 所示的三分类问题，我们来计算交叉熵损失函数。3 个可能的分类结果分别是 0、1 和 2。神经网络模型输出的预测值 $\hat{\boldsymbol{y}}$ 是一个经过 Softmax 函数处理的独热编码（one-hot encoding）向量，形式如（0.1，0.2，0.7）。假设三分类的真实值 $\boldsymbol{y}$ 是（0，0，1），代表该数据的分类为 2，交叉熵损失函数的计算公式为：

$$l(\boldsymbol{y},\boldsymbol{y}) = -\sum_{j=1}^{3} y_i \log \hat{y}_j$$

代入数据，得到交叉熵损失计算结果 $=-(0\times\log 0.1 + 0\times\log 0.2 + 1\times\log 0.7) = -\log 0.7$。

由于 $\boldsymbol{y}$ 中只有代表分类的项不为 0，所以交叉熵计算中除了该项以外的其他项都消失了。如果是 q 分类问题，只需要简单地将交叉熵损失函数的计算公式扩展为：

$$l(\boldsymbol{y},\hat{\boldsymbol{y}}) = -\sum_{j=1}^{q} y_i \log \hat{y}_j$$

【知识拓展】

优化器

优化器是一种算法，通过不断更新模型的参数来拟合训练数据，并使模型的损失最小化，从而使模型在新数据上表现良好。优化器通常用于深度学习模型，因为这些模型具有大量可训练参数，并且需要大量数据和计算来优化。在选择优化器时，需要考虑模型的结构、模型的数据量、模型的损失函数等因素。

1. SGD（随机梯度下降算法）。

SGD 是一种经典的优化器，用于优化模型的参数。SGD 的基本思想是，通过梯度下降的方法，不断调整模型的参数，使模型的损失函数最小化。SGD 的优点是实现简单、效率高，缺点是收敛速度慢、容易陷入局部最小值。通过以下方式来更新模型的参数：

$$\theta^{(t+1)} = \theta^{(t)} - \alpha \cdot \nabla_\theta J(\theta^{(t)})$$

其中，$\theta^{(t)}$ 表示模型在第 t 次迭代时的参数值，α 表示学习率，$\nabla_\theta J(\theta^{(t)})$ 表示损失函数 $J(\theta)$ 关于模型参数 θ 的梯度。

2. Adam（适应梯度算法）。

Adam 是一种近似于随机梯度下降的优化器，用于优化模型的参数。Adam 的基本思想是通过维护模型的梯度和梯度平方的一阶动量和二阶动量，来调整模型的参数。Adam 的优点是计算效率高，收敛速度快，缺点是需要调整超参数。通过以下方式来更新模型的参数：

$$m_t = \beta_1 m_{t-1} + (1-\beta_1) g_t$$
$$v_t = \beta_2 v_{t-1} + (1-\beta_2) g_t^2$$

其中，m_t 和 v_t 分别表示梯度的一阶动量和二阶动量，g_t 表示模型在第 t 次迭代时的梯度，β_1 和 β_2 是超参数。

$$\theta^{(t+1)} = \theta^{(t)} - \frac{\alpha}{\sqrt{v_t} + \varepsilon} m_t$$

其中，$\theta^{(t)}$ 表示模型在第 t 次迭代时的参数值，α 表示学习率，m_t 和 v_t 分别表示梯度的一阶动量和二阶动量，ε 是一个小常数，用于防止分母为 0。

除了 SGD 和 Adam，TensorFlow 还提供了多种优化器，比如 Adadelta、Adagrad、RMSprop 等。要使用优化器，需要定义优化器并指定要优化的模型参数和学习率。在训练循环中，每次迭代都要计算模型的损失，然后使用优化器来更新模型参数。选择优化器时，需要根据实际情况选择合适的优化器。另外，优化器的超参数也需要适当调整，以获得较好的优化效果。

【模块自测】

（1）下列选项中不属于深度学习的特点的是（　　）。

A. 需要大量样本进行训练

B. 是层数较多的大规模神经网络

C. 手动定义数据特征

D. 需要大规模并行计算能力的支持

（2）以下关于万能逼近定理的说法正确的是（　　）。

A. 在理论上证明"一个包含线性输出层和至少一层隐含层的前馈神经网络，只要给予足够数量的神经元，就能以任意精度逼近任意预定的函数"

B. 在理论上证明"一个包含线性输出层和至少一层隐含层的前馈神经网络，只要给予足够数量的神经元，就能以任意精度逼近任意预定的线性函数"

C. 在理论上证明"任意前馈神经网络，只要给予足够数量的神经元，就能以任意精度逼近任意预定的连续函数"

D. 在理论上证明"一个包含线性输出层和至少一层隐含层的前馈神经网络，只要给予足够数量的神经元，就能以任意精度逼近任意预定的连续函数"

（3）下列图示中不是神经网络的是（　　）。

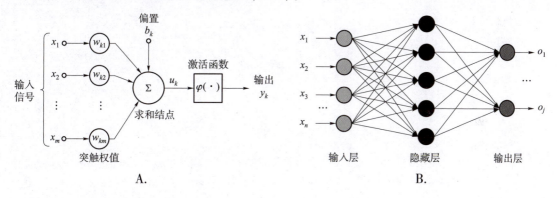

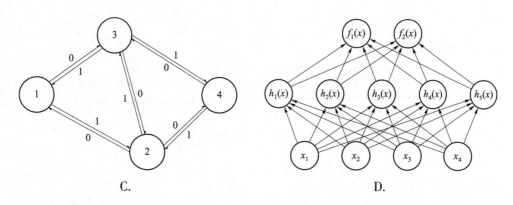

（4）下列哪个函数不可以做激活函数？（　　）

A. $y = \tan h(x)$　　　　　　　　　　B. $y = \sin(x)$

C. $y = \max(x, 0)$　　　　　　　　　　D. $y = 2x$

（5）（　　　）是用来评估神经网络的计算模型对样本的预测值和真实值之间的误差大小。

A. 损失函数　　　　　B. 优化函数　　　　　C. 反向传播　　　　　D. 梯度下降

（6）梯度下降算法的正确步骤是（　　　）。

a. 计算预测值和真实值之间的误差

b. 重复迭代，直至得到网络权重的最佳值

c. 把输入传入网络，得到输出值

d. 用随机值初始化权重和偏差

e. 对每一个产生误差的，调整相应的（权重）值以减小误差

A. abcde　　　　　　B. edcba　　　　　　C. cbaed　　　　　　D. dcaeb

（7）下列不属于神经网络超参数的是（　　　）。

A. 网络层数　　　　　　　　　　　B. 每层神经元数量

C. 学习率　　　　　　　　　　　　D. 偏置参数

模块五

卷积神经网络及其应用

【案例引入】

1. 图像分类可以将海量图像自动划分到预定义类别，是计算机视觉领域的基础任务，使用场景丰富多样。如社交媒体平台，每天有大量用户上传的图像需要自动识别、标记，进行内容过滤，然后才能推荐给感兴趣的用户或者根据政策进行内容审核。类似的电商产品检索通过图像分类技术完成实时的商品分类，帮助消费者快速找到相似或相关产品，同步指导店家管理和推荐商品。在安防监控领域，图像分类技术用于实时监控智能安防系统中的视频流，自动识别入侵、火灾、交通事故等异常事件。在医学图像分析领域，帮助医生快速识别病理切片、CT、MRI 扫描等医学图像中的异常组织，提高诊疗效率。在无人驾驶领域，自动驾驶汽车依赖图像分类技术识别道路上的行人、车辆、交通标志以及其他障碍物，确保行驶安全。农业监测过程中无人机拍摄的农田影像可以通过图像分类技术分析作物生长状况、病虫害分布等情况，助力智能化管理。在野外，通过隐蔽安放的摄像头监测环境，识别不同种类的野生动物，有助于研究生物多样性及实施保护措施。

2. 人脸识别是一种生物特征识别任务，通过从图像或视频中捕捉、检测和分析人脸特征信息，实现对个体身份的自动识别和验证，应用场景十分广泛，涵盖各个行业和日常生活的许多方面。如手机、个人电脑、自助服务设备利用人脸识别进行解锁、登录、实名认证和交易授权，提高支付便捷性和安全性。社区、楼宇、办公室等入口处的人脸门禁系统，识别住户或员工身份实现无接触通行。部署在机场、火车站、地铁站、商业中心等公共场所的人脸识别摄像头监控和追踪特定人员，提升公共安全水平。在短视频、直播平台中进行实时美颜、表情跟踪和互动特效等，提供个性化服务。

【案例分析】

图像分类、人脸识别作为人工智能领域的成熟任务，在诸多行业和场景中帮助提高工作效率、降低人工成本、提升用户体验，甚至保障生命安全。为了实现图像分类，我们需要训练一个能够从输入图像中提取有意义特征的模型，以此来预测新图像的类别。为了识别或验证个体身份，常见方法是基于面部图像，提取人脸图像的特征向量，然后比较两个特征向量之间的相似度以确定是否为同一人。卷积神经网络（Convolutional Neural Networks，CNN）作为一种深度学习模型，通过多层卷积层、池化层和全连接层提取和组织这些特征，在计算机视觉领域的图像分类和人脸识别等任务中表现出色。学习过程需要了解全连接神经网络识别图像的缺陷，以及 CNN 有针对性的改进，从而加深对网络结构设计的理解，熟悉互相关运算和池化运算，掌握 CNN 基本网络结构，准确计算模型参数的数量，搭建 CNN 分类手写字符集，正确调用百度智能云实现图像和人脸识别。

【学习目标】

1. 知识目标

（1）了解图像任务中全连接神经网络模型参数的数量

（2）了解训练完成后全连接神经网络中不同神经元之间参数值的大小差异

（3）局部相关性和权值共享

（4）理解互相关运算

（5）理解池化运算

（6）认识卷积神经网络的整体架构

（7）了解常用的卷积神经网络模型

2. 技能目标

（1）掌握全连接神经网络训练图像任务的难点

（2）正确计算互相关运算

（3）正确计算池化运算

（4）掌握搭建卷积神经网络分类手写字符集

（5）正确使用百度智能云进行图像识别

（6）正确使用百度智能云进行人脸识别

3. 素养目标

弘扬求真务实、持之以恒、勇于创新、追求卓越的工匠精神

任务一 识别图像

【思维导图】

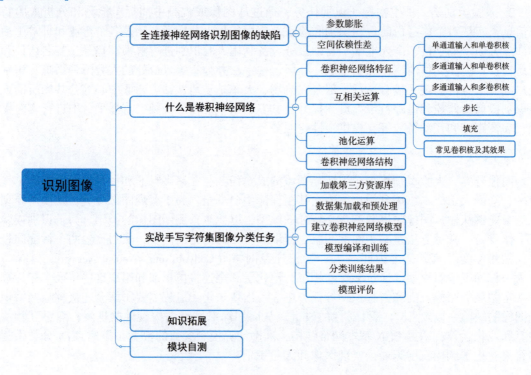

一、全连接神经网络识别图像的缺陷

（一）参数膨胀

查看模块四"全连接神经网络实现鸢尾花分类任务"中的两层全连接神经网络，如图 4-29 所示，输入的是鸢尾花的花萼长度、花萼宽度、花瓣长度、花瓣宽度等 4 个特征，隐藏层的神经元个数是 16，输出层的神经元个数是 3。

全连接神经网络识别图像的缺陷

这个神经网络总体结构较为简洁，共有 131 个参数，数量有限。一般情况下，如果用于深度学习，全连接神经网络的隐藏层数和每层的神经元数增加，待训练参数的数量会急剧膨胀，从而使网络训练的计算量大幅上升。比如图像处理任务，如图 5-1 所示，考虑 1 幅宽和高分别为 100px 的彩色图像，具有红、绿、蓝三通道，它的输入特征为（100×100×3）个，如果隐藏层有 1 000 个神经元，那么该层的训练参数数量约为 $3×10^7$ 个（前后层节点数量相乘），也就是 3 百万个参数，数量非常庞大，而这仅仅是张非常小的图像。因此，全连接方式会造成模型参数的急剧膨胀。

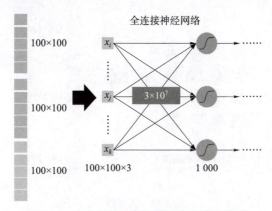

图 5-1 全连接神经网络模型参数急剧膨胀

仔细观察二分类任务的两层神经网络，如图 5-2 所示，我们发现网络训练完成后神经元之间连线的粗细差异较大，有些神经元之间连线很细，表明权重参数的绝对值很小，甚至接近于 0，说明和特征提取的关联有限，意味着在处理实际的应用问题时，前后层神经元之间没有必要做到全连接，可以省略一些绝对值趋近于 0 的参数。

（二）空间依赖性差

每个样本对应全连接神经网络的输入特征在数学表达上呈现为一维数组，如图 5-3 所示的 1 幅彩色图像有 30 000 个 px 组成 1 列数组，作为输入特征送入神经网络进行训练。在实际操作中，需要将图像像素逐行逐列依次展开连接为 1 列后输入全连接神经网络，二维图像所在平面的局部信息被拆散，反映图像的空间依赖性变弱，且识别的模式（图像局部特征信息）大小固定，不能变形。

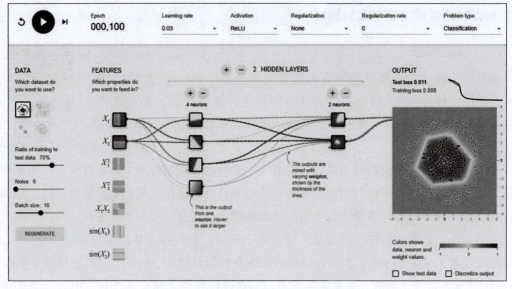

图 5-2　全连接神经网络训练二分类任务

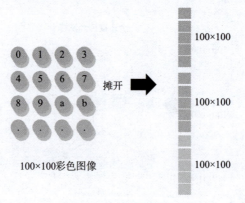

图 5-3　图像展平

二、什么是卷积神经网络

（一）卷积神经网络特征

模式是认识具体事物或现象时，按照规定的相似性抽象出来的分类。模式识别是指按模式抽象对事物或现象进行分类，根据辨识类的特征作出判断的过程。在人眼浏览图像的过程中，大脑会忽略背景等次要因素，聚焦代表物体的模式，完成识别。请仔细观察图 5-4 和图 5-5，为了识别小鸟，我们有两个发现。

什么是卷积神经
网络

第 1 个发现：只需要检测鸟喙、鸟眼、鸟爪和鸟尾等关键模式，就可以凭借已有认知识别鸟类，这些模式远小于整幅图像。

第 2 个发现：同一种模式，图 5-5 中是鸟喙，可以出现在图像的不同区域，且大小、角度等可变。

图 5-4　模式远小于整幅图像

图 5-5　模式出现在图像的不同区域

基于以上两个发现，设计用于图像识别的卷积神经网络具备以下 3 个特征。

（1）根据先验知识，图片每个像素点和周边像素点的关联度更大（位置相关），这种基于距离的重要性分布假设特性称为局部相关性，它只关注和自己距离较近的部分节点，忽略距离较远的节点。神经元计算不需要"看到"整幅图像，仅需要"感受"图像局部，前后层神经元连接可以大幅减少，这个图像局部区域称为感受野。如图 5-6 所示，下层神经元只与上层感受野内的像素相连接，与其他像素无连接。

（2）为了识别图像中的单个模式，该模式可能出现在图像的各个区域，如图 5-5 中的鸟喙，分别出现在左

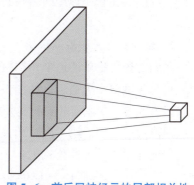

图 5-6　前后层神经元的局部相关性

上、中部和右边 3 个区域。对于下层的神经元节点，因为要识别的模式相同，连接上层不同感受野的参数应当保持一致，这种思想称为权值共享，从而进一步减少了网络参数量。在卷积神经网络中，使用单卷积核来识别单个模式，该卷积核依次扫描图像，用于识别图像中不同位置的同种模式。如图 5-7 所示，红框内标出的两个感受野大小为 3×3px，它们内部相同位置的像素对应的权值（卷积核）参数大小一致。

（3）需要训练多个卷积核，用于检测图像中存在的多种模式，如图 5-4 中识别鸟类的鸟喙、鸟眼、鸟爪和鸟尾等模式。

在卷积神经网络的设计中，出于简便，感受野大小固定，这样对应的卷积核宽和高固定。通过多层神经网络设计，可以识别大小、角度等可变的同种模式，也就是经过多层神经网络，可以调整最终获得的感受野大小和角度等，从而保证整个神经网络使用的卷积核尺寸一致。

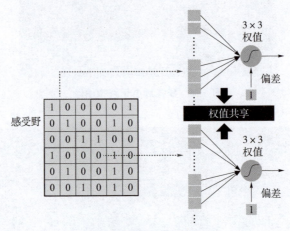

图 5-7　权值共享（附彩插）

（二）互相关运算

神经元扫描图像的互相关运算类似于卷积运算，这是卷积神经网络名称的由来。互相关运算相比标准的卷积运算取消了翻转操作。之所以取消翻转操作，是因为对于神经网络而言，目标是学到的卷积核参数要使误差函数越小越好，翻转运算对体现局部相关性和权值共享没有价值。在卷积神经网络的卷积层中，图像和卷积核之间通过互相关运算得到输出的特征图。

1. 单通道输入和单卷积核

我们首先讨论单通道单卷积核的二维互相关运算，这里只有一个通道的输入，诸如灰度图像只有灰度值一个通道。如图 5-8 所示，输入是一个高和宽均为 5px 的图像。将该图像的形状记为 5×5。卷积核的高和宽分别为 3，卷积核窗口的形状取决于卷积核的高和宽，即 3×3，对应图像的感受野。第一次互相关运算中卷积核与图像左上角 3×3 区域对应位置的像素值逐点相乘并累加，计算公式为：

$$1×1+1×0+1×1+0×0+1×1+1×0+0×1+0×0+1×1=4$$

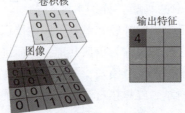

图 5-8　单通道单卷积核的第一次互相关运算

得到运算结果为4，也就是输出特征图的左上角位置值为4。随后卷积核在图像上按从左往右、从上往下的顺序逐行逐列扫描，分别与对应的图像3×3区域进行互相关运算，得到完整的特征图，如图5-9所示。可以看到，互相关运算体现了局部相关性和权值共享。

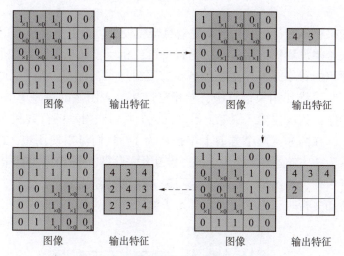

图5-9　单通道单卷积核的完整互相关运算过程

2. 多通道输入和单卷积核

多通道输入的卷积层更为常见，比如彩色图像包含RGB（红绿蓝）3个通道，每个通道的像素值表示RGB色彩的强度。我们以3个通道输入的彩色图像和单卷积核为例，将单通道输入的互相关运算推广到多通道的情况。如图5-10所示，每行的最左边3×3矩阵表示输入的1~3通道，第2列的矩阵分别表示高和宽为2×2卷积核的1~3通道，第3列的矩阵表示当前通道运算结果的中间矩阵，最右边一个矩阵表示卷积层运算的最后输出。卷积核的通道数要和输入的通道数量一致，每行的互相关运算可以视为前述单通道输入和单卷积核的情况，所有通道的中间矩阵对应元素再次相加，作为最终输出。需要注意的是，只要是单卷积核，无论有多少个通道，始终识别的是图像中的单个模式。

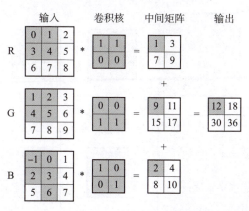

图5-10　多通道输入和单卷积核的互相关运算

3. 多通道输入和多卷积核

对于多通道多卷积核的互相关运算，只要增加多个不同的卷积核即可得到多张输出特征图，对应图 5-10，设置多个卷积核进行扩展，每个卷积核均有 3 个通道即可。多卷积核意味着可以识别图像的多个模式。

4. 步长

输入图像中如果物体数量较多，也就是信息密度较大，为了不漏掉有用信息，在卷积神经网络设计的时候希望设置较为密集的感受野窗口；相反，如果输入图像的信息密度较小，比如有较多单一颜色的背景，可以适当地减少感受野窗口的数量。我们用步长（stride）控制感受野的密度。在二维互相关运算中，卷积窗口从输入图像的最左上方开始，按从左向右、从上向下的顺序，依次在输入图像上滑动，我们将每次滑动的行数和列数称为步长。在上面看到的例子里，在高和宽两个方向上步长均为 1。我们可以使用更大的步长，图 5-11 展示了在高上步长为 2，在宽上步长为 3 的二维互相关运算。输出第 1 行第 2 个元素 0 时卷积窗口向右滑动了 3 列，输出第 2 行第 1 个元素 7 时卷积窗口向下滑动了 2 行，当卷积窗口在输入上再向下滑动 2 行时，由于输入元素无法填满窗口，无结果输出。

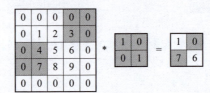

图 5-11　高和宽上步长分别为 2 和 3 的二维互相关运算

5. 填充

在网络模型设计的一些情况下，我们希望输出特征图和输入具有相同的高和宽，方便构造网络时推测每个层的输出形状。为了让输出的高、宽能够与输入的相等，一般通过在原输入的高和宽上进行填充（padding）若干 0 元素操作，得到增大的输入。如图 5-12 所示，步长为 1，3×3 卷积核，输入 5×5 图像没有经过填充操作时输出高和宽为 3×3，当在输入高和宽两侧填充 0 元素后输出的高和宽能够保持在 5×5。

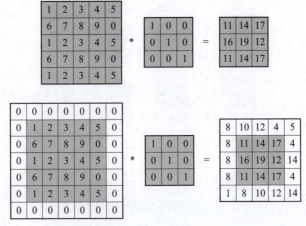

图 5-12　在输入的高和宽两侧分别填充 0 元素的二维互相关运算

6. 常见卷积核及其效果

在计算机视觉领域，二维互相关运算可以提取图像的有用特征。接下来，让我们查看特定的卷积核与输入图像进行互相关运算后，获得不同特征的输出，如表 5-1 所示，列举了一些常见的卷积核及其输出效果。

表 5-1　常见卷积核及其效果

原图	锐化	模糊	边缘提取
$\begin{bmatrix} 0 & 0 & 0 \\ 0 & 1 & 0 \\ 0 & 0 & 0 \end{bmatrix}$	$\begin{bmatrix} 0 & -1 & 0 \\ -1 & 5 & -1 \\ 0 & -1 & 1 \end{bmatrix}$	$\begin{bmatrix} 0.062\,5 & 0.125 & 0.062\,5 \\ 0.125 & 0.25 & 0.125 \\ 0.0625 & 0.125 & 0.062\,5 \end{bmatrix}$	$\begin{bmatrix} -1 & -1 & -1 \\ -1 & 8 & -1 \\ -1 & -1 & -1 \end{bmatrix}$

（三）池化运算

在卷积神经网络的搭建过程中，通常卷积层之后连接池化层。池化（pooling）同样基于局部相关性思想，通过从局部相关的一组元素中进行采样或者信息聚合，从而得到新的元素值。池化运算的目标是进一步抽象卷积层输出的特征图像，缓解卷积层对位置的敏感性，提升后续的计算速度。其中，最大池化从局部相关元素中选取最大的一个元素值，平均池化计算局部相关元素的平均值作为返回值。如图 5-13 所示，考虑二维池化感受野窗口高和宽为 2、步长为 2 的情况，在最大池化中，池化窗口从左边的输入特征图的最左上方开始，按从左往右、从上往下的顺序，依次在输入特征图上滑动。当池化窗口滑动到某一位置时，窗口中的输入子特征图的最大值即为输出特征图中相应位置的元素。

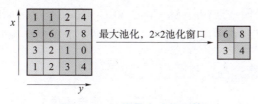

图 5-13　二维最大池化运算

池化将特征图尺寸缩小，不会改变图中蕴含的图像表意，如图 5-14 所示，这是池化运算得以进行的基本前提。相对应的反例是，与图像池化不同，在 AlphaGo 围棋算法中将棋盘视作卷积神经网络的输入，因为满足模式（定式）远小于整个棋盘和同种模式可以出现在棋盘的不同区域，但是该神经网络就没有用到池化层，因为池化减少的棋盘行列将使对局形势完全发生改变。所以，究竟如何搭建神经网络来源于对实际问题的理解，不能千篇一律。

最大池化，2×2池化窗口

图 5-14 池化不会改变图像表意

（四）卷积神经网络结构

用于计算机视觉的卷积神经网络框架一般可以分为特征提取和分类识别两部分，特征提取部分由多个卷积层+池化层的组合构成，分类识别部分仍然采用全连接神经网络结构，如图 5-15 所示。

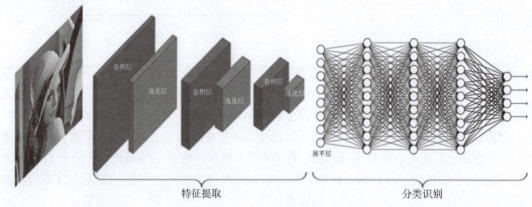

图 5-15 卷积神经网络框架

常见的深度卷积神经网络架构有 AlexNet、VGG、ResNet 等，如图 5-16 所示，它们学习特征表示，大幅提高了机器对图像的识别率，由此推动了人工智能的第三次热潮。

三、实战手写字符集图像分类任务

本部分我们使用卷积神经网络进行识别手写字符集图像分类任务的有关操作，整个任务可以分为加载第三方资源库、数据集加载和预处理、建立卷积神经网络模型、模型编译和训练、分析训练结果、模型评价等 6 个步骤，下面依次说明并提供完整的实现源码。

卷积神经网络实现
识别手写字符集图
像分类任务

（一）加载第三方资源库

首先加载需要用到的第三方资源库，包括科学计算资源库 Numpy、可视化绘图资源库 Matplotlib、深度学习框架 TensorFlow，神经网络模型的容器对象、全连接层、二维卷积层、二维最大池化层和展平层函数，以便后续使用这些资源。

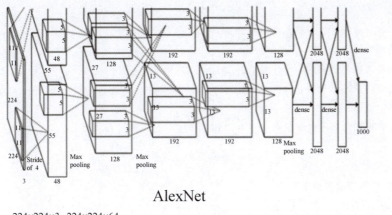

AlexNet

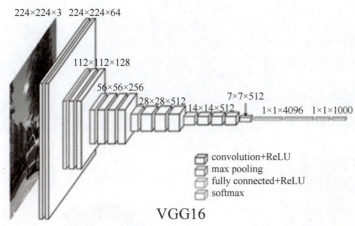

图5-16　3种深度卷积神经网络架构

```
import numpy as np                      # 科学计算资源库
import matplotlib. pyplot as plt        # 可视化绘图资源库
import tensorflow as tf                 # 深度学习框架
from keras import Sequential            # 神经网络模型的容器对象
# 全连接层、二维卷积层、二维最大池化层、展平层函数
from keras. layers import Dense,Conv2D,MaxPool2D,Flatten
```

（二）数据集加载和预处理

手写字符集 MNIST 由 60 000 个训练样本和 10 000 个测试样本组成，每个样本都是 1 幅宽和高为 28px×28px 的单通道（灰度）图片，内容为 0~9 的手写数字，图5-17 展示了部分手写数字样本图像。

```
# MNIST 数据集文件位于 jupytor notebook 工作目录的自建 data 子目录
# 从该文件加载全体数据
data=np. load(' data/mnist. npz' )
# 依次划分为训练集图像、训练集标签、测试集图像和测试集标签
X_train_image,y_train_label,X_test_image,y_test_label= \
data[' train_images' ],data[' train_labels' ],data[' test_images' ], data[' test_labels' ]
```

```
# 查看输入数据集形状
X_train_image. shape        # 训练集图像形状为(60000,28,28)
y_train_label. shape        # 训练集标签形状为(60000,)
X_test_image. shape         # 测试集图像形状为(10000,28,28)
y_test_label. shape         # 测试集标签形状为(10000,)

# 任意取一幅图像,检查发现图像各个像素的值介于0~255。
X_train_image[10]

# 定义查看一幅图像和对应标签数值的函数
def show_image(images,labels,idx):
    fig=plt. gcf()
    plt. imshow(images[idx],cmap=' binary' )
    plt. xlabel(' 标签:' +str(labels[idx]),fontsize=15)
    plt. show()
# 调用函数,查看训练集中第5条记录对应的图像和标签,如图5-18所示
show_image(X_train_image,y_train_label,4)
```

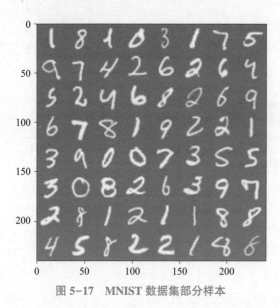

图5-17　MNIST数据集部分样本

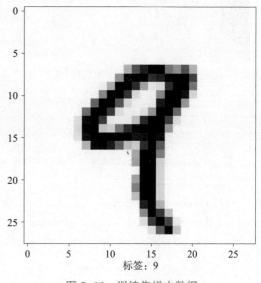

标签: 9

图5-18　训练集样本数据

由于卷积神经网络输入使用四维张量,形状为(批量数,高,宽,通道),因此需要将输入数据,也就是训练集和测试集图像增加1个通道维度,再进行图像像素值的归一化处理,转换为0~1的值。

```
# 对输入数据的维度进行调整
X_Train=X_train_image. reshape([60000,28,28,1]). astype(' float32' )
X_Test=X_test_image. reshape([10000,28,28,1]). astype(' float32' )
# 图像归一化处理
```

```
X_Train_normalize=X_Train / 255
X_Test_normalize=X_Test / 255
```

（三）建立卷积神经网络模型

本次设计的神经网络模型中，分为卷积层块和全连接层块两个部分，如图 5-19 所示。卷积层块里的基本单位是卷积层，后面连接最大池化层，卷积层识别图像特征，如线条和数字局部，之后的最大池化层用来降低特征对位置的敏感性。卷积层块由两个这样的基本单元重复堆叠构成。在卷积层块中，每个卷积层都使用 3×3 的卷积核，并在输出上使用 ReLU 激活函数。第一个卷积层输出通道数，也就是输出特征图的数量为 16，第二个卷积层输出通道数为 32。卷积层块的两个最大池化层的窗口形状均为 2×2，步长为 2。卷积层块的输出四维张量形状为（批量数，高，宽，通道），当卷积层块的输出传入全连接层块时，展平层会将批量中每个样本展平。也就是说，全连接层的输入形状将变成二维，其中第一维是批量数，第二维是每个样本特征图拉直为一维，其大小为高、宽和通道的乘积。全连接层块含两个全连接层，它们的输出节点数分别是 128 和 10，其中 10 代表输出的 0~9 类别个数，也就是 10 分类。

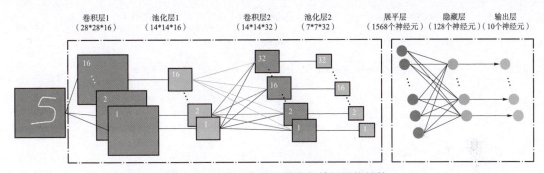

图 5-19　本次任务使用的卷积神经网络结构

```
model=Sequential([
    # 单元 1 --- 卷积层块 1
    # 添加卷积层 1,输出通道数量为 16,卷积核的大小为 3×3,填充操作保持图像大小
    Conv2D(16,kernel_size=(3,3),padding="same",activation=' relu' ,input_shape=(28,28,1)),
    # 添加池化层 1,采用最大池化,池化窗口尺寸为(2,2),步长为 2
    MaxPool2D(pool_size=(2,2)),

    # 单元 2 --- 卷积层块 2
    # 添加卷积层 2,输出通道数量为 32,卷积核的大小为 3×3,填充操作保持图像大小
    # 由于直接接收上一层的输出,所以这里无须对输入形状进行设置
    Conv2D(32,kernel_size=(3,3),padding="same",activation=' relu' ),
    # 添加池化层 2,采用最大池化,池化窗口尺寸为(2,2),步长为 2
    MaxPool2D(pool_size=(2,2)),
    # 至此,特征层构建完成
```

```
# 单元 3 --- 全连接层块
# 添加展平层,将池化层输出的四维张量转化为二维张量
Flatten(),
# 最后,再添加一个隐藏层和一个输出层,隐藏层中的神经元个数为 128
Dense(128,activation = "relu"),
# 输出层中的神经元个数为 10,对应数字 0~9 的 10 分类
# 使用 softmax 激活函数输出分类概率值
Dense(10,activation = "softmax")
])
# 展示模型参数
model. summary()
```

模型总结得到的参数如图 5-20 所示,从上到下的各行分别对应图 5-19 中神经网络从左向右的各层。我们首先说明各层输出的形状,如表 5-2 所示。每 1 次训练过程的小批量样本数与模型结构无关,所以用 None 表示;上一层的输出作为下一层的输入。

Model: "sequential"

Layer (type)	Output Shape	Param #
conv2d (Conv2D)	(None, 28, 28, 16)	160
max_pooling2d (MaxPooling2D)	(None, 14, 14, 16)	0
conv2d_1 (Conv2)	(None, 14, 14, 32)	4640
max_pooling2_1d (MaxPooling2)	(None, 7, 7, 32)	0
flatten (Flatten)	(None, 1568)	0
dense (Dense)	(None, 128)	200832
dense_1 (Dense)	(None, 10)	1290

Total params: 206,922
Trainable params: 206,922
Non-trainable params: 0

图 5-20　模型各层参数

表 5-2　各层输出形状及其说明

层英文名称	层中文名称	输出形状	说明
conv2d	卷积层 1	(None, 28, 28, 16)	padding = "same":输出和输入形状保持一致,高和宽是 28×28; 设置 16 个输出通道,可以理解为识别 16 种模式/特征
max_pooling2d	池化层 1	(None, 14, 14, 16)	pool_size = (2,2):输出缩小为输入的 50%,高和宽是 14×14; 输出通道数没有变化

续表

层英文名称	层中文名称	输出形状	说明
conv2d_1	卷积层2	(None, 14, 14, 32)	padding = "same"：输出和输入形状保持一致，高和宽是14×14； 设置32个输出通道，可以理解为识别32种模式/特征
max_pooling2d_1	池化层2	(None, 7, 7, 32)	pool_size = (2,2)：输出缩小为输入的50%，高和宽是7×7； 输出通道数没有变化
flatten	展平层	(None, 1 568)	1 568 = 7×7×32
dense	隐藏层	(None, 128)	设置128个神经元
dense_1	输出层	(None, 10)	设置10个神经元，对应10分类

接着，我们解释图5-20中最后1列对应的每层训练参数量的计算过程，如表5-3所示。

表5-3 各层待训练参数数量

层英文名称	层中文名称	待训练参数量	说明
conv2d	卷积层1	160	单输入通道和16个卷积核的权重参数 $W = 3×3×16$、偏置参数 $B = 1×16$，所有参数数量 $160 = 3×3×16+16$
max_pooling2d	池化层1	0	池化不需要训练参数
conv2d_1	卷积层2	4 640	16个输入通道和32个卷积核的权重参数 $W = 3×3×16×32$，偏置参数 $B = 1×32$，所有参数数量 $4\ 640 = 3×3×16×32+32$
max_pooling2d_1	池化层2	0	池化不需要训练参数
flatten	展平层	0	展平没有训练参数
dense	隐藏层	200 832	$200\ 832 = 1\ 568×128+128$
dense_1	输出层	1 290	$1\ 290 = 128×10+10$

（四）模型编译和训练

模型编译参数选用 sparse_categorical_crossentropy 交叉熵损失函数，adam 优化器和精度准则。模型训练的验证集划分比例为 0.2，也就是验证集数据为 60 000×0.2 = 12 000 条，则参与训练的数据为 60 000-12 000 = 48 000 条。训练回合数为 5，即反复调用训练集 5 次进行训练。每个回合的小批量样本数量设置为 64，48 000/64 = 750，所以每回合调用 750 次数据。经过 5 回合迭代训练，训练数据的平均误差小于 0.03，精度大于 0.99，验证集的平均误差小于 0.05，精度大于 0.98。模型训练过程如图 5-21 所示。

```
# 定义模型编译和训练函数
def complie_and_fit(model,x,y,batch_size,epochs,validation_split):
    # 交叉熵损失函数,adam 优化方法,accuracy 模型评估指标
    model. compile(loss=' sparse_categorical_crossentropy' ,optimizer=' adam' ,metrics=[' accuracy' ])
    return model. fit(
            x=x,
            y=y,
            batch_size=batch_size,
            epochs=epochs,
            verbose=2,
            validation_split=validation_split)


# 小批量样本数
BATCH_SIZE=64
# 训练回合数
EPOCH=5
# 验证集划分比例
VALIDATION_SPLIT=0. 2
# 在训练集数据上进行训练,同时提取 20% 作为验证集
train_history=complie_and_fit(model,X_Train_normalize,y_train_label,batch_size=BATCH_SIZE,epochs=
EPOCH,validation_split=VALIDATION_SPLIT)
```

```
Epoch 1/5
750/750 - 13s - loss: 0.2051 - accuracy: 0.9383 - val_loss: 0.0627 - val_accuracy: 0.9817
Epoch 2/5
750/750 - 12s - loss: 0.0563 - accuracy: 0.9824 - val_loss: 0.0566 - val_accuracy: 0.9826
Epoch 3/5
750/750 - 12s - loss: 0.0391 - accuracy: 0.9882 - val_loss: 0.0476 - val_accuracy: 0.9858
Epoch 4/5
750/750 - 12s - loss: 0.0298 - accuracy: 0.9906 - val_loss: 0.0439 - val_accuracy: 0.9874
Epoch 5/5
750/750 - 12s - loss: 0.0232 - accuracy: 0.9926 - val_loss: 0.0435 - val_accuracy: 0.9880
```

图 5-21 模型训练过程

（五）分析训练结果

可视化模型训练过程中误差和精度的变化，如图 5-22 所示，可以看到随着训练的进行，误差减小，精度上升，说明模型训练达到预期效果。

（六）模型评价

调用测试集进行模型评价，得到测试数据的结果如图 5-23 所示，其中平均误差小于 0.04，精度大于 0.98，说明我们训练的卷积神经网络预测准确率很高。

```
# 模型评价
scores=model. evaluate(X_Test_normalize,y_test_label)
print(' loss:' ,scores[0])
print(' accuracy:' ,scores[1])
```

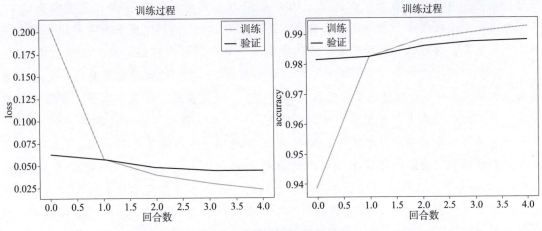

图 5-22 可视化模型训练过程

313/313 [==============================] - 1s 3ms/step - loss: 0.0323 - accuracy: 0.9893
loss: 0.032303955405950546
accuracy: 0.989300012588501

图 5-23 测试集模型评价

查看测试集中的前 10 条预测错误数据，如图 5-24 所示，第 1 条数据的标签是 5，但是模型预测成了 3，且认为有 76.4% 的概率是 3，其他数据情况类似。我们发现这些手写数字均比较潦草，即便是人眼也较难识别，卷积神经网络已经达到人眼识别的水平。

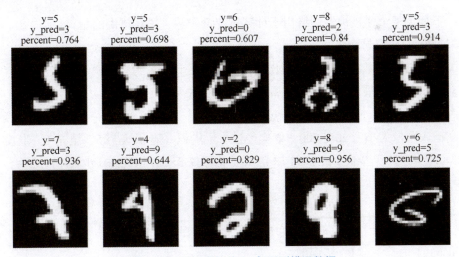

图 5-24 测试集的前 10 条预测错误数据

【知识拓展】

卷积神经网络发展史的第一件里程碑事件发生在 20 世纪 60 年代左右的神经科学中，加拿大神经科学家于 1959 年提出猫的初级视皮层中单个神经元的"感受野"概念，紧接着于 1962 年发现猫的视觉中枢里存在感受野、双目视觉和其他功能结构，标志着神经网络结构首次在大脑视觉系统中被发现。1980 年前后，日本科学家在前人工作的基础上，模拟生物视觉系统提出一种多层人工神经网络"神经认知"，以处理手写字符识别和其他模式识别任务，神经认知模型在后来被认为是现今卷积神经网络的前身。在这个模型中，两种最重要的组成单元是"S 型细胞"和"C 型细胞"，两类细胞交替堆叠在一起构成神经认知网络。其中，S 型细胞用于抽取局部特征，C 型细胞用于抽象和容错，不难发现这与现今卷积神经网络中的卷积层和池化层可以一一对应。随后，杨立昆等在 1998 年提出基于梯度学习的卷积神经网络算法 LeNet，将其成功用于手写数字字符识别，在当时技术条件就能取得低于 1% 的错误率，用于邮政系统识别手写邮政编码、分拣邮件和包裹。LeNet 是第一个产生实际商业价值的卷积神经网络，为卷积神经网络的发展奠定了坚实的基础。时间来到 2012 年，在有计算机视觉界"世界杯"之称的 ImageNet 图像分类竞赛四周年之际，卷积神经网络 AlexNet 以超过第二名近 12% 的准确率一举夺得该竞赛冠军，霎时间学界、业界纷纷惊愕哗然，自此揭开了卷积神经网络在计算机视觉领域称霸的序幕，此后每年 ImageNet 竞赛的冠军非深度卷积神经网络莫属。直到 2015 年，在改进卷积神经网络的激活函数后，卷积神经网络在 ImageNet 数据集上的性能（4.94%）第一次超过人类预测错误率（5.1%）。近年来，随着卷积神经网络领域研究人员的增多、技术的日新月异，卷积神经网络也变得愈宽、愈深、愈加复杂，从最初的 5 层、16 层，到诸如 152 层 ResNet，甚至上千层网络已经被广大研究者和工程实践人员司空见惯。

【模块自测】

（1）下列关于全连接神经网络用于计算机视觉领域，描述错误的是（　　）。

A. 待训练参数容易膨胀

B. 对于大规模的数据集和复杂的任务需要更多的计算资源，计算量较大

C. 输入二维数据展平成一维，局部空间信息丢失

D. 结构过于简单

（2）输入图像大小为 200×200，依次经过 1 层卷积（卷积核 5×5，填充 1，步长 2），池化（核 3×3，填充 0，步长 1），又 1 层卷积（卷积核 3×3，填充 1，步长 1）之后，输出特征图的大小为（　　）。

A. 95×95　　　　　B. 96×96　　　　　C. 97×97　　　　　D. 98×98

（3）（判断）提升卷积核的大小会显著提升卷积神经网络的性能。（　　）

A. 正确的　　　　　B. 错误的

（4）（判断）在卷积神经网络中，池化层可对输入的特征图进行压缩。（　　）

A. 正确　　　　　B. 错误

（5）（判断）在卷积神经网络中，池化层会改变通道数。（　　）

A. 正确　　　　　B. 错误

（6）（多选）卷积神经网络的池化层具有以下哪些特征？（　　）

A. 没有要学习的参数

B. 通道数不发生变化

C. 通道数会发生变化

D. 对微小的位置变化具有鲁棒性

（7）下列哪个是卷积操作的优点？（　　　）

A. 具有局部感受野

B. 能实现参数共享

C. 可有效捕捉序列化数据的特征

D. 操作复杂度与输入尺寸无关

任务二　百度智能云实战

【思维导图】

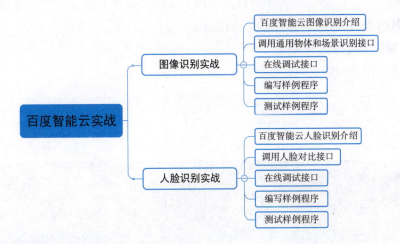

一、图像识别实战

本实战使用百度智能云图像识别技术进行图像识别，阐述百度智能云图像识别接口的使用方法。

实战目的

1. 了解百度智能云图像识别技术各接口的功能与适用场景

2. 注册百度智能云账号并进行实名认证

3. 创建百度智能云图像识别应用，获取应用的 API Key 与 Secret Key

4. 领取百度智能云免费测试用资源

5. 掌握在线调试百度智能云接口的方法

6. 掌握在线查看百度智能云接口技术文档的方法

7. 掌握在线查看百度智能云接口示例代码的方法

8. 掌握百度智能云鉴权认证接口的使用，包括请求地址、请求方法、请求参数、响应参数等细节

9. 掌握百度智能云通用物体和场景识别接口的使用，包括请求地址、请求方法、请求参数、响应参数等细节

10. 编写 Python 代码，制作简单命令行程序，调用百度智能云鉴权认证接口、通用物体和场景识别接口，进行图像识别

实战准备

1. 设备与软件：安装 Python 的计算机
2. 学过 Python、Java 等至少一门编程语言课程

百度智能云
图像识别介绍

（一）百度智能云图像识别介绍

百度智能云图像识别是一项基于深度学习与大规模图像训练的技术，能够精准识别超过十万种物体和场景，包括常见的动植物、果蔬、车型、品牌 logo 等，为开发者和企业用户提供丰富的 API 服务，满足各类图像识别需求。

1. 百度智能云图像识别官网

百度智能云图像识别官网首页如图 5-25 所示。

图 5-25　百度智能云图像识别官网首页

2. 百度智能云图像识别接口

百度智能云图像识别包括通用物体和场景识别、植物识别、动物识别、品牌 logo 识别等十几个高精度图像识别接口。在百度智能云首页，选择"产品"→"图像技术"，可查看百度智能云图像识别提供的全部接口，如图 5-26 所示。

百度智能云图像识别各个接口的功能与应用场景，如表 5-4 所示。

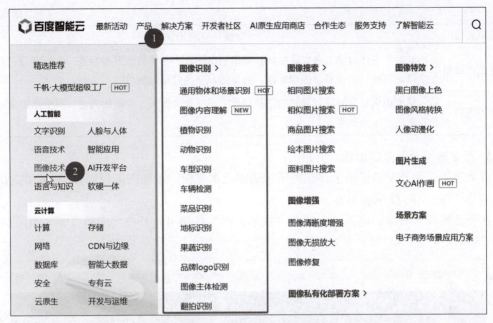

图 5-26 百度智能云图像识别接口

表 5-4 百度智能云图像识别接口功能与应用场景

接口名称	功能与应用场景
通用物体和场景识别	支持超过 10 万类物体和场景识别，返回图片内物体的名称及对应物体的百科信息。适用于图像或视频内容分析、拍照识图等业务场景
图像内容理解	可多维度识别与理解图片内容，包括人、物、行为、场景、文字等，支持输出对图片内容的一句话描述，同时返回图片的分类标签、文字内容等信息
植物识别	识别超过 2 万种常见植物和近 8 000 种花卉，接口返回植物名称及百科信息。适用于拍照识图、幼教科普、图像内容分析等场景
动物识别	可识别近 8 000 种常见动物，接口返回动物名称及百科信息。适用于拍照识图、幼教科普、图像内容分析等场景
车型识别	识别近 3 000 款常见车型，输出图片中主体车辆的品牌型号、年份、颜色、百科词条信息
车辆检测	识别图像中所有车辆的类型和位置，并对小汽车、卡车、巴士、摩托车、三轮车 5 类车辆分别计数，同时可定位小汽车、卡车、巴士的车牌位置
菜品识别	识别超过 9 000 种菜品，支持客户创建属于自己的菜品图库，可准确识别图片中的菜品名称、位置，并获取百科信息，适用于多种客户识别菜品的业务场景中
地标识别	支持识别 12 万个中外著名地标、热门景点。广泛应用于拍照识图、幼教科普、图片分类等场景
果蔬识别	可识别近千种瓜果蔬菜，接口返回瓜果蔬菜的名称，适用于果蔬介绍相关的美食类 APP
品牌 logo 识别	识别超过 2 万类商品 logo 及自定义 logo，接口返回 logo 名称及位置，适用于需要快速获取品牌信息的业务场景

续表

接口名称	功能与应用场景
图像主体检测	支持单主体检测、多主体检测，可识别出图片中主体的位置和标签，方便裁剪出对应主体的区域，用于后续图像处理、海量图片分类打标等场景
翻拍识别	精准识别对屏幕进行翻拍的造假照片，可有效降低人工审核的人力，减少品牌商因图片造假产生的费用

3. 百度智能云图像识别技术文档

百度智能云为开发者提供了详细的图像识别技术文档，涵盖图像识别各个接口的功能介绍、应用场景、API 使用说明等。

在百度智能云图像识别首页，单击"技术文档"按钮可打开技术文档页面，如图 5-27、图 5-28 所示。

图 5-27　百度智能云图像识别技术文档打开方式

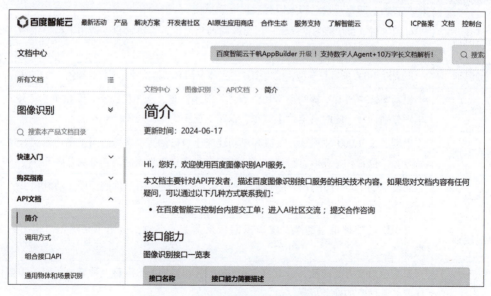

图 5-28　百度智能云图像识别技术文档

（二）调用通用物体和场景识别接口

接下来以百度智能云图像识别的"通用物体和场景识别"接口为例，详细演示接口的使用，其他接口按照类似方式操作，具体操作步骤如下：

通用物体和场景识别接口调用

1. 注册百度智能云账号

在浏览器输入网址 https://login.bce.baidu.com/new-reg，打开百度智能云注册页面，输入账号、密码、手机号、短信验证码等进行注册，如图 5-29 所示。

图 5-29　注册百度智能云账号

2. 登录百度智能云

注册账号成功之后，在浏览器输入网址 https://login.bce.baidu.com，打开百度智能云登录页面，选择"云账号"，输入账号、密码进行登录，如图 5-30 所示。

图 5-30　登录百度智能云

3. 实名认证

为了使用百度智能云接口，需先进行实名认证。

首次登录百度智能云会自动进入实名认证页面，单击"开始个人认证"按钮进行个人认证，如图 5-31 所示。

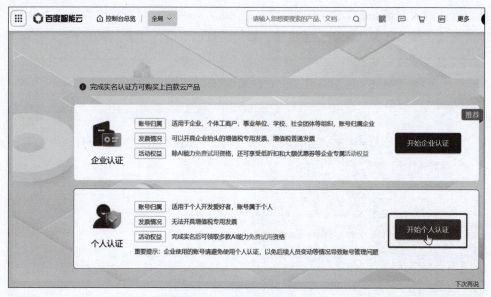

图 5-31　百度智能云实名认证

在个人认证页面，选择"个人刷脸认证"或者"个人银行卡认证"，并按照提示完成实名认证，如图 5-32 所示。

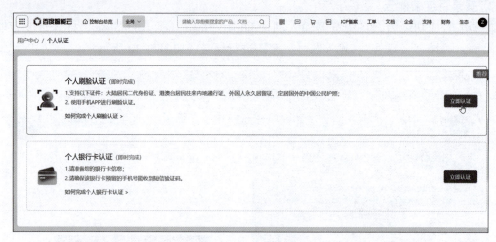

图 5-32　个人认证

4. 创建图像识别应用

为了调用接口，需创建图像识别应用，获得应用的 API Key 与 Secret Key，以便生成调用接口的授权码（access_token）。

百度智能云登录后，单击左上角的折叠菜单，然后单击"产品导览"，在"人工智能"

组中单击"图像识别"进入图像识别模块，如图 5-33 所示。

图 5-33　进入图像识别模块的方式

在图像识别模块页面，单击左边导航栏中的"应用列表"，单击"创建应用"按钮，进入创建新应用页面，如图 5-34 所示。

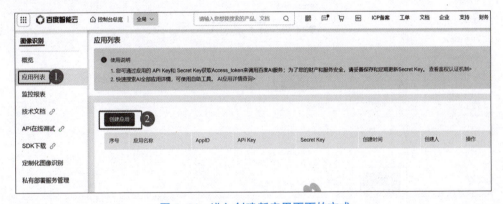

图 5-34　进入创建新应用页面的方式

在创建新应用页面，输入应用名称，在"接口选择"的"图像识别"组中勾选"全选"，如图 5-35 所示。

往下滚动页面，在"应用归属"中选择"个人"，输入应用描述，然后单击"立即创建"按钮完成应用的创建，如图 5-36 所示。

成功创建应用之后，在图像识别模块页面，单击左边导航栏中的"应用列表"，可查看或复制应用的 API Key 与 Secret Key，如图 5-37 所示。

5. 领取免费资源

调用百度智能云接口通常情况下需要付费，为了免费测试接口，可领取免费资源。

在图像识别模块页面，单击左边导航栏中的"概览"，单击"领取免费资源"，进入领取免费资源页面，如图 5-38 所示。

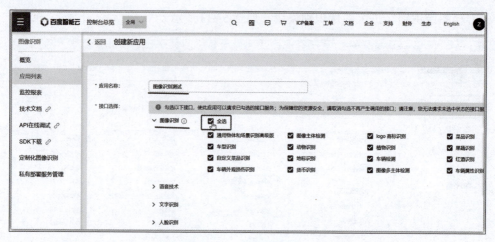

图 5-35　创建新应用

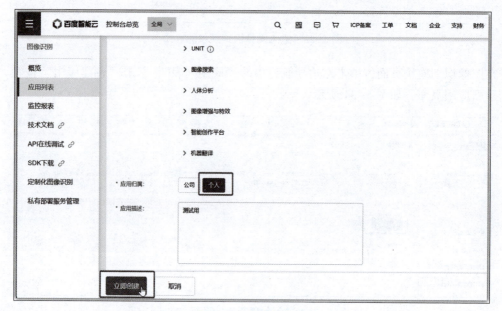

图 5-36　创建新应用

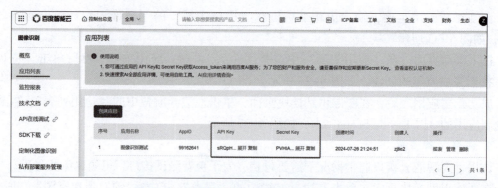

图 5-37　查看应用的 API Key 与 Secret Key

图 5-38 领取免费资源

在领取免费资源页面，在"待领接口"中勾选"通用物体和场景识别高级版"，页面显示免费调用此接口的总次数为 10 000 次，有效期为 365 天，然后单击"0 元领取"按钮完成免费资源领取，如图 5-39 所示。

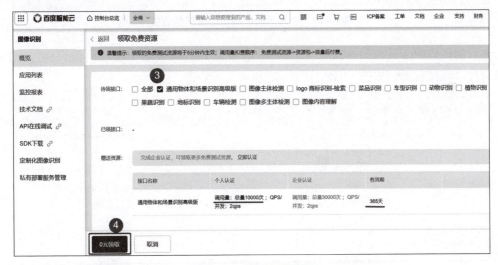

图 5-39 领取免费资源

说明：每个账号每个接口只能领取一次免费资源，若想领取多次，则需要注册多个账号。

6. 在线调试接口、查看示例代码

在图像识别模块页面，单击左边导航栏中的"API 在线调试"打开示例代码中心页面，进行在线调试接口，以便快速学习与掌握接口调用方法。

详细内容见后续"（三）在线调试接口"。

7. 编写代码调用接口

参照示例代码中心页面给出的接口调用代码，编写 Python 代码，制作一个简单的命令行程序，调用百度智能云"通用物体和场景识别"接口，进行图像识别。

详细内容见后续"（四）编写样例程序"。

（三）在线调试接口

百度智能云提供在线调试接口、查看示例代码功能，方便开发者快速学习与掌握接口调用方法。

在图像识别模块页面，单击左边导航栏中的"API 在线调试"，进入示例代码中心页面，如图 5-40 所示。

在线调试鉴权
认证接口

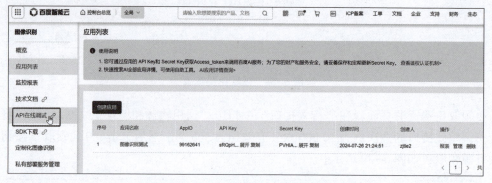

图 5-40　进入示例代码中心页面的方式

在示例代码中心页面，单击"全部产品"，在展开的列表中单击"图像识别"，进入图像识别接口调试页面，如图 5-41、图 5-42 所示。

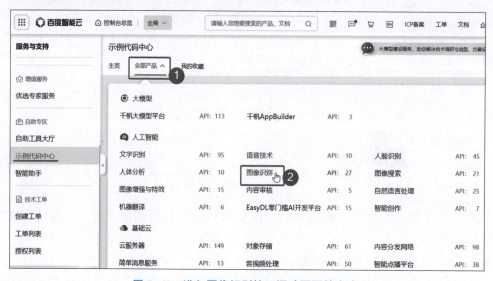

图 5-41　进入图像识别接口调试页面的方式

1. 鉴权认证接口

在调用图像识别接口之前需先进行鉴权，以获取授权码（access_token），所以先介绍鉴

图 5-42 图像识别接口调试页面

权认证接口的使用。

1）调试接口

在图像识别接口调试页面，选择"鉴权认证机制——获取 AccessToken"，单击"立即前往"，在弹出的对话框的"应用列表"字段中选择前面创建的应用，这样在 client_id 与 client_secret 字段中会自动填充该应用的 API Key 与 Secret Key，然后单击"确定"按钮关闭对话框回到图像识别接口调试页面，再单击"调试"按钮调试接口，如图 5-43、图 5-44 所示：

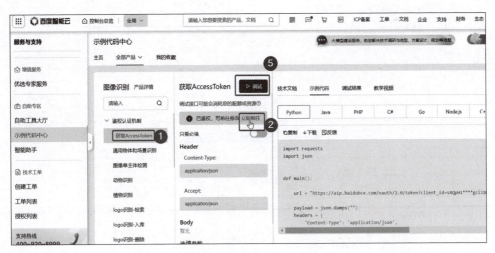

图 5-43 调试鉴权认证接口

2）查看接口调试结果

单击"调试结果"，显示接口调试成功，状态码为 200，请求方式为 POST，并且显示请求接口的 URL 地址，如图 5-45 所示。

往下滚动页面，在"请求数据"的"Query"中查看查询字符串参数，分别为 client_id 与 client_secret，参数值为应用的 API Key 与 Secret Key，如图 5-46 所示。

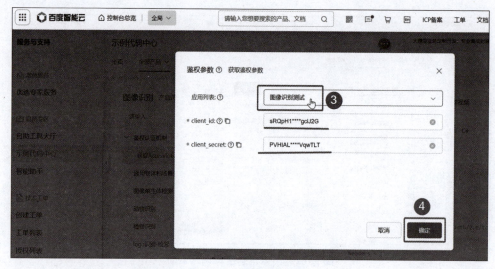

图 5-44　设置鉴权参数

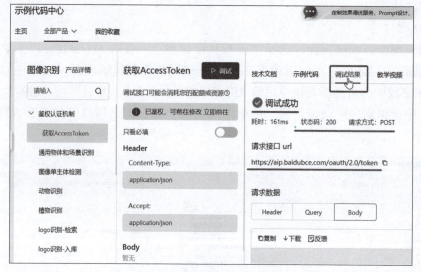

图 5-45　查看接口调试结果

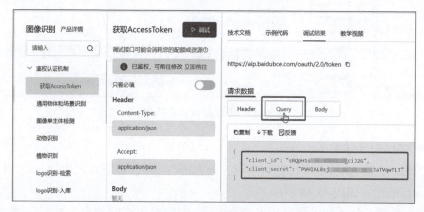

图 5-46　查询字符串参数 client_id 与 client_secret

继续往下滚动页面，在"响应数据"的"Body"中查看响应体，包含了授权码 access_token，如图 5-47 所示。

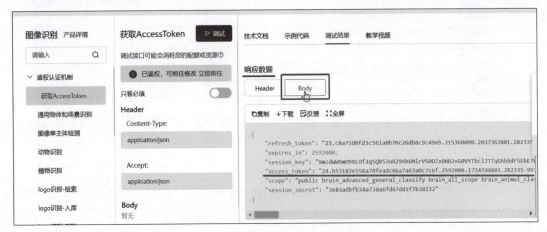

图 5-47　授权码 access_token

3）授权码 access_token 的说明

本次接口调用获得的授权码 access_token 的有效期（expires_in）为 2 592 000 s（30 d），在有效期范围内该授权码可用于后续的接口调用，如图 5-48 所示。

□复制　↓下载　⊡反馈　꓿全屏

{
    "refresh_token": "25.c8a71d0fd3c561a0b70c26db8c9c49eb.315360000.2037362801.282335-99162641",
    "expires_in": 2592000,
    "session_key": "9mzdWW9mO9XLOf2qSQb53uR29Ah6MlrVS0DZx0NB2vG0VYTbclJTTqGhh9dF5EbE7W1jJbH2FOo9sCwpfiwNfG
    "access_token": "24.b53183e558a78feadc66a7a63a0c7c6f.2592000.1724594801.282335-99162641",
    "scope": "public brain_advanced_general_classify brain_all_scope brain_animal_classify brain_car_detec
    "session_secret": "3e83adbfb34a738a6fd67dd1f7b38232"
}

图 5-48　授权码 access_token 与有效期

4）查看接口技术文档

单击"技术文档"查看接口的技术文档，技术文档包含接口说明、HTTP 请求方法、请求 URL 地址、URL 参数、响应体参数等，为开发者编写代码提供所需的各类详细信息，如图 5-49 所示。

往下滚动页面，可查看请求 url 参数、响应体参数，如图 5-50、图 5-51 所示。

5）查看接口调用的示例代码

单击"示例代码"查看接口调用的示例代码，示例代码包含 Python、Java、C#、Go 等多种主流编程语言，由于后面会编写 Python 样例程序，所以这里只查看 Python 示例代码，如图 5-52 所示。

查看鉴权认证
接口示例代码

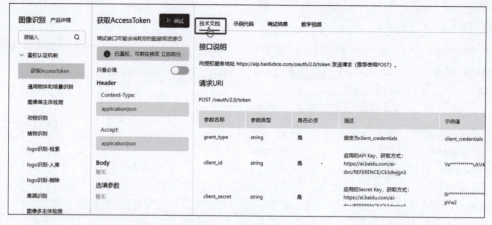

图 5-49　接口技术文档

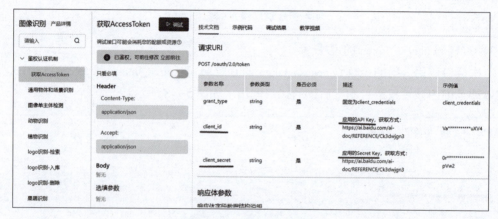

图 5-50　请求 URL 参数

图 5-51　响应体参数

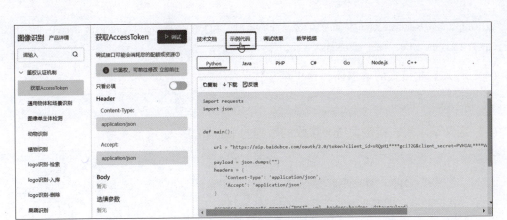

图 5-52 接口调用的示例代码

完整示例代码如下：

```
import requests
import json

def main():
    url = " https://aip. baidubce. com/oauth/2. 0/token? client _id = sRQpH1 **** gciJ2G&client _secret =
PVHIAL **** VqwTLT&grant_type=client_credentials"

    payload=json. dumps("")
    headers = {
        ' Content- Type' :' application/json' ,
        ' Accept' :' application/json'
    }

    response=requests. request("POST",url,headers=headers,data=payload)

    print(response. text)

if __name__ =='__main__':
    main()
```

6）示例代码解释

（1）引入 HTTP 请求库，用于发送 HTTP 请求与接收 HTTP 响应。

```
import requests
```

（2）引入 json 库，用于处理 json 格式的数据。

```
import json
```

（3）定义鉴权认证接口 URL 地址，URL 地址包含 3 个请求参数，其中 client_id 设为应用的 API Key（需改为自己应用的 API Key），client_secret 设为应用的 Secret Key（需改为自己应用的 Secret Key），grant_type 设为固定值 client_credentials。

url＝https://aip. baidubce. com/oauth/2. 0/token? client_id＝sRQpH1 ＊＊＊＊ gciJ2G&client_secret＝PVHIAL ＊＊＊＊ VqwTLT&grant_type＝client_credentials

（4）定义 json 格式的请求体，这里请求体为空。

payload＝json. dumps("")

（5）定义请求头，指定发送与接收的数据为 json 格式。

```
headers = {
        ' Content- Type' :' application/json' ,
        ' Accept' :' application/json'
}
```

（6）设置请求方法为 POST、请求 URL 地址、请求头 headers、请求体 data，发送 HTTP 请求调用接口，并接收接口返回的响应数据。

response＝requests. request("POST",url,headers＝headers,data＝payload)

（7）输出接口返回的响应数据，响应数据包含了授权码 access_token。

print(response. text)

2. 通用物体和场景识别接口

在线调试"鉴权认证"接口之后，接下来在线调试"通用物体和场景识别"接口。

在线调试通用物体和场景识别接口

1）调试接口（未上传图片文件）

在图像识别接口调试页面，选择"通用物体和场景识别"，单击"立即前往"，在弹出的对话框中，把"鉴权方式"设为"ak_sk"，"应用列表"设为前面创建的应用，这样在 client_id 与 client_secret 字段中会自动填充该应用的 API Key 与 Secret Key，然后单击"确定"按钮关闭对话框回到图像识别接口调试页面，再单击"调试"按钮调试接口，如图 5-53、图 5-54 所示。

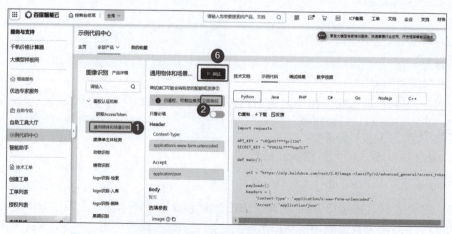

图 5-53　调试通用物体和场景识别接口——未上传图片文件

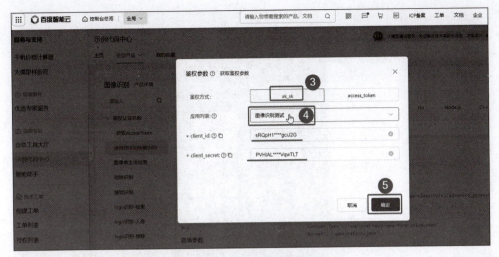

图 5-54 设置鉴权参数

在"调试结果"中显示接口调试失败,失败原因是"param image not exist",这是因为未上传图片,如图 5-55 所示。

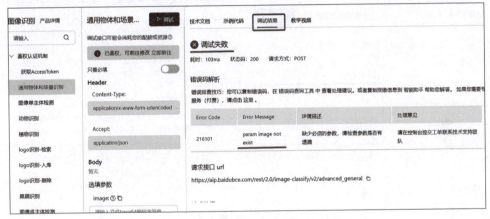

图 5-55 调试失败——未上传图片

2)调试接口(上传图片文件)

在图像识别接口调试页面,往下滚动页面,单击"上传文件"按钮,在弹出的选择文件对话框中选择图片文件,这里选择一张哈士奇图片,如图 5-56 所示。

上传图片后,在 image 字段中会自动生成图片的 base64+urlencode 编码后的字符串,如图 5-57 所示。

单击"调试"按钮调试接口,查看调试结果,显示调试成功,如图 5-58 所示。

在"请求数据"的"Body"中查看请求体,其中 image 参数为前面上传图片的 base64+urlencode 编码字符串,如图 5-59 所示。

在"请求数据"的"Query"中查看查询字符串参数,分别为 client_id 与 client_secret,参数值为应用的 API Key 与 Secret Key,如图 5-60 所示。

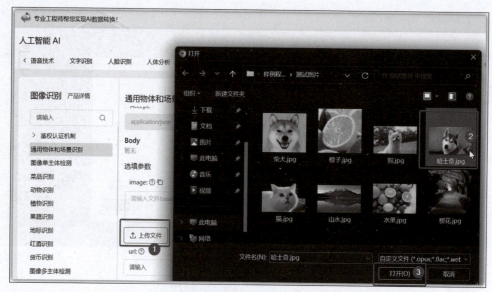

图 5-56 调试通用物体和场景识别接口——上传图片文件

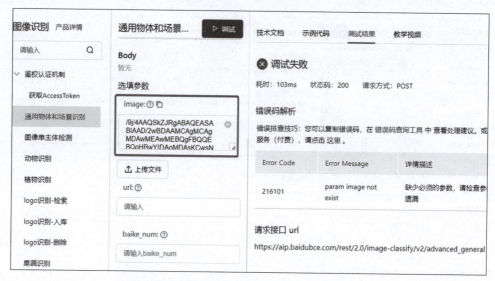

图 5-57 图片的 base64+urlencode 编码字符串

往下滚动页面，在"响应数据"的"Body"中查看响应体，包含多个识别结果，多个识别结果按 score 值（置信度）降序排列，第 1 个识别结果的 score 值最大，所以取第 1 个识别结果"哈士奇/西伯利亚雪橇犬"，由于前面上传的图片确实是哈士奇，所以可以验证图片识别结果正确，如图 5-61 所示。

3）查看接口技术文档

技术文档包含接口描述、HTTP 请求方法、请求 URL 地址、URL 参数、请求体参数、响应体参数等，为开发者编写代码提供所需的各类详细信息。其中 URL 参数 access_token 设置为由"鉴权认证"接口动态生成的授权码，如图 5-62 所示。

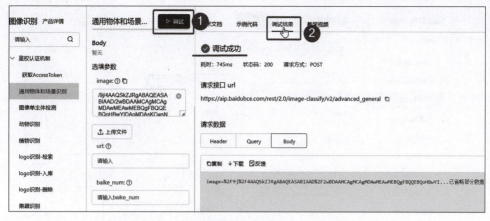

图 5-58 调试成功

图 5-59 请求体参数 image

图 5-60 查询字符串参数 client_id 与 client_secret

往下滚动页面，查看"Body 中的请求参数"，其中 image 参数是上传的图片，图片数据先进行 base64 编码、再进行 urlencode 编码，如图 5-63 所示。

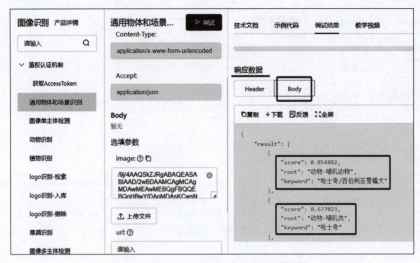

图 5-61　图片识别结果

图 5-62　接口技术文档

参数	是否必选	类型	可选值范围	说明
image	和url二选一	string	-	图像数据，base64编码，要求base64编码后大小不超过4M，最短边至少15px，最长边最大4096px,支持jpg/png/bmp格式。注意：图片需要base64编码、去掉编码头（data:image/jpg;base64,）后，再进行urlencode。
url	和image二选一	string	-	图片完整URL，URL长度不超过1024字节，URL对应的图片base64编码后大小不超过4M，最短边至少15px，最长边最大4096px,支持jpg/png/bmp格式，当image字段存在时url字段失效。

Body中放置请求参数，参数详情如下：

请求参数

图 5-63　请求体参数 image 的说明

4）查看接口调用的示例代码

查看 Python 示例代码，如图 5-64 所示。

```
import base64
import urllib
import requests

API_KEY = "sRQpH1****gciJ2G"
SECRET_KEY = "PVHIAL****VqwTLT"

def main():

    url = "https://aip.baidubce.com/rest/2.0/image-classify/v2/advanced_general?access_token=" + get_acce

    # image 可以通过 get_file_content_as_base64("C:\fakepath\哈士奇.jpg",True) 方法获取
    payload='image=%2F9j%2F4AAQSkZJRgABAQEASABIAAD%2F2wBDAAMCAgMCAgMDAwMEAwMEAwMEAwMEBwgFBQQEBQoHBwYYIDAoMDAsKCws
    headers = {
        'Content-Type': 'application/x-www-form-urlencoded'
```

查看通用物体
和场景识别
接口示例代码

图 5-64 接口调用的示例代码

完整示例代码如下：

```
import base64
import urllib
import requests

API_KEY=" sRQpH1 **** gciJ2G"
SECRET_KEY=" PVHIAL **** VqwTLT"

def main():
    url = " https://aip. baidubce. com/rest/2. 0/image-classify/v2/advanced _ general? access _ token = "+ get _
access_token()

    # image 可以通过 get_file_content_as_base64("C:\fakepath\哈士奇 . jpg",True)方法获取
    payload=' image=% 2F9j% 2F4AAQSkZJRgABAQEASABIAAD% 2F2wBDAAMCAgMCAgMDAwMEAw
MEBQgFBQQEBQoHBwYYIDAoMDAsKCwsNDhIQDQ4RDgsLEB...'
    headers= {
        ' Content-Type' :' application/x-www-form-urlencoded' ,
        ' Accept' :' application/json'
    }

    response=requests. request("POST",url,headers=headers,data=payload)
    print(response. text)
```

```
def get_file_content_as_base64(path,urlencoded=False):
    """
    获取文件 base64 编码
    :param path:文件路径
    :param urlencoded:是否对结果进行 urlencoded
    :return:base64 编码信息
    """
    with open(path,"rb")as f:
        content=base64. b64encode(f. read()). decode("utf8")
        if urlencoded:
            content=urllib. parse. quote_plus(content)
    return content


def get_access_token():
    """
    使用 AK,SK 生成鉴权签名(Access Token)
    :return:access_token,或是 None(如果错误)
    """
    url="https://aip. baidubce. com/oauth/2. 0/token"
    params={"grant_type":"client_credentials","client_id":API_KEY,"client_secret":SECRET_KEY}
    return str(requests. post(url,params=params). json(). get("access_token"))


if __name__=='__main__':
    main()
```

5）示例代码解释

（1）引入 base64 库，用于对图片数据进行 base64 编码。

```
import base64
```

（2）引入 urllib 库，用于对图片数据进行 urlencode 编码。

```
import urllib
```

（3）引入 HTTP 请求库，用于发送 HTTP 请求与接收 HTTP 响应。

```
import requests
```

（4）定义鉴权认证接口所需的应用 API Key 与 Secret Key。

```
API_KEY="sRQpH1 **** gciJ2G"
SECRET_KEY="PVHIAL **** VqwTLT"
```

（5）定义通用物体和场景识别接口 URL 地址，其中 URL 参数 access_token 设置为 get_access_token 函数的返回值，此函数调用鉴权认证接口动态生成授权码。

```
url="https://aip. baidubce. com/rest/2. 0/image-classify/v2/advanced_general? access_token="+get_access_token()
```

（6）定义 get_access_token 函数，调用鉴权认证接口动态生成授权码。

```
def get_access_token():
    url="https://aip. baidubce. com/oauth/2. 0/token"
    params={"grant_type":"client_credentials","client_id":API_KEY,"client_secret":SECRET_KEY}
    return str(requests. post(url,params=params). json(). get("access_token"))
```

（7）设置请求体 payload，参数 image 的值设置为图片的 base64+urlencoded 编码字符串。

```
# image 可以通过 get_file_content_as_base64("C:\fakepath\哈士奇 . jpg",True)方法获取
payload=' image=%2F9j%2F4AAQSkZJRgABAQEASABIAAD%2F2wBDAAMCAgMCAgMDAwMEAw
MEBQgFBQQEBQoHBwYIDAoMDAsKCwsNDhIQDQ4RDgsLEB. . . '
```

（8）定义 get_file_content_as_base64 函数，对图片先进行 base64 编码、再进行 urlencoded 编码。

```
def get_file_content_as_base64(path,urlencoded=False):
    with open(path,"rb")as f:
        content=base64. b64encode(f. read()). decode("utf8")
        if urlencoded:
            content=urllib. parse. quote_plus(content)
    return content
```

（9）设置请求方法为 POST、请求 URL 地址、请求头 headers、请求体 data，发送 HTTP 请求调用接口，并接收接口返回的响应数据。

```
response=requests. request("POST",url,headers=headers,data=payload)
```

（10）输出接口返回的响应数据，响应数据包含图片识别结果。

```
print(response. text)
```

（四）编写样例程序

在线调试接口并查看示例代码之后，接下来参照示例代码，编写 Python 代码，制作一个简单的命令行程序，调用百度智能云"通用物体和场景识别"接口，进行图像识别。

编写与测试样
例程序 1

主要步骤：

（1）先在命令行中列举样例程序所在的"测试图片"文件夹中的全部图片文件。

（2）用户输入图片的文件名。

（3）调用"通用物体和场景识别"接口，进行图像识别。

（4）在命令行中显示图像识别结果。

创建 main. py 文件，编写以下代码，其中包含详细的注释说明：

```
import os
import base64
import urllib
import requests
import json
```

```python
# 注意:需替换成你自己的图像识别应用的 API_KEY 与 SECRET_KEY
API_KEY="sRQpH1 ******** gciJ2G"
SECRET_KEY="PVHIAL8 ******** TVqwTLT"

# 鉴权认证接口 URL
TOKEN_URL="https://aip. baidubce. com/oauth/2. 0/token"
# 通用物体和场景识别接口 URL
API_URL="https://aip. baidubce. com/rest/2. 0/image-classify/v2/advanced_general? access_token="

# 测试用图片的文件夹
IMAGE_DIR="测试图片"

# 获取授权码 access_token
def get_access_token():
    params={"grant_type":"client_credentials","client_id":API_KEY,"client_secret":SECRET_KEY}
    return str(requests. post(TOKEN_URL,params=params). json(). get("access_token"))

# 列举测试图片文件夹中的全部图片文件
def list_all_images():
    print("\n 列举"+IMAGE_DIR+"文件夹中的全部图片:")
    for file in os. listdir(IMAGE_DIR):
        print(file)

# 提示输入待识别的图片文件名(包括后缀名)
def get_image_file_name():
    print("\n 请输入待识别图片的文件名(比如:橙子 .jpg)并按回车键,若想退出程序请输入字符串
exit 并按回车键:")
    return input(). strip()

"""
    图片文件进行 base64 编码+URL 编码
    :path:文件路径
    :urlencoded:是否对结果进行 URL 编码
    :return:编码字符串
"""
def get_file_content_as_base64(path,urlencoded=False):
    # 检测图片文件是否存在
    if not os. path. exists(path):
        print(path+",文件不存在,请输入正确的图片文件。")
        return ""
    else:
```

```
        with open(path,"rb")as f:
            content=base64. b64encode(f. read()). decode("utf8")
            if urlencoded:
                content=urllib. parse. quote_plus(content)
        return content


# 调用通用物体和场景识别接口,进行图像识别
def recognize(token,image_file_name):
    url=API_URL+token

    # 对图片进行 base64 编码+URL 编码
    image_data=get_file_content_as_base64(IMAGE_DIR+"/"+image_file_name,True)
    if image_data! ="":
        # 设置请求体参数 image
        payload=' image=' +image_data
        headers={
            ' Content-Type' :' application/json'
        }

        # 调用接口,获取调用结果
        response=requests. request("POST",url,headers=headers,data=payload)
        result=json. loads(response. text). get("result")
        # 取第 1 个识别结果
        # 接口返回多个识别结果,并按置信度降序排序,所以第 1 个识别结果最准确
        name=result[0]

        print("-------------------------------------------------------")
        print("图像识别结果:",name)
        print("-------------------------------------------------------\n")

def main():
    token=get_access_token()
    list_all_images()
    image_file_name=get_image_file_name()

    while image_file_name. lower()! ="exit":
        recognize(token,image_file_name)
        list_all_images()
        image_file_name=get_image_file_name()

if __name__=='__main__':
    main()
```

（五）测试样例程序

编写与测试样
例程序 2

1. 测试环境

测试机需满足以下条件：

（1）能连接互联网，以便在线调用百度智能云接口。

（2）已安装 Python 3.6 或更新版本。

（3）已安装 Python 的 requests 库、urllib3 库

可在命令行中输入命令 pip3 list，查看已安装的 Python 库，如图 5-65 所示。

图 5-65　查看已安装的 Python 库

若未安装所需的库，在命令行中输入命令 pip3 install requests 安装 requests 库，输入命令 pip3 install urllib3 安装 urllib3 库。

2. 测试图片

"测试图片"文件夹中包含动物、植物、风景等测试用的图片，可根据需要添加其他图片，如图 5-66 所示。

图 5-66　测试图片

3. 测试过程

（1）运行命令行程序，把当前目录切换到 main.py 文件所在的目录，如图 5-67 所示。

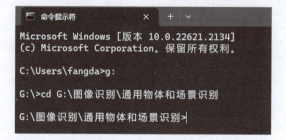

图 5-67　切换当前目录到 main.py 文件所在的目录

（2）运行样例程序。

在命令行中输入命令 python main.py，运行样例程序，程序运行后会列举出"测试图

片"文件夹中的全部图片,然后等待用户输入待识别图片的文件名,如图 5-68 所示。

```
G:\图像识别\通用物体和场景识别>python main.py

列举测试图片文件夹中的全部图片:
哈士奇.jpg
山水.jpg
樱花.jpg
橙子.jpg
水果.jpg
狗.jpg
猫.jpg

请输入待识别图片的文件名(比如:橙子.jpg)并按回车键,若想退出程序请输入字符串exit并按回车键:
```

图 5-68 运行样例程序

(3)输入待识别图片的文件名后按回车键,查看识别结果。

输入图片文件名"哈士奇.jpg",识别结果为哈士奇,种类为动物,识别结果正确,如图 5-69 所示。

```
G:\图像识别\通用物体和场景识别>python main.py

列举测试图片文件夹中的全部图片:
哈士奇.jpg
山水.jpg
樱花.jpg
橙子.jpg
水果.jpg
狗.jpg
猫.jpg

请输入待识别图片的文件名(比如:橙子.jpg)并按回车键,若想退出程序请输入字符串exit并按回车键:
哈士奇.jpg
图像识别结果: {'keyword': '哈士奇/西伯利亚雪橇犬', 'score': 0.854882, 'root': '动物-哺乳动物'}
```

图 5-69 正确识别哈士奇图片

(4)继续测试其他图片,查看识别结果。

输入图片文件名"山水.jpg",识别结果为山峦,种类为自然风景,识别结果正确,如图 5-70 所示。

```
列举测试图片文件夹中的全部图片:
哈士奇.jpg
山水.jpg
樱花.jpg
橙子.jpg
水果.jpg
狗.jpg
猫.jpg

请输入待识别图片的文件名(比如:橙子.jpg)并按回车键,若想退出程序请输入字符串exit并按回车键:
山水.jpg
图像识别结果: {'keyword': '山峦', 'score': 0.806466, 'root': '自然风景-山峦'}
```

图 5-70 正确识别山水图片

(5)输入 exit 后按回车键,退出程序,如图 5-71 所示。

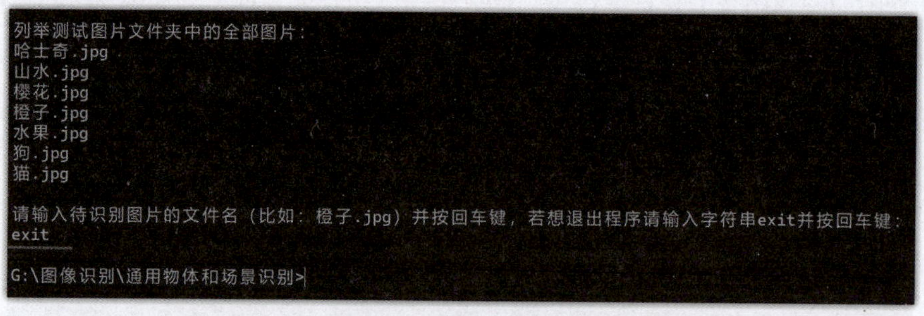

列举测试图片文件夹中的全部图片：
哈士奇.jpg
山水.jpg
樱花.jpg
橙子.jpg
水果.jpg
狗.jpg
猫.jpg

请输入待识别图片的文件名（比如：橙子.jpg）并按回车键，若想退出程序请输入字符串exit并按回车键：
exit

G:\图像识别\通用物体和场景识别>

图 5-71　退出样例程序

二、人脸识别实战

本实战使用百度智能云人脸识别技术进行人脸识别，阐述百度智能云人脸识别接口的使用方法。

实战目的

1. 了解百度智能云人脸识别技术各接口的功能与适用场景
2. 创建百度智能云人脸识别应用，获取应用的 API Key 与 Secret Key
3. 领取百度智能云免费测试用资源
4. 掌握在线调试百度智能云接口的方法
5. 掌握在线查看百度智能云接口技术文档的方法
6. 掌握在线查看百度智能云接口示例代码的方法
7. 掌握百度智能云人脸对比接口的使用，包括请求地址、请求方法、请求参数、响应参数等细节
8. 编写 Python 代码，制作简单命令行程序，调用百度智能云人脸对比接口，进行人脸对比

实战准备

1. 设备与软件：安装 Python 的计算机
2. 学过 Python、Java 等至少一门编程语言课程
3. 已完成百度智能云图像识别实战

（一）百度智能云人脸识别介绍

百度智能云人脸识别是一项基于深度学习技术的人脸识别解决方案，提供实名认证、人脸对比、人脸搜索、活体检测等功能，广泛应用于金融、安防、门禁、公共交通等多个行业场景，满足身份核验、人脸考勤、闸机通行等业务需求。

1. 百度智能云人脸识别官网

百度智能云人脸识别官网首页如图 5-72 所示。

2. 百度智能云人脸识别接口

百度智能云人脸识别包括人脸实名认证、人脸对比、人脸搜索、活体检测、人脸检测与

图 5-72　百度智能云人脸识别官网首页

属性识别等接口。在百度智能云首页，选择"产品——人脸与人体"，可查看百度智能云人脸识别提供的全部接口，如图 5-73 所示。

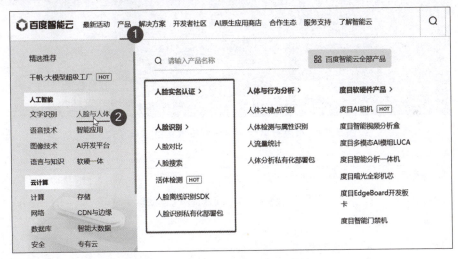

图 5-73　百度智能云人脸识别接口

百度智能云人脸识别各个接口的功能与应用场景，如表 5-5 所示。

表 5-5　百度智能云人脸识别接口功能与应用场景

接口名称	功能与应用场景
人脸实名认证	结合身份证识别、人脸对比、活体检测等多项组合能力，连接权威数据源，确保用户是"真人"且为"本人"，快速完成用户身份核验
人脸对比	提取人脸特征，对比两张人脸相似度并返回评分，判断是否为同一个人
人脸搜索	对比指定图片和人脸库中 N 张人脸，找出最相似的一张或多张人脸，并返回相似度分值

续表

接口名称	功能与应用场景
活体检测	提供多种在线/离线活体检测能力，判断是否为真人，有效抵御图片、视频、模具等作弊行为
人脸检测与属性识别	快速检测人脸并返回人脸框位置，准确识别多种属性信息（如年龄、性别、表情等），并输出人脸关键点坐标

3. 百度智能云人脸识别技术文档

百度智能云为开发者提供了详细的人脸识别技术文档，涵盖人脸识别各个接口的功能介绍、应用场景、API 使用说明等。

在百度智能云人脸识别首页，单击"技术文档"按钮可打开技术文档页面，如图 5-74、图 5-75 所示。

图 5-74　百度智能云人脸识别技术文档打开方式

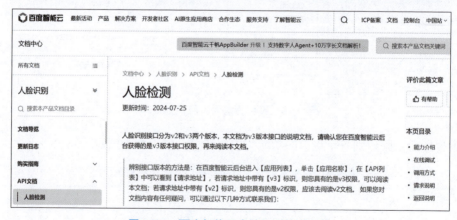

图 5-75　百度智能云人脸识别技术文档

（二）调用人脸对比接口

接下来以百度智能云人脸识别的人脸对比接口为例，详细演示接口的使用，其他接口按照类似方式操作。

人脸对比接口有两种使用方式：

（1）在线调用 API 方式：在良好的网络环境下，在线调用百度智能云 API 接口进行人脸对比。

（2）离线识别 SDK（设备端）：在无网、弱网环境下，把人脸识别 SDK 开发工具包集成到手机等硬件设备中，进行本地人脸对比。

本部分采用在线调用 API 方式阐述人脸对比接口的使用，具体操作步骤如下：

1. 注册百度智能云账号、实名认证

"百度智能云图像识别实战"部分已给出具体方法，这里不再赘述。若已有百度智能云实名认证账号则无须再注册与实名认证。

2. 登录百度智能云

在浏览器输入网址 https://login.bce.baidu.com，打开百度智能云登录页面，选择"云账号"方式登录。

3. 创建人脸识别应用

为了调用接口，需创建人脸识别应用，获得应用的 API Key 与 Secret Key，以便生成调用接口的授权码（access_token）。

百度智能云登录后，单击左上角的折叠菜单，然后单击"产品导览"，在"人工智能"组中单击"人脸识别"，进入人脸识别模块，如图 5-76 所示。

图 5-76　进入人脸识别模块的方式

在人脸识别模块页面，单击左边导航栏中的"应用列表"，单击"创建应用"按钮，进入创建新应用页面，如图 5-77 所示。

在创建新应用页面，输入应用名称，在"接口选择"的"人脸识别"组中勾选"全选"，如图 5-78 所示。

往下滚动页面，在"应用归属"中选择"个人"，输入应用描述，然后单击"立即创建"按钮完成应用的创建，如图 5-79 所示。

成功创建应用之后，在人脸识别模块页面，单击左边导航栏中的"应用列表"，可查看或复制应用的 API Key 与 Secret Key，如图 5-80 所示。

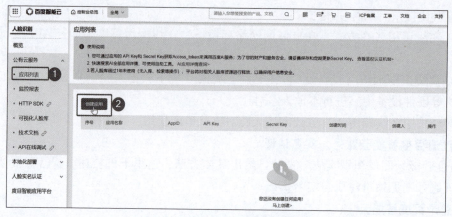

图 5-77　进入创建新应用页面的方式

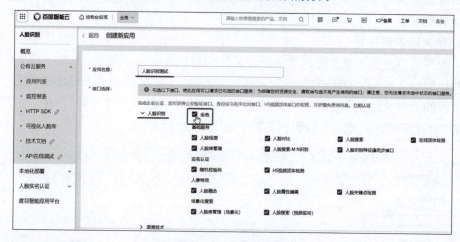

图 5-78　创建新应用

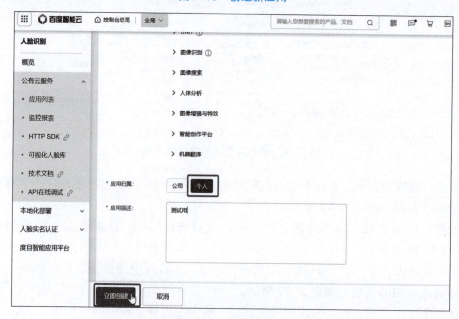

图 5-79　创建新应用

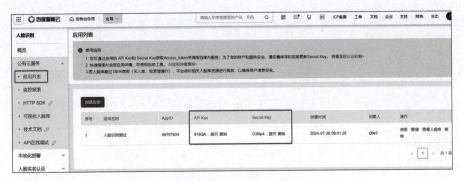

图 5-80　查看应用的 API Key 与 Secret Key

4. 领取免费资源

调用百度智能云接口通常情况下需要付费，为了免费测试接口，可领取免费资源。

在人脸识别模块页面，单击左边导航栏中的"概览"，单击"领取免费资源"，进入领取免费资源页面，如图 5-81 所示。

图 5-81　领取免费资源

在领取免费资源页面，"服务类型"选择"基础服务"，"待领接口"勾选"人脸对比"，页面显示免费调用此接口的次数为 1 000 次/月，然后单击"0 元领取"按钮完成免费资源领取，如图 5-82 所示。

5. 在线调试接口、查看示例代码

在人脸识别模块页面，单击左边导航栏中的"API 在线调试"打开示例代码中心页面，进行在线调试接口，以便快速学习与掌握接口调用方法。

详细内容见后续"（三）在线调试接口"。

6. 编写代码调用接口

参照示例代码中心页面给出的接口调用代码，编写 Python 代码，制作一个简单的命令行程序，调用百度智能云"人脸对比"接口，进行人脸对比。

详细内容见后续"（四）编写样例程序"。

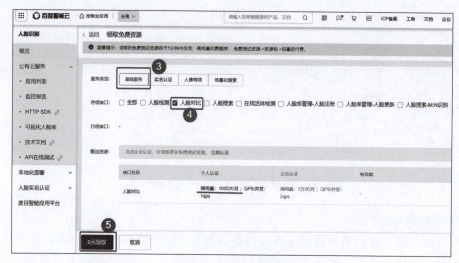

图5-82 领取免费资源

（三）在线调试接口

百度智能云提供在线调试接口、查看示例代码功能，方便开发者快速学习与掌握接口调用方法。

在人脸识别模块页面，单击左边导航栏中的"API在线调试"，进入示例代码中心页面，如图5-83所示。

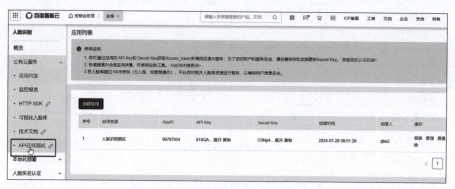

图5-83 进入示例代码中心页面的方式

在示例代码中心页面，单击"全部产品"，在展开的列表中单击"人脸识别"，进入人脸识别接口调试页面，如图5-84、图5-85所示。

1. 鉴权认证接口

在调用人脸识别接口之前需先进行鉴权，以获取授权码（access_token）。

"百度智能云图像识别实战"部分已给出鉴权认证接口的使用方法，这里不再赘述。

2. 人脸对比接口

人脸对比接口与"百度智能云图像识别实战"部分的通用物体和场景识别接口的在线调试方式大同小异，主要区别是：通用物体和场景识别接口只需上传1张图片，而人脸对比接口需要上传2张图片进行人脸比较。

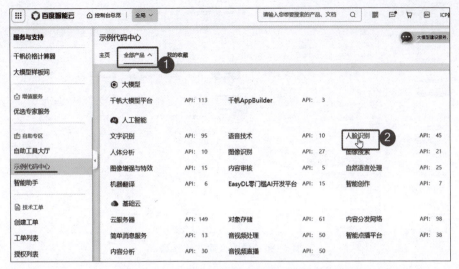

图 5-84　进入人脸识别接口调试页面的方式

图 5-85　人脸识别接口调试页面

1）调试接口

在人脸识别接口调试页面，选择"人脸基础 API——人脸对比 V3"，单击"立即前往"，在弹出的对话框中，把"鉴权方式"设为"ak_sk"，"应用列表"设为前面创建的人脸识别测试，这样在 client_id 与 client_secret 字段中会自动填充该应用的 API Key 与 Secret Key，然后单击"确定"按钮关闭对话框回到人脸识别接口调试页面，如图 5-86、图 5-87 所示。

接下来上传第一张图片。往下滚动页面，在"选填参数"处，单击"array［0］"展开第 1 张图片的设置，在 image 字段中单击"上传文件"按钮，在弹出的选择文件对话框中选择人脸对比的第 1 张图片，这里选择"张三 1. jpg"，单击"打开"按钮完成图片上传并回到接口调试页面，然后在 image_type 字段中选择"BASE64"，如图 5-88 所示。

接下来以相同方式上传第 2 张图片。继续往下滚动页面，在"选填参数"处，单击"array［1］"展开第 2 张图片的设置，在 image 字段中单击"上传文件"按钮，在弹出的选择文件对话框中选择人脸对比的第 2 张图片，这里选择"张三 2. jpg"，单击"打开"按钮

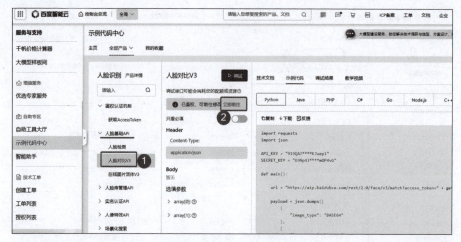

图 5-86 调试人脸对比接口

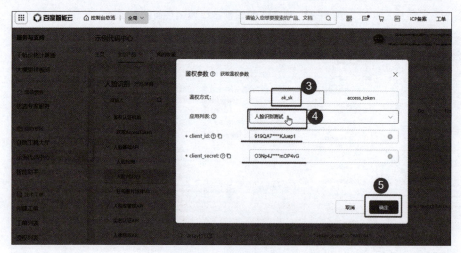

图 5-87 设置鉴权参数

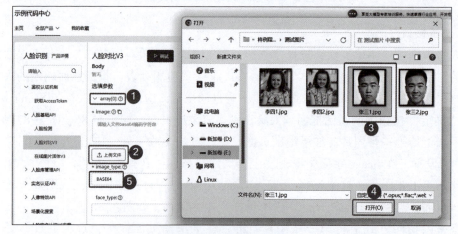

图 5-88 上传第一张图片

完成图片上传并回到接口调试页面，然后在 image_type 字段中选择"BASE64"，如图 5-89 所示。

图 5-89　上传第二张图片

单击"调试"按钮调试接口，查看调试结果，显示调试成功，如图 5-90 所示。

图 5-90　调试成功

调试结果中显示接口的 URL 地址，在"请求数据"的"Body"中查看请求体，包含 2 张图片数据，每张图片数据有 2 个字段，image 为上传图片的 base64 编码字符串，image_type 为图片编码格式 BASE64，如图 5-91 所示。

在"请求数据"的"Query"中查看查询字符串参数，分别为 client_id 与 client_secret，参数值为应用的 API Key 与 Secret Key，如图 5-92 所示。

往下滚动页面，在"响应数据"的"Body"中查看响应体，包含两张图片的人脸对比结果，对比相似度 score 值为 97.25615692，超过阈值 80，判定这两张图片为同一个人。由于前面上传的两张图片确实是同一个人的图片，所以可以验证人脸对比结果正确，如图 5-93 所示。

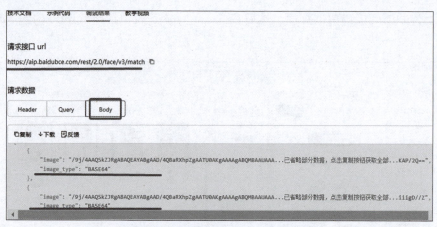

图 5-91　请求体包含的 2 张图片数据

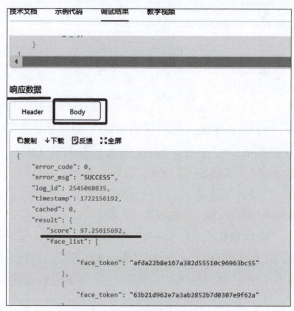

图 5-92　查询字符串参数 client_id 与 client_secret

图 5-93　两张图片的人脸对比结果

2）查看接口技术文档

技术文档包含接口描述、HTTP 请求方法、请求 URL 地址、URL 参数、请求体参数、响应体参数等，为开发者编写代码提供所需的各类详细信息，如图 5-94 所示。

图 5-94　接口技术文档

往下滚动页面，可以看到请求方法为 POST、请求 URL 地址、请求 URL 参数中 access_token 设置为由"鉴权认证"接口动态生成的授权码，如图 5-95 所示。

技术文档　　示例代码　　调试结果　　教学视频

请求示例

HTTP方法: POST

请求URL: https://aip.baidubce.com/rest/2.0/face/v3/match

URL参数:

参数	值
access_token	通过API Key和Secret Key获取的access_token,参考"Access Token获取"

图 5-95　请求 URL 与请求 URL 参数

继续往下滚动页面，查看"请求参数"。其中 image 参数是图片数据，必选；image_type 参数是图片数据的类型，必选，值 BASE64 表示对图片数据进行 base64 编码，如图 5-96 所示。

继续往下滚动页面，查看非必选的请求参数，这些参数用于对人脸对比进行更精细的控制，如图 5-97 所示。

继续往下滚动页面，查看"返回参数"，其中 score 参数是人脸相似度得分，推荐阈值为 80 分，也就是超过 80 分可判定两张对比的图片是同一个人，如图 5-98 所示。

技术文档　　示例代码　　调试结果　　教学视频

请求参数

参数	必选	类型	说明
image	是	string	图片信息(总数据大小应小于10M，图片尺寸在1920x1080以下)，图片上传方式根据image_type来判断。 两张图片通过json格式上传，格式参考表格下方示例
image_type	是	string	图片类型 BASE64:（推荐）图片的base64值，base64编码后的图片数据，编码后的图片大小不超过2M; FACE_TOKEN: 人脸图片的唯一标识，调用人脸检测接口时，会为每个人脸图片赋予一个唯一的FACE_TOKEN，同一张图片多次检测得到的FACE_TOKEN是同一个。

图 5-96　必选的 image 与 image_type 请求参数

			人脸的类型
face_type	否	string	LIVE: 表示生活照：通常为手机、相机拍摄的人像图片，或从网络获取的人像图片等， IDCARD: 表示身份证芯片照：二代身份证内置芯片中的人像照片， WATERMARK: 表示带水印证件照：一般为带水印的小图，如公安网小图 CERT: 表示证件照片，如拍摄的身份证、工卡、护照、学生证等证件图片 INFRARED 表示红外照片，使用红外相机拍摄的照片 HYBRID: 表示混合类型，如果传递此值时会先对图片进行检测判断所属类型(生活照 or 证件照) 对请求参数 image_type 为 BASE64 或 URL 时有效 默认LIVE
quality_control	否	string	图片质量控制 NONE: 不进行控制 LOW:较低的质量要求 NORMAL: 一般的质量要求 HIGH: 较高的质量要求 默认 NONE 若图片质量不满足要求，则返回结果中会提示质量检测失败

图 5-97　一些非必选的请求参数

技术文档　　示例代码　　调试结果　　教学视频

返回说明

返回参数

参数名	必选	类型	说明
score	是	float	人脸相似度得分，推荐阈值为80分
face_list	是	array	人脸信息列表
+face_token	是	string	人脸的唯一标志

图 5-98　响应参数 score 与推荐阈值

3）查看接口调用的示例代码

查看 Python 示例代码，如图 5-99 所示。

完整示例代码如下：

图 5-99　接口调用的示例代码

```python
import requests
import json

API_KEY="UZ4btl **** QwPx8q"
SECRET_KEY="0qCh2o **** ImiVzm"

def main():
    url="https://aip. baidubce. com/rest/2. 0/face/v3/match? access_token="+get_access_token()
    payload=json. dumps([
        {
            "image":"/9j/4AAQSkZJRgABAQEAYABgAAD/4QBaRXhpZgAATU0AKgAAAgABQMMB
AAUAAAABAAAASgMDAAEAAAABAAAAAFEQAAEAAAABAQAA...",
            "image_type":"BASE64"
        },
        {
            "image":"/9j/4AAQSkZJRgABAQEAYABgAAD/4QBaRXhpZgAATU0AKgAAAgABQMMB
AAUAAAABAAAASgMDAAEAAAABAAAAAFEQAAEAAAABAQAA...",
            "image_type":"BASE64"
        }
    ])
    headers={
        ' Content- Type' :' application/json'
    }

    response=requests. request("POST",url,headers=headers,data=payload)
    print(response. text)
```

```
def get_access_token():
    url="https://aip. baidubce. com/oauth/2. 0/token"
    params={"grant_type":"client_credentials","client_id":API_KEY,"client_secret":SECRET_KEY}
    return str(requests. post(url,params=params). json(). get("access_token"))


if __name__=='__main__':
    main()
```

4）示例代码解释

（1）引入 HTTP 请求库，用于发送 HTTP 请求与接收 HTTP 响应。

```
import requests
```

（2）引入 json 库，用于处理 json 格式的数据。

```
import json
```

（3）定义鉴权认证接口所需的应用 API Key 与 Secret Key。

```
API_KEY="919QA7 **** KJuep1"
SECRET_KEY="O3Np4J **** mOP4vG"
```

（4）定义人脸对比接口 URL 地址，其中 URL 参数 access_token 设置为 get_access_token 函数的返回值，此函数调用鉴权认证接口动态生成授权码。

```
url="https://aip. baidubce. com/rest/2. 0/face/v3/match? access_token="+get_access_token()
```

（5）定义 get_access_token 函数，调用鉴权认证接口动态生成授权码。

```
def get_access_token():
    url="https://aip. baidubce. com/oauth/2. 0/token"
    params={"grant_type":"client_credentials","client_id":API_KEY,"client_secret":SECRET_KEY}
    return str(requests. post(url,params=params). json(). get("access_token"))
```

（6）设置请求体 payload，包含两张人脸对比图片，每张图片有两个参数，image 参数设置为图片的 base64 编码字符串，image_type 参数设置为 BASE64。

```
payload=json. dumps([
    {
        "image":"/9j/4AAQSkZJRgABAQEAYABgAAD/4QBaRXhpZgAATU0AKgAAAAgABQMB
AAUAAAABAAAASgMDAAEAAAABAAAAAFEQAAEAAAABAQAA. . . ",
        "image_type":"BASE64"
    },
    {
        "image":"/9j/4AAQSkZJRgABAQEAYABgAAD/4QBaRXhpZgAATU0AKgAAAAgABQMB
AAUAAAABAAAASgMDAAEAAAABAAAAAFEQAAEAAAABAQAA. . . ",
        "image_type":"BASE64"
    }
])
```

（7）定义请求头，指定发送的数据为 json 格式。

```
headers = {
        ' Content- Type' :' application/json'
    }
```

（8）设置请求方法为 POST、请求 URL 地址、请求头 headers、请求体 data，发送 HTTP 请求调用接口，并接收接口返回的响应数据。

```
response = requests. request("POST",url,headers = headers,data = payload)
```

（9）输出接口返回的响应数据，响应数据包含两张图片的人脸对比结果。

```
print(response. text)
```

（四）编写样例程序

在线调试接口并查看示例代码之后，接下来参照示例代码，编写 Python 代码，制作一个简单的命令行程序，调用百度智能云"人脸对比"接口，进行人脸对比。

主要步骤：

（1）先在命令行中列举样例程序所在的"测试图片"文件夹中的全部图片文件。

（2）用户输入两张待对比的人脸图片文件名。

（3）调用"人脸对比"接口，对两张图片进行人脸对比，如果对比相似度超过阈值 80，则判定两张图片为同一个人，否则判定为不是同一个人。

（4）在命令行中显示人脸对比结果。

创建 main. py 文件，编写如下代码，其中包含详细的注释说明：

```
import os
import base64
import urllib
import requests
import json


# 注意:需替换成你自己的人脸识别应用的 API_KEY 与 SECRET_KEY
API_KEY = "919QA73z ******** sRKJuep1"
SECRET_KEY = "O3Np4Jl ******** CkbRmOP4vG"


# 鉴权认证接口 URL
TOKEN_URL = "https://aip. baidubce. com/oauth/2. 0/token"
# 人脸对比接口 URL
API_URL = "https://aip. baidubce. com/rest/2. 0/face/v3/match? access_token = "


# 测试用图片的文件夹
IMAGE_DIR = "测试图片"


# 获取授权码 access_token
```

```python
def get_access_token():
    params={"grant_type":"client_credentials","client_id":API_KEY,"client_secret":SECRET_KEY}
    return str(requests. post(TOKEN_URL,params=params). json(). get("access_token"))


# 列举测试图片文件夹中的全部图片文件
def list_all_images():
    print("\n 列举"+IMAGE_DIR+"文件夹中的全部图片:")
    for file in os. listdir(IMAGE_DIR):
        print(file)


# 提示输入 2 张待对比的人脸图片文件名
def get_image_file_name():
    print("\n 请输入 2 张待对比的人脸图片文件名(比如:张三 1. jpg 张三 2. jpg,两张图片之间用空
格隔开)并按回车键,若想退出程序请输入字符串 exit 并按回车键:")
    return input(). strip()


"""
    图片文件进行 base64 编码+URL 编码
    :path:文件路径
    :urlencoded:是否对结果进行 URL 编码
    :return:编码字符串
"""
def get_file_content_as_base64(path,urlencoded=False):
    # 检测图片文件是否存在
    if not os. path. exists(path):
        print(path+", 文件不存在,请输入正确的图片文件。")
        return ""
    else:
        with open(path,"rb")as f:
            content=base64. b64encode(f. read()). decode("utf8")
            if urlencoded:
                content=urllib. parse. quote_plus(content)
        return content


# 调用人脸对比接口,进行人脸对比
def face_match(token,image_name1,image_name2):
    url=API_URL+token

    # False:对图片不进行 URL 编码,只进行 base64 编码
    image_data1=get_file_content_as_base64(IMAGE_DIR+"/"+image_name1,False)
    image_data2=get_file_content_as_base64(IMAGE_DIR+"/"+image_name2,False)
```

```python
    if image_data1! ="" and image_data2! ="":
        # 设置请求体参数
        payload=json. dumps([
                {
                    "image":image_data1,
                    "image_type":"BASE64"
                },
                {
                    "image":image_data2,
                    "image_type":"BASE64"
                }
        ])
        # 设置请求头
        headers={
                ' Content- Type' :' application/json'
        }

        # 调用人脸对比接口,获取接口调用结果
        response=requests. request("POST",url,headers=headers,data=payload)
        # 读取对比相似度 score 值
        score=json. loads(response. text). get("result"). get("score")

        # 定义相似度阈值,当对比相似度超过此阈值时判定为同一个人
        base_score=80
        result=""
        if score >=base_score:
            result=f"对比相似度{score} >=相似度阈值{base_score},两张图片判定为同一个人。"
        else:
            result=f"对比相似度{score} < 相似度阈值{base_score},两张图片判定不是同一个人。"

        print("-------------------------------------------------")
        print("人脸对比相似度[0~100]:",score)
        print(result)
        print("------------------------------------------------\n")

def main():
    token=get_access_token()

    list_all_images()
    image_file_name=get_image_file_name()
```

```
        while image_file_name. lower()! ="exit":
            # 获取 2 张待对比的图片文件名
            images=image_file_name. split(" ")
            # 验证图片数量一定是 2 张
            if len(images)! =2:
                print("图片输入错误,必须输入 2 张待对比的人脸图片文件名(比如:张三 1. jpg 张三
2. jpg,两张图片之间用空格隔开)")
            else:
                face_match(token,images[0],images[1])

            list_all_images()
            image_file_name=get_image_file_name()


 if __name__ =='__main__':
     main()
```

（五）测试样例程序

1. 测试环境

测试机需满足如下条件：

（1）能连接互联网，以便在线调用百度智能云接口。

（2）已安装 Python 3.6 或更新版本。

（3）已安装 Python 的 requests 库、urllib3 库。

2. 测试图片

"测试图片"文件夹中包含 4 张测试用的图片，可根据需要添加其他图片。其中"李四 1. jpg"与"李四 2. jpg"是同一个人的图片，"张三 1. jpg"与"张三 2. jpg"是同一个人的图片，如图 5-100 所示。

图 5-100 测试图片

3. 测试过程

（1）运行命令行程序，把当前目录切换到 main. py 文件所在的目录，如图 5-101 所示。

（2）运行样例程序

在命令行中输入命令 python main. py，运行样例程序，程序运行后会列举出"测试图片"文件夹中的全部图片，然后等待用户输入两张待对比的人脸图片文件名，如图 5-102 所示。

（3）输入两张待对比的人脸图片文件名后按回车键，查看人脸对比结果。

输入张三的两张人脸图片文件名"张三 1. jpg 张三 2. jpg"，得到对比相似度为 97. 24467468，超过阈值 80，两张图片被正确判定为同一个人，如图 5-103 所示。

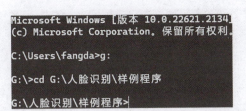

图 5-101 切换当前目录到 main.py 文件所在的目录

图 5-102 运行样例程序

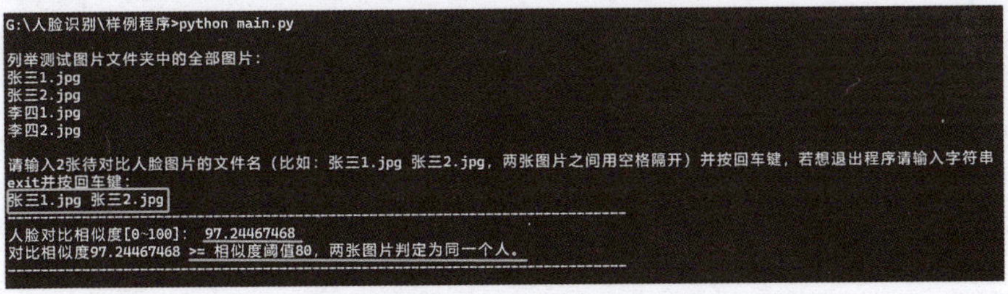

图 5-103 张三的两张人脸图片被正确判定为同一个人

（4）继续测试其他同一个人的两张图片，查看人脸对比结果

输入李四的两张人脸图片文件名"李四 1.jpg 李四 2.jpg"，得到对比相似度为 98.06549072，超过阈值 80，两张图片被正确判定为同一个人，如图 5-104 所示。

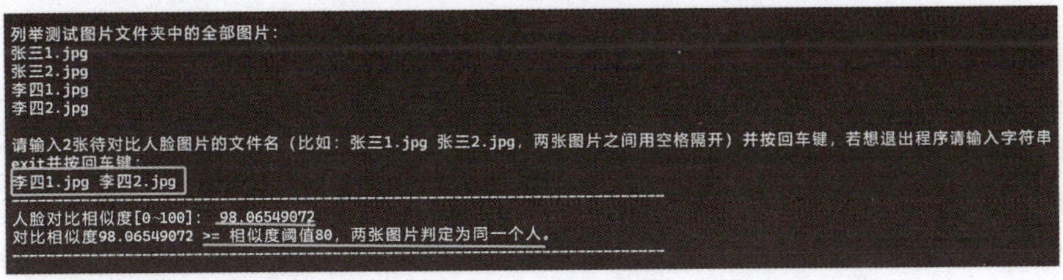

图 5-104 李四的两张人脸图片被正确判定为同一个人

（5）继续测试其他不是同一个人的图片，查看人脸对比结果。

分别输入张三与李四的人脸图片文件名"张三 1.jpg 李四 1.jpg"，得到对比相似度仅为 2.898555756，未超过阈值 80，两张图片被正确判定为不是同一个人，如图 5-105 所示。

（6）输入 exit 后按回车键，退出程序，如图 5-106 所示。

图 5-105　张三与李四的人脸图片被正确判定为不是同一个人

图 5-106　退出样例程序

【知识拓展】

图像识别技术根据所处理任务的不同，可以分为以下几个类别：

1. 图像分类：输出图像中主要物体的名称，并将图像归类到预设的类别中，这是图像识别最基础的任务。

2. 物体检测：在图像分类的基础上，进一步对图像中的物体进行定位，输出带有边界框的矩形区域。

3. 图像理解：在物体检测的基础上，进一步对图像内容进行深入分析和解释，理解图像中各个物体之间的关系以及所表示的整体含义，这是图像识别的高级任务。

根据上述划分，对百度智能云图像识别接口进行分类，如表 5-6 所示。

表 5-6　百度智能云图像识别接口分类

类别	百度智能云图像识别接口
图像分类	通用物体和场景识别、植物识别、动物识别、车型识别、菜品识别、地标识别、果蔬识别、品牌 logo 识别
物体检测	车辆检测、图像主体检测
图像理解	图像内容理解

【模块自测】

（1）编写 Python 代码，制作一个命令行程序，调用百度智能云"植物识别"接口，进行植物识别。

要求：

① 参照前面"通用物体和场景识别接口"使用方法，完成这些步骤：创建应用、领取免费资源、在线调试接口并查看示例代码，并给出各步骤的截图；

② 编写代码，调用接口，给出源代码文件；

③ 测试代码，并给出测试结果截图。

（2）编写 Python 代码，制作一个命令行程序，调用百度智能云"车型识别"接口，进行车型识别。

要求：

① 参照前面"通用物体和场景识别接口"使用方法，完成这些步骤：创建应用、领取免费资源、在线调试接口并查看示例代码，并给出各步骤的截图；

② 编写代码，调用接口，给出源代码文件；

③ 测试代码，并给出测试结果截图。

（3）编写 Python 代码，制作一个命令行程序，调用百度智能云"活体检测"接口，判断目标对象是否为活体真人。

要求：

① 参照前面"人脸对比接口"使用方法，完成这些步骤：创建应用、领取免费资源、在线调试接口并查看示例代码，并给出各步骤的截图；

② 编写代码，调用接口，给出源代码文件；

③ 测试代码，并给出测试结果截图。

模 块 六

大语言模型及其应用

（4）掌握 AI 绘图技巧

（5）掌握 AI 编程技巧

3. 素养目标

（1）培养持续学习、终身学习的习惯，不断跟进与学习人工智能、大语言模型等最新技术，并在实际工作中应用

（2）锻炼发现问题、分析问题、解决问题的能力

（3）弘扬求真务实、持之以恒、勇于创新、追求卓越的工匠精神

（4）提升利用技术为他人和社会创造真正有用价值的意识

任务一　初识大语言模型

【思维导图】

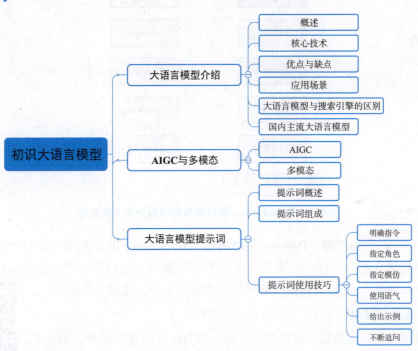

一、大语言模型介绍

（一）概述

大语言模型（Large Language Model，简称 LLM）是一种基于海量文本数据训练而成的深度学习模型，具有强大的自然语言理解和生成能力。可应用于智能客服、机器翻译、文本分类等领域，应用场景广泛，是人工智能领域的重大突破。

概述与核心技术

（二）核心技术

大语言模型核心技术主要包括以下几个方面：

（1）Transformer 模型：基于自注意力机制的深度学习模型，是目前自然语言处理领域最先进的模型之一，由多层编码器与解码器组成，具有强大的长文本序列处理能力。

（2）自注意力机制：通过计算文本中不同位置词语的依赖关系，为每个词语分配不同的注意力分值，使模型有选择性地关注文本的重要部分，从而更好地理解和生成自然语言。

（3）编码器与解码器：用于处理从输入序列到输出序列的转换，编码器负责把输入序列转换为中间表示，该表示包含输入序列的全局依赖关系，解码器负责把编码器输出的中间表示转换为输出序列。以文字翻译为例，阐述编码器与解码器协同工作过程，如图 6-1 所示。

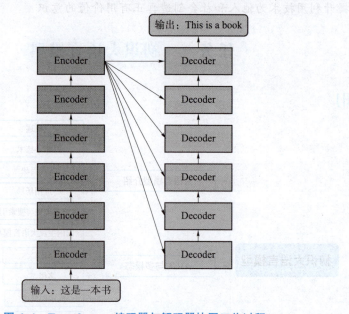

图 6-1　Transformer 编码器与解码器协同工作过程

其中 Encoder 为编码器，Decoder 为解码器，Transformer 由多个编码器与解码器堆叠而成。编码器把输入序列"这是一本书"转换为中间表示，解码器把中间表示转换为输出序列"This is a book"，通过编码器与解码器两者协同工作，完成文本翻译。

（三）优点与缺点

大语言模型是人工智能领域的重大突破，具有广泛的发展前景，但也充满挑战，以下是一些主要的优点与缺点：

优缺点

1. 主要优点

（1）强大的语言理解能力：可以理解文本的语义、情感、上下文，胜任各种与语言理解相关的任务，比如文本分类、情感分析、语义分析等。

（2）强大的语言生成能力：可以模拟人类写作风格，生成各种连贯流畅的文本，比如文本摘要、文案生成、内容创作、代码生成等。

（3）强大的自主学习能力：可以从大量数据中不断学习与训练，优化模型与算法，提高模型性能与准确性。

（4）强大的交互能力：可以与用户通过自然语言流畅交互，为用户提供个性化的服务与支持，可广泛应用于智能助手、智能客服、聊天机器人等人机交互领域。

（5）应用场景广泛：可以应用于多个领域，比如自然语言处理、机器翻译、内容生成、智能客服等。

2. 主要缺点

（1）计算资源消耗巨大：训练与运行大语言模型需要大量的计算资源，包括高性能计算机、大规模数据集等，使中小企业难以承担高昂的训练成本，限制了大语言模型大规模的推广普及。

（2）可解释性不足：大语言模型的内部工作机制与决策过程非常复杂，难以解释，增加了模型的不确定性与风险。

（3）数据依赖与偏见：大语言模型从大量文本数据中学习，但这些数据可能存在偏差或错误，从而影响生成结果的准确性和可信度。因此需加强数据的清洗，尽可能消除数据的偏差与错误。

（4）知识范围受限：大语言模型的知识来自大量文本数据的训练，其知识范围受限于训练数据，因此无法处理超出训练数据范围的知识，在某些情况下会生成不合理或荒谬的内容。

（5）隐私与安全问题：大语言模型存在被滥用的风险，比如生成虚假信息、泄露个人隐私、进行恶意攻击等，因此需采取严格的数据保护措施与隐私政策，防止模型被滥用。

（四）应用场景

大语言模型具有强大的语言理解和文字生成能力，应用场景非常广泛：

应用场景

（1）自然语言理解：提取文本语义信息，用于文本分类、情感分析、舆情分析等。

（2）文本生成：按照用户需求生成各种文本，包括文章、小说、诗歌、摘要、博客、新闻报道、调查问卷、广告文案、工作总结等。

（3）智能助手：与用户进行自然语言交互，帮助用户回答问题、提供信息、执行任务等，用于聊天机器人、语音助手、智能客服等。

（4）文本翻译：机器翻译，将一种语言转换成另一种语言，比如中英文翻译。

（5）代码编写：辅助程序员编写代码、解释代码、代码补充完整、调试排错代码。

（6）智能搜索引擎：与搜索引擎结合，提高搜索结果的准确性，帮助用户快速找到所需信息。

（7）教育学习：提供个性化教育，根据学生能力定制学习材料，提供差异化的学习方法。

（8）医疗保健：解答患者健康问题，自动提取病历信息，辅助医生诊断。

（9）金融分析：分析金融数据，预测市场风险与趋势，撰写金融新闻。

（10）游戏设计：生成游戏角色的对话与情节，增强游戏体验。

随着技术的不断发展，大语言模型的应用场景将不断扩大，并在更多领域发挥重要作用。

与搜索引擎的 与搜索引擎的
区别1 区别2

（五）大语言模型与搜索引擎的区别

大语言模型与搜索引擎的区别主要体现在以下几个方面：

1. 工作原理不同

（1）搜索引擎：基于信息检索技术，通过网络爬虫、索引器、排序算法等技术，根据用户输入的关键词检索信息。

（2）大语言模型：基于深度学习技术训练而成的语言模型，根据训练数据自动生成文本。

2. 功能不同

（1）搜索引擎：信息检索工具，通过爬取互联网数据，帮助用户查询所需信息。

（2）大语言模型：基于人工智能技术的自然语言处理工具，用于文本理解、文本生成、文本翻译、智能助手、代码编写等工作。

3. 使用方式不同

（1）搜索引擎：用户在搜索栏中输入关键词查找网页获取所需信息，且每次搜索都是独立的，即前后两次搜索互不相关。

（2）大语言模型：一问一答的方式，用户提问，大语言模型回答问题。在一个会话中可进行多次上下文关联的提问，即前一次提问可作为下一次提问的输入数据。

4. 信息实时性不同

（1）搜索引擎：实时爬取和更新网页信息，搜索结果较为实时。

（2）大语言模型：受模型训练的时间限制，生成的信息存在一定的延迟。

总之，大语言模型与搜索引擎是两种不同的技术，存在明显的区别，两者各有优势，在实际应用中需根据具体场景选择合适的工具，在未来这两种技术会不断发展与融合。

（六）国内主流大语言模型

目前国内外涌现了许多优秀的大语言模型，国内主流大语言模型如表6-1所示。

主流产品1　　主流产品2

表6-1　国内主流大语言模型

大语言模型	公司	官网
文心一言	百度	yiyan. baidu. com
通义千问	阿里	tongyi. aliyun. com
混元大模型	腾讯	hunyuan. tencent. com
星火认知大模型	科大讯飞	xinghuo. xfyun. cn
盘古大模型	华为	pangu. huaweicloud. com

二、AIGC与多模态

（一）AIGC

AIGC，即人工智能生成内容（Artificial Intelligence Generated Content），是指利用人工智能技术生成文本、图像、音频、视频等内容。大语言模型能生成文本、图像等内容，因此大语言模型是AIGC的具体应用。

UGC，即用户生成内容（User Generated Content），是指由用户创作的内容，包括文本、图像、音频、视频等，并通常发布在社交媒体、博客、论坛等平台。

AIGC 与 UGC 相比，存在的主要优势有以下 3 点。

（1）效率高：AIGC 利用人工智能技术可在短时间内生成大量内容，比 UGC 人工创作内容速度快很多，大大提高了内容生成的效率。

（2）质量稳定：AIGC 利用人工智能技术对内容进行质量控制，具有很高的稳定性，而 UGC 的内容质量参差不齐。

（3）成本低：AIGC 利用人工智能技术降低内容创作成本，而 UGC 需要投入大量人力、物力进行内容创作。

（二）多模态

模态：指信息的表现形式，例如文本、图像、音频、视频等。

多模态：指同时包含多种模态信息的数据，例如文本与图像、文本与音频、图像与视频等。多模态技术可融合不同来源的数据，使计算机能更好地理解与处理信息，从而提高人机交互的便捷性与智能化程度。大语言模型能生成与识别文本、图像等，因此大语言模型具有多模态特性。

三、大语言模型提示词

（一）提示词概述

提示词（Prompt）：指与大语言模型交互时提供的文字信息，是引导大语言模型工作的指令词汇。提示词通常包括任务指令、上下文信息、输入数据、输出指示等，以帮助大语言模型更好地理解任务并生成符合要求的输出。

提示词概念
与格式

提示词具体例子：

（1）请给出浙江省的省会城市。

（2）给宠物猫取名字，要求顺口，比如：喵喵，请给出 3 个可选名字。

（二）提示词组成

一个完整的提示词由 4 部分组成，如表 6-2 所示。

表 6-2　提示词组成

组成部分	必选/可选	说明
指令	必选	要求大语言模型执行的任务
上下文	可选	提供语境与背景信息，引导大语言模型给出更好的答案
输入数据	可选	向大语言模型提供需要处理的数据
输出指示	可选	指定大语言模型输出答案的格式或具体要求

上述 4 部分只有指令是必选的，其他部分是可选的，即一个提示词不一定要包含上述所有 4 部分，可根据实际场景灵活组合应用。

下面给出 3 个提示词示例，对其进行拆解，分析提示词的组成。

（1）提示词示例 1：请给出浙江省的省会城市。

拆解：

指令：请给出浙江省的省会城市

上下文：无

输入数据：无

输出指示：无

分析：这个提示词比较简单，只有指令，无上下文、输入数据与输出指示。

（2）提示词示例2：给宠物猫取名字，要求顺口，比如：喵喵，请给出3个可选名字。

拆解：

指令：给宠物猫取名字，要求顺口

上下文：无

输入数据：比如：喵喵

输出指示：请给出3个可选名字

（3）提示词示例3：我想去杭州游玩，请你以导游的身份给我制定一份旅游攻略。我游玩的时间是3天，预算在5 000元左右，请给出每个景点的大致价格。

拆解：

指令：请你以导游的身份给我制定一份旅游攻略

上下文：我想去杭州游玩

输入数据：我游玩的时间是3天，预算在5 000元左右

输出指示：请给出每个景点的大致价格

分析：这个提示词比较复杂，包括指令、上下文、输入数据、输出指示。

（三）提示词使用技巧

提示词在大语言模型的应用中发挥着重要作用，高质量的提示词能引导大语言模型生成高质量的答案，从而提高工作效率，因此掌握提示词的使用技巧非常重要。

下面列举几个常用的提示词使用技巧。

1. 明确指令

指令越明确、越具体，大语言模型回答的质量就越高。

下面以大语言模型写文章为例，说明提示词从不明确到明确的逐步完善过程。

提示词使用
技巧1—明确指令

1）写一篇文章

2）写一篇人工智能的文章

3）写一篇人工智能与医疗领域的文章

4）写一篇人工智能与医疗领域中的关于医疗图像分析的文章

5）写一篇人工智能与医疗领域中的关于心脏医疗图像分析的文章

6）写一篇人工智能与医疗领域中的关于心脏医疗图像分析的英文文章

7）写一篇人工智能与医疗领域中的关于心脏医疗图像分析的英文文章，3 000字

第1个提示词"写一篇文章"：没有给出文章的主题，大语言模型就会随机挑选一个主题写文章，显然这样的文章不符合用户要求。以国内百度文心一言大语言模型为例演示，以"写一篇文章"为提示词，生成的文章如图6-2所示。

第2个提示词"写一篇人工智能的文章"：虽然给出了文章的主题，但人工智能这个主题非常宽泛、不够聚焦，需进一步缩小文章主题。

写一篇文章

标题: 科技的力量: 塑造我们的未来

在我们生活的这个世界里, 科技的力量无处不在, 它无声无息地渗透到我们生活的每一个角落, 改变着我们的生活方式, 塑造着我们的未来。科技, 就像一位神奇的魔法师, 用它的智慧和力量, 为我们的生活带来无尽的便利和惊喜。

从远古的石器时代, 到现代的信息化社会, 科技的发展一直在推动着人类社会的进步。从蒸汽机的发明, 到电力的普及, 再到互联网的崛起, 每一次科技革命都带来了社会生产力的巨大飞跃, 也改变了人们的生活方式。

如今, 我们正处在一个信息爆炸的时代, 科技的力量更是无处不在。智能手机、人工智能、云计算、大数据、物联网等新一代信息技术正在快速发展, 它们正在改变着我们的生活方式, 让我们的生活变得更加便捷、高效。

科技的力量不仅改变了我们的生活方式, 也在推动着社会的发展。在医疗领域, 科技的力量让我们能够更好地预防和治疗疾病, 延长寿命, 提高生活质量。在交通领域, 科技的力量让我们能够更快速、更安全地到达目的地。在教育领域, 科技的力量让我们能够享受到更优质的教育资源, 实现教育的公平和普及。

图 6-2　百度文心一言以"写一篇文章"为提示词生成的文章

第 3 个提示词"写一篇人工智能与<u>医疗领域</u>的文章": 指定文章主题是医疗领域, 与前面两个提示词相比主题更加明确, 但这个主题还是过于宽泛, 需进一步聚焦。

第 4 个提示词"写一篇人工智能与医疗领域中的<u>关于医疗图像分析</u>的文章": 主题进一步聚焦到医疗领域中的医疗图像分析。

第 5 个提示词"写一篇人工智能与医疗领域中的关于<u>心脏</u>医疗图像分析的文章": 主题进一步聚焦到医疗领域中的心脏医疗图像分析, 与前面的提示词相比这个主题更加明确。

第 6 个提示词"写一篇人工智能与医疗领域中的关于心脏医疗图像分析的<u>英文</u>文章": 明确要求大语言模型写英文文章, 如果没有指定英文则大语言模型就会写中文文章。

第 7 个提示词"写一篇人工智能与医疗领域中的关于心脏医疗图像分析的英文文章, <u>3 000 字</u>": 明确要求文章字数是 3 000 字, 大语言模型就会写 3 000 字左右的文章。

显而易见, 最后一个提示词最具体、最明确, 大语言模型就能充分地理解用户意图, 生成最符合用户要求的文章。

2. 指定角色

提示词指定角色, 大语言模型就会以该角色的身份回答问题, 答案就更具针对性。

下面列举几个提示词指定角色的例子。

1) 你是<u>小学一年级老师</u>, 请解释天空为什么是蓝色的

提示词使用技巧 2—指定角色

提示词指定小学一年级老师角色, 要求大语言模型以小学一年级老师身份向小学生解释天空为什么是蓝色的。

为体现指定角色的作用, 先演示提示词没有指定角色的情况(请解释天空为什么是蓝色的), 百度文心一言的回答如图 6-3 所示。

显而易见, 当没有指定角色时, 大语言模型生成的回答比较专业, 不适合小学生阅读和理解。

接着演示提示词指定角色的情况(你是小学一年级老师, 请解释天空为什么是蓝色的), 百度文心一言的回答如图 6-4 所示。

这个回答比较简短, 且有"嗨, 小朋友!"这样的语句, 像小学老师在给小学生回答问

请解释天空为什么是蓝色的

天空之所以呈现蓝色，主要是因为大气中的气体分子会对太阳光进行散射。当太阳光进入大气层时，会与气体分子发生相互作用，导致光线发生弯曲和散射。在散射过程中，波长较短的蓝色光更容易被散射，而波长较长的红色光则相对不易被散射。因此，当太阳光经过大气层时，蓝色光在散射过程中更为明显，使得天空呈现出蓝色。

此外，大气中的冰晶、水滴等微粒也会对阳光进行散射，进一步增强了天空的蓝色。这些微粒的存在使得阳光中的蓝色光更容易被散射，布满了整个天空，从而呈现出美丽的蔚蓝色。

需要注意的是，天空的颜色并不是纯粹的蓝色，而是随着时间和天气条件的变化而有所不同。在日出和日落时，由于太阳光经过大气层的路径更长，更多的光线被散射和吸收，因此天空会呈现出橙红色或紫红色。而在阴雨天气中，云层较厚，太阳光更多地受到反射，所以天空颜色更灰暗。

总之，天空的蓝色是由大气中的气体分子和微粒对阳光的散射作用所造成的。这种散射作用使得波长较短的蓝色光更容易被散射，从而呈现出美丽的蔚蓝色。

图 6-3　天空为什么是蓝色（未指定角色）

你是小学一年级老师，请解释天空为什么是蓝色的

嗨，小朋友！天空之所以是蓝色的，是因为太阳的光线穿过大气层时，会与空气里的小颗粒碰撞。这些碰撞让光线分散成了不同的颜色。其中，蓝色光线的波长比较短，容易被这些小颗粒散射开来，所以我们看到的天空就是蓝色的啦！就像你用水晶球或玻璃杯装水时，光线会在杯壁上反射，让杯子看起来亮亮的，这就是光线散射的一个简单例子哦！

图 6-4　天空为什么是蓝色（指定角色）

题，回答的内容更适合小学生理解。由此可见在提示词中指定角色，大语言模型能给出符合指定角色身份的回答。

2）请你以导游的身份，提供一份杭州旅游攻略

提示词指定导游角色，大语言模型就会提供更加详实的旅游攻略。可以通过未指定角色、指定角色两种情况进行比较验证，由于篇幅受限不再展开演示。

3）你是专业的健身教练，为我制订一份健身计划

提示词指定健身教练角色，大语言模型就会制订更加专业可行的健身计划。

3. 指定模仿

指定模仿某个产品、某个人物，大语言模型就能活灵活现地模仿指定的产品与人物。

1）模仿淘宝，写一篇介绍手机商品的文章

先演示提示词没有指定模仿的情况（写一篇介绍手机商品的文章），百度文心一言的回答如图 6-5 所示。

提示词使用
技巧 3—指定模仿

接着演示提示词指定模仿的情况（模仿淘宝，写一篇介绍手机商品的文章），百度文心一言的回答如图 6-6 所示。

由此可见，提示词指定模仿淘宝撰写的文章包含更多的商业信息，比如"爆款来袭""价格实惠"等，更像淘宝的商品介绍。

下面继续列举几个提示词指定模仿的例子，由于篇幅受限不再展开演示。

2）以知乎的风格，介绍一下大语言模型

3）模仿李白的《望庐山瀑布》，写一首赞美杭州美景的诗

超越时代的掌中宝：探索现代手机的多重魅力

随着科技的飞速发展，手机已经从简单的通讯工具演变成集通信、娱乐、工作、学习等多功能于一体的综合性设备。现代手机以其独特的魅力，深深地影响着我们的生活方式和思维模式。

一、设计与工艺：精致与力量的完美结合

现代手机的设计越来越注重细节和用户体验。从外观上看，流线型的曲线、精致的材质和色彩搭配，都展现出设计师们的匠心独运。同时，手机内部的硬件配置也在不断提升，强大的处理器、高清的屏幕、持久的电池寿命，都使得手机能够应对各种复杂的使用场景。

二、功能与应用：无限可能尽在掌中

现代手机的功能已经远远超出了我们的想象。除了基础的通话和短信功能，手机还可以拍照、录像、听音乐、看电影、玩游戏等。此外，随着移动互联网的发展，手机应用也成为手机功能的重要扩展。无论是购物、社交、支付、出行，还是工作、学习、健康管理，手机应用都能为我们提供便捷的服务。

三、智能与互联：构建数字生活的新生态

现代手机的另一个重要特征是智能化和互联化。通过人工智能、大数据、云计算等先进技术的应用，手机已经能够理解和预测用户的需求，为用户提供更加个性化的服务。同时，手机与其他设备的互联互通，也使得我们的生活更加便捷和高效。

图6-5 写一篇介绍手机商品的文章（未指定模仿）

模仿淘宝，写一篇介绍手机商品的文章

【爆款来袭】超级性价比！这款手机你值得拥有！

亲爱的朋友们，今天我要向大家推荐一款性价比超高的手机，它集时尚设计、强大性能、实用功能于一身，绝对是你值得拥有的好物！

一、外观设计：时尚大气，引领潮流

这款手机采用了流行的全面屏设计，极窄的边框和超高屏占比，让你在观看视频或玩游戏时拥有更加沉浸式的体验。机身采用优质材料打造，手感舒适，耐磨抗刮，让你在使用过程中始终保持良好的手感。

二、性能配置：强大实力，畅快体验

这款手机搭载了高性能的处理器，无论是日常应用还是大型游戏，都能轻松应对，让你享受畅快的使用体验。同时，大容量电池和快速充电技术，让你不再为电量担忧，随时随地都能保持满电状态。

三、功能丰富：实用便捷，满足你的所有需求

这款手机拥有丰富的功能，包括高清摄像、人脸识别、指纹解锁等，满足你的各种需求。此外，还支持多种应用扩展，无论是购物、社交、支付还是工作学习，都能轻松应对。

四、价格实惠：性价比超高，让你轻松入手

最重要的是，这款手机的价格非常实惠，性价比超高，让你轻松入手，无须为高昂的价格而犹豫。而且，我们还提供多种优惠活动，让你在购买时更加划算。

图6-6 写一篇介绍手机商品的文章（指定模仿）

4）模仿鲁迅，评论一下……事件

4. 使用语气

让大语言模型按指定的语气、口吻回答问题，以适应不同场合的需要。

提示词使用
技巧4—使用语气

1）以轻松欢快的口吻，解释太阳从东边升起的现象

先演示提示词没有使用语气的情况（解释太阳从东边升起的现象），百度文心一言的回答如图 6-7 所示。

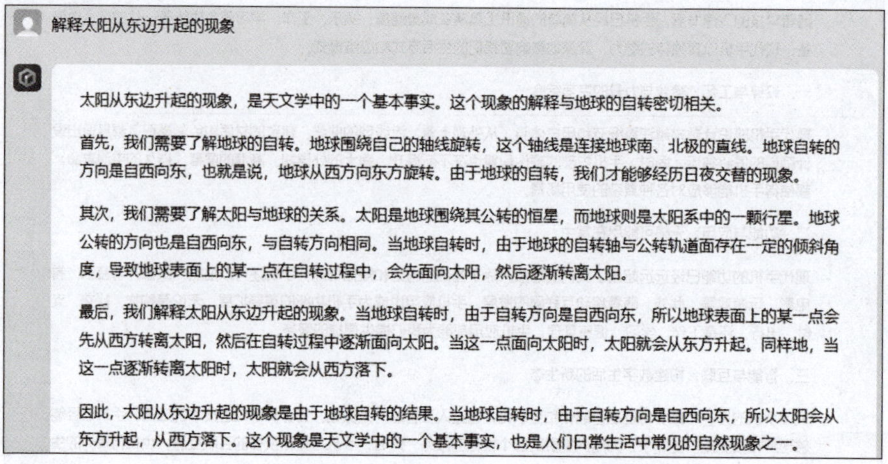
解释太阳从东边升起的现象

太阳从东边升起的现象，是天文学中的一个基本事实。这个现象的解释与地球的自转密切相关。

首先，我们需要了解地球的自转。地球围绕自己的轴线旋转，这个轴线是连接地球南、北极的直线。地球自转的方向是自西向东，也就是说，地球从西方向东方旋转。由于地球的自转，我们才能够经历日夜交替的现象。

其次，我们需要了解太阳与地球的关系。太阳是地球围绕其公转的恒星，而地球则是太阳系中的一颗行星。地球公转的方向也是自西向东，与自转方向相同。当地球自转时，由于地球的自转轴与公转轨道面存在一定的倾斜角度，导致地球表面上的某一点在自转过程中，会先面向太阳，然后逐渐转离太阳。

最后，我们解释太阳从东边升起的现象。当地球自转时，由于自转方向是自西向东，所以地球表面上的某一点会先从西方转离太阳，然后在自转过程中逐渐面向太阳。当这一点面向太阳时，太阳就会从东方升起。同样地，当这一点逐渐转离太阳时，太阳就会从西方落下。

因此，太阳从东边升起的现象是由于地球自转的结果。当地球自转时，由于自转方向是自西向东，所以太阳会从东方升起，从西方落下。这个现象是天文学中的一个基本事实，也是人们日常生活中常见的自然现象之一。

图 6-7　解释太阳从东边升起的现象（未使用语气）

接着演示提示词使用语气的情况（以轻松欢快的口吻，解释太阳从东边升起的现象），百度文心一言的回答如图 6-8 所示。

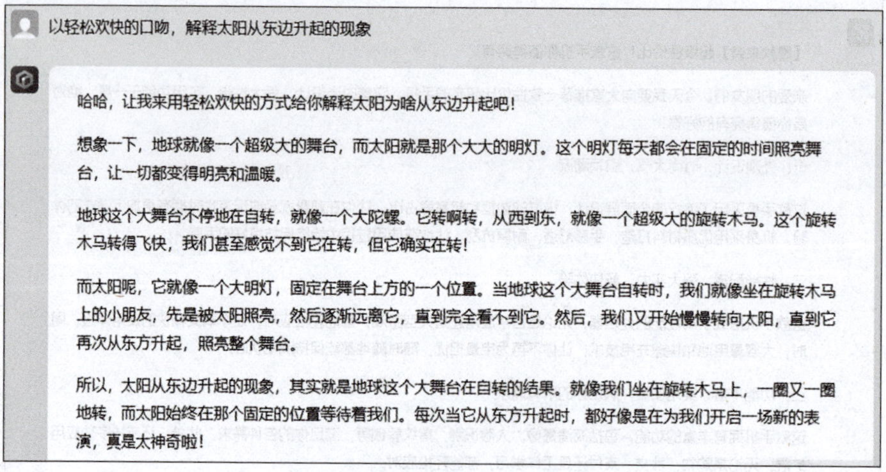
以轻松欢快的口吻，解释太阳从东边升起的现象

哈哈，让我来用轻松欢快的方式给你解释太阳为啥从东边升起吧！

想象一下，地球就像一个超级大的舞台，而太阳就是那个大大的明灯。这个明灯每天都会在固定的时间照亮舞台，让一切都变得明亮和温暖。

地球这个大舞台不停地在自转，就像一个大陀螺。它转啊转，从西到东，就像一个超级大的旋转木马。这个旋转木马转得飞快，我们甚至感觉不到它在转，但它确实在转！

而太阳呢，它就像一个大明灯，固定在舞台上方的一个位置。当地球这个大舞台自转时，我们就像坐在旋转木马上的小朋友，先是被太阳照亮，然后逐渐远离它，直到完全看不到它。然后，我们又开始慢慢转向太阳，直到它再次从东方升起，照亮整个舞台。

所以，太阳从东边升起的现象，其实就是地球这个大舞台在自转的结果。就像我们坐在旋转木马上，一圈又一圈地转，而太阳始终在那个固定的位置等待着我们。每次当它从东方升起时，都好像是在为我们开启一场新的表演，真是太神奇啦！

图 6-8　解释太阳从东边升起的现象（使用语气）

由此可见，提示词使用轻松欢快的语气给出的回答包含“哈哈”“真是太神奇啦”等，显得比较活泼欢快。

下面继续列举几个提示词使用语气的例子，由于篇幅受限不再展开演示。

2）以幽默诙谐的语气，介绍大语言模型

3）以正式严谨的语气，写一篇人工智能与医疗健康相关的文章

4）以强调说服的口吻，写一篇戒烟的文章

5）以礼貌客套的口吻，写一封感谢信

5. 给出示例

给出具体示例，使大语言模型可以参考示例，更准确地理解用户需求，从而提供更好的答案。

提示词使用
技巧 5—给出示例

1）写一篇赞美西湖美景的文章，参照下面这个例子："山不在高，有仙则名。水不在深，有龙则灵。斯是陋室，惟吾德馨。苔痕上阶绿，草色入帘青。谈笑有鸿儒，往来无白丁。可以调素琴，阅金经。无丝竹之乱耳，无案牍之劳形。南阳诸葛庐，西蜀子云亭。孔子云：何陋之有？"

先演示提示词没有给出示例的情况（写一篇赞美西湖美景的文章），百度文心一言的回答如图 6-9 所示。

> 写一篇赞美西湖美景的文章
>
> **西湖赞歌：人间仙境的诗意画卷**
>
> 在中华大地的东南一隅，镶嵌着一颗璀璨的明珠——西湖。它以其独特的自然风光和深厚的文化底蕴，吸引着无数文人墨客为之倾倒，成为中华大地上的一颗璀璨明珠。
>
> 西湖的美，首先在于其独特的湖光山色。湖面波光粼粼，宛如一面巨大的明镜，映照着蓝天白云和岸边的绿树红花。山峦起伏，层峦叠翠，与湖水相映成趣，构成了一幅绝美的山水画卷。每当微风拂过，湖面泛起层层涟漪，仿佛在诉说着千年的故事。
>
> 西湖的美，还在于其四季变换中的韵味。春天，湖畔的垂柳吐露新绿，桃花盛开，莺歌燕舞，生机勃勃。夏日里，荷花争奇斗艳，碧水蓝天，蝉鸣声声入耳，令人心旷神怡。秋天，枫叶如火，湖面波光粼粼，仿佛一幅动人的油画。而到了冬天，雪花纷飞，银装素裹，西湖宛如一位洁白的仙子，静谧而神秘。

图 6-9　写一篇赞美西湖美景的文章（未给出示例）

接着演示提示词给出示例的情况（写一篇赞美西湖美景的文章，参照下面这个例子："山不在高，有仙则名。水不在深，有龙则灵。斯是陋室，惟吾德馨。苔痕上阶绿，草色入帘青。谈笑有鸿儒，往来无白丁。可以调素琴，阅金经。无丝竹之乱耳，无案牍之劳形。南阳诸葛庐，西蜀子云亭。孔子云：何陋之有？"），百度文心一言的回答如图 6-10 所示。

> 写一篇赞美西湖美景的文章，参照下面这个例子："山不在高，有仙则名。水不在深，有龙则灵。斯是陋室，惟吾德馨。苔痕上阶绿，草色入帘青。谈笑有鸿儒，往来无白丁。可以调素琴，阅金经。无丝竹之乱耳，无案牍之劳形。南阳诸葛庐，西蜀子云亭。孔子云：何陋之有？"
>
> **西湖赞歌**
>
> 山，未必以高为尊，若有仙迹，便名扬四海。水，未必以深为贵，若有龙游，则灵动万分。此是西湖，虽无高山之峻拔，亦无深渊之莫测，却以其独有的风韵，赢得了世人的赞誉。
>
> 湖面铺展，宛如明镜，却不乏动态之美。微风掠过，水波不兴，恰似仙女的裙摆轻轻摆动。山峦环抱，苍翠欲滴，与湖水相映生辉，共同演绎着大自然的和谐乐章。
>
> 西湖之畔，无丝竹之乱耳，却有鸟鸣虫唱，宛如天籁之音。往来游人，或闲庭信步，或驻足欣赏，皆被此间美景所折服。可以乘船游湖，感受水天一色的壮美；可以漫步岸边，领略山光水色的宁静。
>
> 湖畔古木参天，绿意盎然。每当春日来临，桃花盛开，犹如仙境般的美景。夏日里，荷花争艳，芬芳四溢，为西湖增添了几分婀娜多姿。秋日，枫叶如火，层林尽染，与湖水相映成趣。而到了冬季，银装素裹，湖水如镜，更显出西湖的宁静与庄重。

图 6-10　写一篇赞美西湖美景的文章（给出示例）

由此可见，提示词给出具体示例，大语言模型就会按照示例数据的格式写文章。

下面继续列举几个提示词给出具体示例的例子，由于篇幅受限不再展开演示。

提示词使用
技巧6——不断追问

2）给宠物猫取名字，比如：喵喵，请给出 3 个可选名字
3）请列出世界主要国家的人口数据，例如：中国 亚洲 14 亿

6. 不断追问

利用大语言模型上下文关联特点，在一个会话中可以做多次提问、不断追问细节，以获取更多更完整的答案。

1）继续回答……继续……

先输入提示词"如何有效锻炼身体"，百度文心一言的回答如图 6-11 所示。

图 6-11　如何有效锻炼身体

接着继续追问，输入提示词"继续"，文心一言的回答如图 6-12 所示。

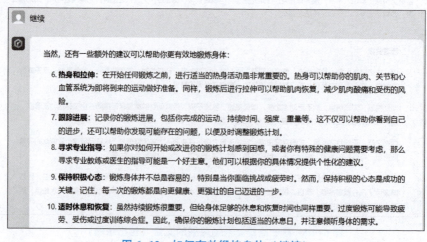

图 6-12　如何有效锻炼身体（继续）

由此可见，在同一个会话中大语言模型能记住前面问的问题，输入"继续"后，大语言模型列出了其他有效锻炼身体的方法。可多次输入"继续"进行不断追问，得到更多更完整的回答。

下面列举几个提示词不断追问的例子，由于篇幅受限不再展开演示。

2）请给出其他更多的答案

3）把上面第 2 点做进一步的深入说明

4）可以再具体一点吗？

5）除了价格高之外，还有其他缺点吗？

【知识拓展】

人工智能按级别分为弱人工智能与强人工智能。

弱人工智能：亦称专用人工智能，是指专门用于完成特定任务的人工智能系统。这类系统只能执行特定任务，并在这些任务上表现出极高的准确性与效率。但是弱人工智能不具备像人类一样的通用智能，缺乏对其他领域的适应能力和学习能力。比如 AlphaGo 擅长下围棋却不能驾驶汽车，是典型的弱人工智能。与此类似，目前广泛应用的图像识别、人脸识别、语音识别、自然语言处理、自动驾驶等各类人工智能系统全部是弱人工智能。

强人工智能：亦称通用人工智能（AGI，Artificial General Intelligence），是指能全面模拟甚至超越人类智能的系统，可执行任何领域的智力任务，能像人类一样进行感知、理解、推理、学习、决策，具有自我意识、情感、创造力。强人工智能是人工智能发展的终极愿景与挑战，实现难度堪称空前绝后，目前尚处于发展的初期阶段。

大语言模型可以作为强人工智能在自然语言处理方面的重要基础和支撑，利用大语言模型，强人工智能可以更好地理解和生成人类语言，实现与人类的自然交互。

【模块自测】

（1）大语言模型有哪些核心技术？

（2）大语言模型有哪些优缺点？

（3）大语言模型有哪些常见的应用场景？

（4）国内有哪些主流大语言模型？

（5）大语言模型目前能否替代搜索引擎，为什么？

（6）大语言模型提示词由哪几部分组成？

（7）大语言模型提示词有哪些常用的使用技巧？

（8）什么是多模态？

（9）解释 AIGC 与 UGC。

（10）AIGC 与 UGC 相比有哪些优势？

任务二 实战大语言模型

【思维导图】

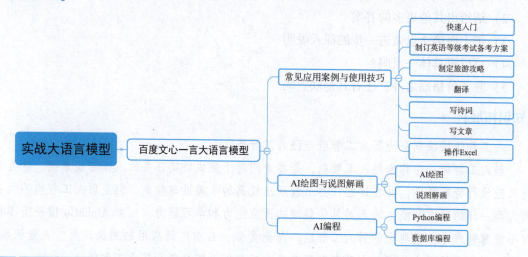

一、百度文心一言大语言模型

本任务以国内百度文心一言大语言模型为例，介绍大语言模型的具体应用案例。其他大语言模型使用方式与百度文心一言大同小异，掌握了文心一言的使用技巧，其他大语言模型也能快速上手。

（一）常见应用案例与使用技巧

1. 快速入门

1）注册百度账号

注册账号网址为 https://passport.baidu.com/v2/? reg，注册界面如图 6-13 所示。

百度文心一言
实训—快速入门

图 6-13 百度账号注册界面

2）登录百度文心一言

文心一言首页网址为 https：//yiyan. baidu. com，登录界面如图 6-14 所示。

图 6-14 百度文心一言登录界面

3）使用问答

登录成功后进入文心一言主界面，在问题文本框中输入问题，比如"浙江省省会是哪个城市"，然后单击"发送"按钮或按回车键进行提问，如图 6-15 所示。

图 6-15 文心一言提问界面

等待片刻，得到文心一言的回答。若对回答不满意，可单击"重新生成"按钮让其重新回答，如图 6-16 所示。

对同一个问题，重新生成的回答与前一次回答尽管主要意思一致，但会有一定的差异，这是因为大语言模型生成的答案存在一定的随机性，如图 6-17 所示。

继续提问"该城市是一线城市还是二线城市"，虽然在当前问题中没有明确指定该城市是哪个城市，但文心一言会利用前后上下文信息推断出"该城市"就是上面提到的杭州市。

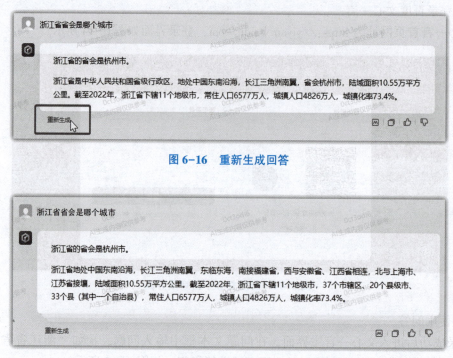

图 6-16　重新生成回答

图 6-17　同一个问题的两次回答存在一定的差异

即在一个对话中可以提多个问题，文心一言会记住上下文关联信息，如图 6-18 所示。

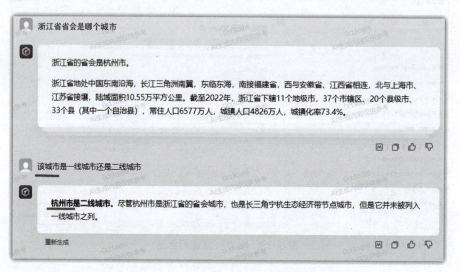

图 6-18　一个对话的上下文关联信息

若想开启一个全新的对话（使前后两次对话不关联），单击左上角"新建对话"按钮，如图 6-19 所示。

4）管理历史对话

每次对话内容会被自动保存，页面左边列表显示全部的历史对话，如图 6-20 所示。

单击某个历史对话，可以查看历史对话的具体内容，如图 6-21 所示。

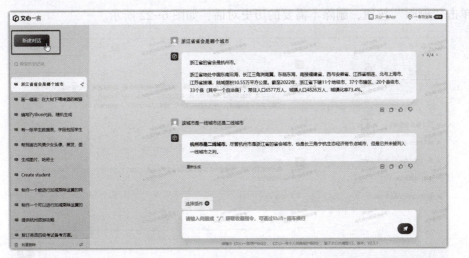

图6-19 新建对话

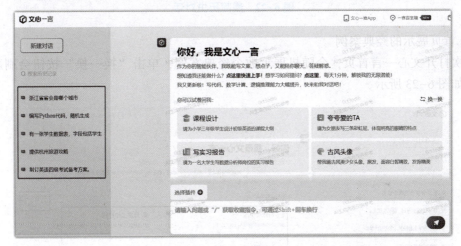

图6-20 历史对话

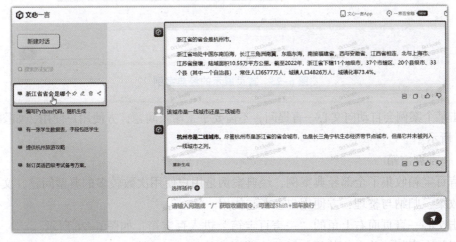

图6-21 查看历史对话

单击"删除"按钮，删除不需要的历史对话，如图 6-22 所示。

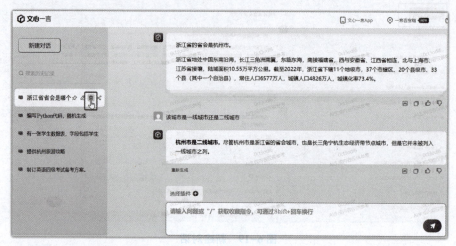

图 6-22　删除历史对话

5）首页展示的经典案例

每次打开文心一言首页，会随机展示数个经典案例，单击"换一换"按钮会刷新经典案例，如图 6-23 所示。

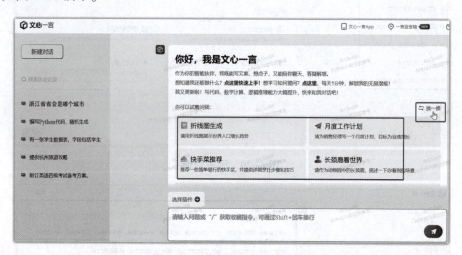

图 6-23　首页展示的经典案例

单击某个案例会自动向文心一言提问，不需要手工输入问题，方便用户使用，如图 6-24、图 6-25 所示。

6）一言百宝箱

一言百宝箱收集了全部经典案例，经典案例是用户使用次数较多的典型问题，文心一言进行了收集、归纳与整理，方便用户参考与使用。

单击文心一言页面右上角的"一言百宝箱"进入百宝箱，如图 6-26 所示。

选择某个案例，单击"使用"按钮会自动向文心一言提问，不需要手工输入问题，方便用户使用，如图 6-27 所示。

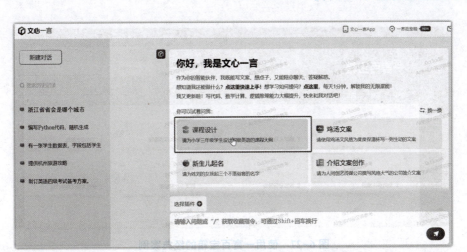

图 6-24 单击首页展示的经典案例

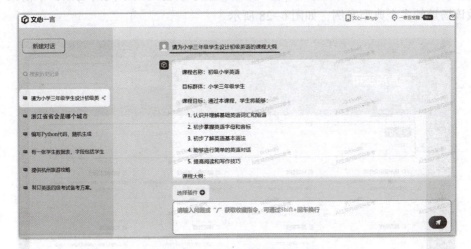

图 6-25 首页经典案例的回答

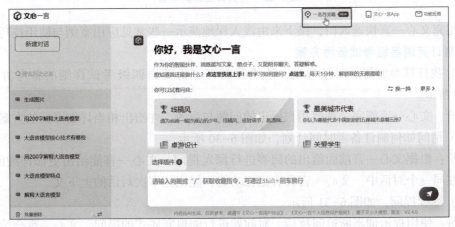

图 6-26 打开一言百宝箱

图6-27　使用一言百宝箱的经典案例

一言百宝箱上部是一级菜单，单击"场景"菜单项会列出不同的场景，单击某个场景会加载该场景的多个典型案例，如图6-28所示。

图6-28　一言百宝箱的场景

介绍完文心一言快速入门，接下来由浅入深地演示一些常见应用案例与使用技巧。

2. 制订英语等级考试备考方案

（1）我打算参加英语四级考试，请给我制订一份英语四级考试详细的备考方案，如图6-29所示。

评价：文心一言能完全理解用户提出的问题与意图，并给出相当详细可行的方案。

（2）请问如何制订备考时间计划，如图6-30所示。

评价：根据文心一言前面给出的回答进行深入提问，文心一言能给出更加详细的回答。验证了在同一个对话中，文心一言具有记忆功能，能记住本次对话的上下文。

（3）继续提问，如图6-31所示。

评价：使用提示词不断追问技巧，对问题进行刨根究底式的提问，文心一言会给出更多信息。

我打算参加英语四级考试，请给我制定一份英语四级考试详细的备考方案

了解英语四级考试内容和题型

首先，你需要充分了解英语四级考试的题型和内容。英语四级考试主要包括四个部分：听力、阅读理解、完形填空和写作。在备考过程中，你需要对每个部分进行有针对性的复习和练习。

制订备考时间计划

制订一份详细的备考时间计划，包括每天的学习时间和具体的学习内容。在安排时间时，要充分考虑自己的学习能力和时间安排，确保有足够的时间进行每个部分的复习和练习。

选择适合自己的学习资料

选择适合自己的学习资料对于备考英语四级非常重要。你可以选择一些英语四级考试的真题和模拟题进行练习，同时还可以选择一些英语阅读、听力等相关的书籍进行辅助学习。

进行模拟考试

在备考过程中，进行模拟考试非常重要。这可以帮助你了解自己的应试能力和考试水平，发现自己的不足之处，及时调整复习策略。

注意复习方法

在复习过程中，要注意归纳总结，将知识点及时归类成体系。同时还要注意变通，不断探索适合自己的备考方法。例如，可以尝试一些新的听力练习方法，或者寻找一些新的阅读材料来提高自己的阅读理解能力。

保持积极心态

保持积极心态对于备考英语四级同样非常重要。在备考过程中，要时刻保持乐观、自信的心态，遇到困难时不要轻易放弃，要积极寻求解决办法，不断调整自己的复习策略。

总之，备考英语四级需要制订详细的备考计划，选择适合自己的学习资料，进行模拟考试，注意复习方法，保持积极心态。按照这些建议进行备考，相信你会在英语四级考试中取得好成绩。

图 6-29 制订英语等级考试备考方案

请问如何制订备考时间计划

制订备考时间计划是备考英语四级的重要一环。以下是一些制订备考时间计划的建议：

1. 确定备考目标：在制订时间计划之前，首先要明确备考目标。例如，你想要在多长时间内提高英语水平，或者说你要在多长时间内通过英语四级考试。

2. 分析自己的时间：分析自己每天能够投入的时间，考虑是否有其他事情会占用时间，如课程、工作等。

3. 制订计划：根据分析的时间情况，制订一份详细的备考时间计划。可以按天、周、月等不同时间单位来制订计划。

4. 安排学习内容：在时间计划中，要明确每天需要学习的内容，包括听力、阅读、完形填空、写作等方面的练习。

5. 安排复习时间：在时间计划中，要安排足够的复习时间，对已经学习过的知识点进行巩固和复习。

6. 留出足够的时间进行模拟考试：在时间计划中，要留出足够的时间进行模拟考试，了解自己的应试能力和考试水平。

7. 定期评估和调整：定期评估备考进度和时间计划的执行情况，及时发现问题并进行调整，以确保备考顺利进行。

总之，制订备考时间计划需要充分了解自己的时间和备考目标，明确每天需要学习的内容，安排足够的复习和模拟考试时间，并定期评估和调整计划。

图 6-30 制订备考时间计划

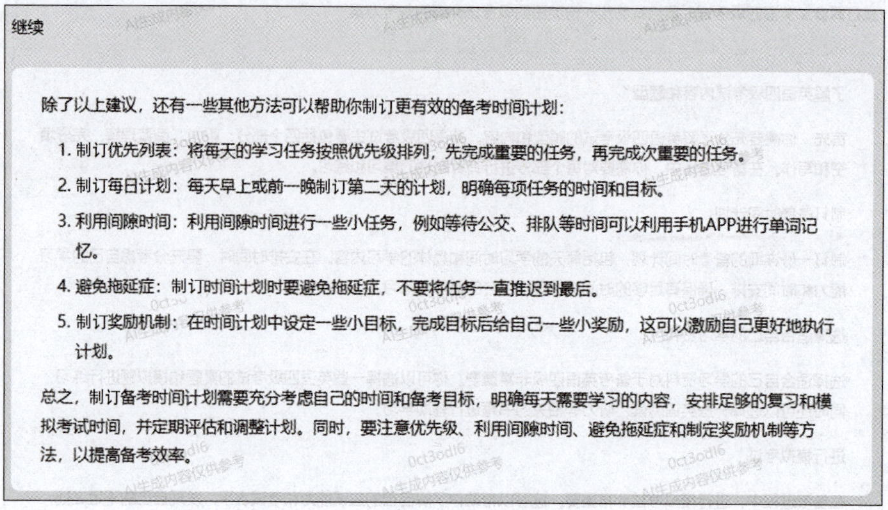
继续

除了以上建议，还有一些其他方法可以帮助你制订更有效的备考时间计划：

1. 制订优先列表：将每天的学习任务按照优先级排列，先完成重要的任务，再完成次重要的任务。
2. 制订每日计划：每天早上或前一晚制订第二天的计划，明确每项任务的时间和目标。
3. 利用间隙时间：利用间隙时间进行一些小任务，例如等待公交、排队等时间可以利用手机APP进行单词记忆。
4. 避免拖延症：制订时间计划时要避免拖延症，不要将任务一直推迟到最后。
5. 制订奖励机制：在时间计划中设定一些小目标，完成目标后给自己一些小奖励，这可以激励自己更好地执行计划。

总之，制订备考时间计划需要充分考虑自己的时间和备考目标，明确每天需要学习的内容，安排足够的复习和模拟考试时间，并定期评估和调整计划。同时，要注意优先级、利用间隙时间、避免拖延症和制定奖励机制等方法，以提高备考效率。

图 6-31　制订备考时间计划（继续追问）

3. 制定旅游攻略

（1）我想去杭州游玩，请给我提供一份旅游攻略，如图 6-32 所示。

评价：给出了一份相当可行完备的旅游攻略，包含了行前准备、交通、住宿、杭州著名景点、美食、购物等内容。

（2）我想去杭州游玩，请你以导游的身份，给我提供一份旅游攻略，如图 6-33 所示。

评价：使用提示词指定角色技巧，指定导游角色，文心一言提供了更加翔实的时程安排，起到类似导游的作用。

（3）我想去杭州游玩，请你以导游的身份，给我提供一份旅游攻略。我游玩的时间是 3 天，预算在 5 000 元左右，并且给出每个景点或活动的大致价格，如图 6-34 所示。

评价：使用提示词明确指令技巧，规定旅游时间与预算，文心一言就按照这个时间与预算提供可行方案。

（4）请把上面的旅游攻略以表格的形式罗列，如图 6-35 所示。

评价：指定输出结果为表格，文心一言以表格形式罗列旅游攻略，使结果一目了然。

4. 翻译

1）中译英

你是专业的翻译家，请把下面这几段文字翻译成英文：

大语言模型是一种基于深度学习技术的人工智能模型，它通过学习大量的语料库，掌握语言的语法、语义和上下文信息，从而能够生成和理解自然语言文本。

大语言模型在很多领域都有着广泛的应用，例如智能客服、智能问答、机器翻译、文本生成，等等。由于大语言模型具有高效的语言处理能力，可以处理大量的文本数据，并能够自主学习语言规则，因此在人工智能领域中占据着重要的地位。

虽然大语言模型已经取得了很多进展，但是它们仍然存在一些限制和挑战，例如对于语言的认知能力不足、存在语言偏见等问题，因此需要不断地进行改进和优化。

中译英如图 6-36 所示。

我想去杭州游玩，请给我提供一份旅游攻略

杭州旅游攻略

一、行前准备

根据杭州的气候特点，建议你在出行前准备以下物品：

1. 雨具：杭州的天气多变，雨具是必备的。

2. 舒适的鞋子：杭州的景点较多，需要走的路也多，所以一双舒适的鞋子非常重要。

3. 防晒用品：如果计划在户外活动，防晒霜、太阳帽等防晒用品是必要的。

4. 防蚊虫叮咬用品：夏秋季节，杭州的蚊虫较多，准备些防蚊虫叮咬的物品很有必要。

二、交通

杭州的交通非常便利，可以选择飞机、火车、汽车等方式前往。如果选择飞机，建议选择杭州萧山国际机场。如果选择火车，杭州站和杭州东站都是主要的火车站。如果选择汽车，杭州汽车客运中心是主要的汽车站。

到达杭州后，可以乘坐地铁、公交、出租车等公共交通工具前往景点。建议下载一些地图软件，便于查找路线。

三、住宿

杭州的住宿选择非常多，可以选择酒店、民宿、青年旅社等。建议选择在西湖附近，这样方便游览西湖景区。如果预算较高，可以选择五星级酒店，预算适中的可以选择三星或四星级酒店。如果想体验当地文化，可以选择民宿或青年旅社。

四、景点推荐

1. 西湖：杭州最著名的景点，被誉为"人间天堂"，建议游览时间为半天到一天。

2. 灵隐寺：我国佛教寺院，拥有上千年的历史，位于大山深处，环境清幽。建议游览时间为半天。

3. 宋城：一个主题游乐园，拥有传统的古代建筑和惊险刺激的游戏项目，特色美食也丰富多彩。建议游览时间为一天。

4. 西溪湿地：国家生态公园，位于杭州市的中西部，拥有大规模的蒲棒和飞鸟走兽，是一个亲近自然的好地方。建议游览时间为半天到一天。

五、美食推荐

杭州的美食非常丰富，其中最有名的就是西湖醋鱼和龙井虾仁。此外，杭州的小吃也非常有特色，如葱包烩、叫化鸡等。建议在清河坊、南宋御街等地方品尝当地美食。

六、购物推荐

杭州的特产非常丰富，如龙井茶、丝绸、杭白菊等。建议在清河坊、南宋御街等地方购物。此外，杭州的大型购物中心如银泰、万达等也值得一逛。

七、行程安排

根据你的时间安排，可以选取以下几个景点进行游览：

第一天：西湖、灵隐寺、宋城

第二天：西溪湿地、清河坊

以上是杭州的旅游攻略，希望能对你的旅行有所帮助。祝你旅途愉快！

图 6-32 制定旅游攻略

我想去杭州游玩，请你以导游的身份，给我提供一份旅游攻略

当然，我很乐意以导游的身份为你提供一份杭州旅游攻略。以下是我为你精心安排的杭州游玩计划：

第一天：西湖景区

上午：

1. 断桥残雪：早晨的断桥残雪是一天中最美的时刻之一，特别是太阳初升时，湖面上雾气缭绕，断桥若隐若现，美不胜收。

2. 湖心亭：断桥残雪步行约20分钟即可到达湖心亭，这是西湖上最大的岛屿，也是欣赏西湖全景的最佳位置。

下午：

1. 三潭映月：这是一个著名的夜景点，但白天的景色也同样美丽。三个小洲与月亮、湖水相映成趣，构成了一幅幅美丽的画面。

2. 柳浪闻莺：这是一处绿树成荫，鸟语花香的地方，特别是清晨和傍晚时分，景色格外宜人。

第二天：灵隐寺与千岛湖

上午：

1. 灵隐寺：这是一个历史悠久，文化底蕴深厚的佛教圣地。你可以在这里感受到古老的佛教文化，同时品尝到地道的素斋。

下午：

1. 千岛湖：从灵隐寺出发，乘车前往千岛湖。这是一个被誉为"东方瑞士"的美丽地方，你可以在这里尽情享受湖光山色的美景。

第三天：其他景点

上午：

1. 龙井村：这是一个充满茶文化的地方，你可以在这里了解到龙井茶的制作过程，并品尝到最新鲜的龙井茶。

下午：

1. 虎跑泉：这是杭州的"三大名泉"之一，泉水甘甜，景色幽雅。

2. 六和塔：这是一座古老的佛教塔，可以俯瞰钱塘江的美景。

晚上：

1. 宋城：这是一个再现宋代生活的主题公园，你可以在这里欣赏到各种宋代文化的表演和展览。

这就是我为你精心安排的杭州三日游计划。希望你在杭州度过一个愉快的假期。

图 6-33　制定旅游攻略（指定导游角色）

> 我想去杭州游玩，请你以导游的身份，给我提供一份旅游攻略。我游玩的时间是3天，预算在5000元左右，并且给出每个景点或活动的大致价格

欢迎来到杭州，我很高兴成为你的导游，为你提供一份旅游攻略。以下是我为你精心安排的杭州三日游计划：

第一天：西湖景区

上午：

1. 断桥残雪：欣赏断桥残雪的美景，了解其背后的历史传说。价格：10元/人。
2. 孤山公园：孤山公园是西湖边的一个大型公园，可以漫步其中，欣赏花草树木和美丽的西湖景色。价格：15元/人。

中午：

外婆家：品尝外婆家的特色菜品，如西湖醋鱼、龙井虾仁等，感受杭州的地方美食。价格：约50元/人。

下午：

1. 雷峰塔：参观雷峰塔，了解杭州的历史和文化。价格：45元/人。
2. 柳浪闻莺：在柳浪闻莺公园漫步，欣赏美丽的湖景和独特的园林设计。价格：20元/人。

晚上：

1. 宋城：观看宋城的实景演出，了解宋代的生活和文化。价格：190元/人。

第二天：灵隐寺与千岛湖

上午：

1. 灵隐寺：参观灵隐寺，体验神秘的佛教文化，品尝素斋。价格：70元/人。

中午：

灵隐寺附近餐馆：在灵隐寺附近品尝当地特色美食。价格：约50元/人。

下午：

1. 千岛湖：乘车前往千岛湖，欣赏美丽的湖景和自然风光。价格：150元/人。

晚上：

1. 回到杭州市区，自由活动或休息。

第三天：其他景点

上午：

1. 龙井村：参观龙井村，了解龙井茶的制作过程，品尝最新鲜的龙井茶。价格：80元/人。
2. 虎跑泉：参观虎跑泉，了解虎跑泉的历史和传说，品尝虎跑泉水。价格：20元/人。

中午：

品尝杭州特色小吃，如叫化鸡、糖醋排骨等。价格：约50元/人。

下午：

1. 六和塔：参观六和塔，了解六和塔的历史和文化。价格：20元/人。
2. 九溪烟树：漫步九溪烟树，欣赏美丽的自然风光和独特的九溪景色。价格：免费。

晚上：

自由活动或结束旅行。

以上是我为你精心安排的杭州三日游计划，大致的价格也已经列出。希望你在杭州度过一个愉快的假期。

图 6-34　制定旅游攻略（明确指令，规定旅游时间与预算）

请把上面的旅游攻略以表格的形式罗列

好的，以下是您要求的旅游攻略表格：

日期	上午	下午	晚上	预算
第一天	断桥残雪（10元/人）	雷峰塔（45元/人）	宋城（190元/人）	晚饭（约50元/人）
第二天	灵隐寺（70元/人）	千岛湖（150元/人）	无	无
第三天	龙井村（80元/人）	六和塔（20元/人）	无	午饭（约50元/人）
总计	（约320元/人）	（约245元/人）	（190元/人）	（约100元/人）

以上表格仅供参考，实际预算可能会因个人消费习惯和活动价格差异而有所不同。请根据自身情况进行调整。

图 6-35 以表格形式罗列旅游攻略

你是专业的翻译家，请把下面这几段文字翻译成英文：
大语言模型是一种基于深度学习技术的人工智能模型，它通过学习大量的语料库，掌握语言的语法、语义和上下文信息，从而能够生成和理解自然语言文本。
大语言模型在很多领域都有着广泛的应用，例如智能客服、智能问答、机器翻译、文本生成，等等。由于大语言模型具有高效的语言处理能力，可以处理大量的文本数据，并能够自主学习语言规则，因此在人工智能领域中占据着重要的地位。
虽然大语言模型已经取得了很多进展，但是它们仍然存在一些限制和挑战，例如对于语言的认知能力不足、存在语言偏见等问题，因此需要不断地进行改进和优化。

Large Language Model is a type of artificial intelligence model based on deep learning technology. It learns from a large corpus of language data to grasp the grammar, semantics, and contextual information of language, thereby generating and understanding natural language text.

Large Language Models have a wide range of applications, including intelligent customer service, intelligent Q&A, machine translation, text generation, etc. Due to their efficient language processing capabilities that can handle large amounts of text data and self-learn language rules, they occupy an important position in the field of artificial intelligence.

Although Large Language Models have made many advancements, they still face some limitations and challenges, such as insufficient cognitive abilities for language understanding and the existence of language biases. Therefore, continuous improvement and optimization are necessary.

图 6-36 中译英

评价：翻译结果中规中矩，语法、词法、标点符号等都正确，且语句通顺。

2）英译中

你是专业的翻译家，请把下面这几段文字翻译成中文：

Artificial intelligence（AI）is the simulation and study of intelligent behavior in machines that are designed to think and function like humans. It involves advanced computing and data analysis capabilities that allow machines to perform tasks that normally require human intelligence，such as recognition，language processing，decision-making，and learning.

AI is becoming an essential part of our daily lives，whether it´s using voice assistants on our phones or having self-driving cars on the road. It´s also playing a crucial role in areas such as healthcare, finance, and education, helping doctors diagnose diseases, predicting financial markets, and personalizing teaching methods.

However, AI also raises concerns about privacy, security, and job displacement. As AI technology continues to develop, it's important to consider these issues and work to ensure that AI remains a force for positive change in the world.

英译中如图 6-37 所示。

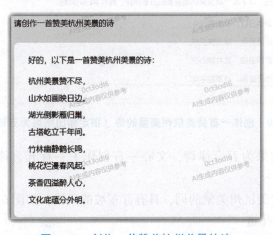

你是专业的翻译家，请把下面这几段文字翻译成中文：
Artificial intelligence (AI) is the simulation and study of intelligent behavior in machines that are designed to think and function like humans. It involves advanced computing and data analysis capabilities that allow machines to perform tasks that normally require human intelligence, such as recognition, language processing, decision-making, and learning.
AI is becoming an essential part of our daily lives, whether it's using voice assistants on our phones or having self-driving cars on the road. It's also playing a crucial role in areas such as healthcare, finance, and education, helping doctors diagnose diseases, predicting financial markets, and personalizing teaching methods.
However, AI also raises concerns about privacy, security, and job displacement. As AI technology continues to develop, it's important to consider these issues and work to ensure that AI remains a force for positive change in the world.

人工智能（AI）是模拟和研究机器的智能行为，这些机器被设计成可以像人类一样进行思考和运作。它涉及先进的计算和数据分析能力，使机器能够执行通常需要人类智能的任务，如识别、语言处理、决策和学习。

AI正逐渐成为我们日常生活中的重要组成部分，无论是在手机上使用语音助手，还是在公路上行驶自动驾驶汽车。它还在医疗、金融和教育等领域发挥着至关重要的作用，帮助医生诊断疾病、预测金融市场和个性化教学方法。

然而，AI也引发了人们对隐私、安全和失业问题的担忧。随着AI技术的不断发展，重要的是要考虑这些问题，并努力确保AI仍然是推动世界积极变革的力量。

图 6-37　英译中

评价：翻译结果中规中矩，语句通顺。

5. 写诗词

（1）请创作一首赞美杭州美景的诗，如图 6-38 所示。

请创作一首赞美杭州美景的诗

好的，以下是一首赞美杭州美景的诗：

杭州美景赞不尽，
山水如画映日边。
湖光倒影雁归巢，
古塔屹立千年间。
竹林幽静鹤长鸣，
桃花烂漫春风起。
茶香四溢醉人心，
文化底蕴分外明。

图 6-38　创作一首赞美杭州美景的诗

评价：创作了一首七言律诗，由八句组成，每句七个字，每两句为一联，共四联，部分诗句押韵，写诗水平高于普通人。

（2）请创作一首赞美杭州美景的诗，具有李白的风格，如图 6-39 所示。

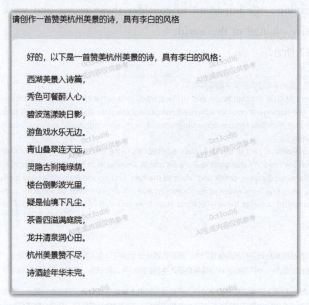

请创作一首赞美杭州美景的诗，具有李白的风格

好的，以下是一首赞美杭州美景的诗，具有李白的风格：

西湖美景入诗篇，
秀色可餐醉人心。
碧波荡漾映日影，
游鱼戏水乐无边。
青山叠翠连天远，
灵隐古刹掩绿荫。
楼台倒影波光里，
疑是仙境下凡尘。
茶香四溢满庭院，
龙井清泉润心田。
杭州美景赞不尽，
诗酒趁年华未完。

图 6-39　创作一首赞美杭州美景的诗（指定模仿李白风格）

评价：使用提示词指定模仿技巧，模仿李白风格，最后一句"诗酒"两字让人联想到喜爱喝酒的诗仙李白。

（3）请创作一首赞美杭州美景的诗，具有李白的风格，五言律诗格式，如图 6-40 所示。

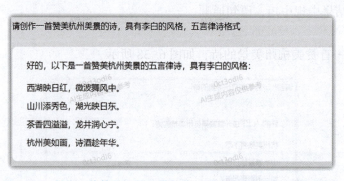

请创作一首赞美杭州美景的诗，具有李白的风格，五言律诗格式

好的，以下是一首赞美杭州美景的五言律诗，具有李白的风格：

西湖映日红，微波舞风中。
山川添秀色，湖光映日东。
茶香四溢溢，龙井润心宁。
杭州美如画，诗酒趁年华。

图 6-40　创作一首赞美杭州美景的诗（指定输出结果为五言律诗）

评价：指定输出结果为五言律诗，文心一言创作了一首五言律诗，四行八句，共 40 个字。

（4）请创作一首赞美杭州美景的词，具有苏东坡的风格，如图 6-41 所示。

评价：写出了词的味道。

请创作一首赞美杭州美景的词，具有苏东坡的风格

好的，以下是一首赞美杭州美景的词，具有苏东坡的风格：

【青玉案·杭州美景】

江南水乡何处好，

西湖畔，最佳处。

杨柳依依风中舞，

清波荡漾，映天空。

山水相连天地宽，

古塔巍峨映晚霞。

竹林幽静鹤长鸣，

桃花烂漫春意浓。

茶香四溢满庭院，

龙井清泉润心田。

历史悠久文化深，

杭州美景赞不尽。

图 6-41　创作词

6. 写文章

撰写文章通常需经过选题、确定标题、列大纲、写摘要、写正文等步骤。利用大语言模型强大的文字生成与组织能力，可协助开展选题、列大纲、写摘要、写正文等工作。

1）提供文章选题

请提供人工智能当前热门的文章主题，如图 6-42～图 6-44 所示。

请提供人工智能当前热门的文章主题

以下是几个人工智能当前热门的主题，可以作为撰写文章的参考：

1. 人工智能与机器学习：人工智能与机器学习之间的关系，以及如何利用机器学习技术来推动人工智能的发展。

2. 人工智能与自动化：探讨人工智能在自动化生产、制造、物流等领域中的应用，以及如何实现生产效率的大幅提升。

3. 人工智能与医疗：人工智能在医疗领域中的应用，包括疾病诊断、治疗建议、医疗图像分析等。

4. 人工智能与金融：人工智能在金融领域中的应用，如何提升风控效率、提高投资收益率等。

5. 人工智能与教育：探讨人工智能在教育领域中的应用，如何个性化教学、评估学生学习效果等。

6. 人工智能与社会：探讨人工智能对社会的影响，包括劳动力市场、隐私保护、伦理道德等。

7. 人工智能的未来发展：展望人工智能未来的发展趋势，包括技术、应用场景等方面的展望。

图 6-42　提供文章选题

评价：通过不断追问，让文心一言提供多个主题，打开写作思路，确定合适的文章主题。

继续

8. 人工智能与法律：探讨人工智能在法律领域中的应用，如何辅助律师进行法律研究、案件预测等。

9. 人工智能与农业：人工智能在农业领域中的应用，如何进行精准农业、自动化种植等。

10. 人工智能与智能城市：探讨人工智能在智能城市领域中的应用，如何提升城市管理效率、智能化交通等。

11. 人工智能与虚拟现实：探讨人工智能与虚拟现实技术的结合，如何打造更为真实的虚拟世界。

12. 人工智能与工业制造：探讨人工智能在工业制造领域中的应用，如何提升生产效率、降低成本等。

13. 人工智能与电子商务：探讨人工智能在电子商务领域中的应用，如何个性化推荐商品、智能客服等。

14. 人工智能与视频处理：探讨人工智能在视频处理领域中的应用，如何智能识别视频内容、进行视频剪辑等。

15. 人工智能与物联网：探讨人工智能与物联网技术的结合，如何实现更为智能化的设备连接与控制。

图 6-43　提供文章选题（继续 1）

继续

16. 人工智能与网络安全：探讨人工智能在网络安全领域中的应用，如何增强网络防御能力、检测和应对网络攻击等。

17. 人工智能与语音识别：探讨人工智能在语音识别领域中的应用，如何实现精准的语音转文字、语音翻译等。

18. 人工智能与图像识别：探讨人工智能在图像识别领域中的应用，如何识别图像内容、进行图像处理等。

19. 人工智能与人类行为模拟：探讨人工智能如何模拟人类行为，实现更为真实的交互体验。

20. 人工智能与环境科学：探讨人工智能在环境科学领域中的应用，如何监测环境状态、预测自然灾害等。

21. 人工智能与交通运输：探讨人工智能在交通运输领域中的应用，如何智能化管理交通流量、提升交通安全等。

22. 人工智能与娱乐产业：探讨人工智能在娱乐产业领域中的应用，如何创作音乐、生成动画等。

23. 人工智能与企业服务：探讨人工智能在企业服务领域中的应用，如何提升客户服务质量、优化企业内部管理等。

24. 人工智能与生物医学：探讨人工智能在生物医学领域中的应用，如何辅助药物研发、疾病诊断等。

图 6-44　提供文章选题（继续 2）

2）确定文章标题

以人工智能与教育为主题，写一个有吸引力的文章标题，如图 6-45 所示。

以人工智能与教育为主题，写一个有吸引力的文章标题

"人工智能：重塑教育领域的未来"

图 6-45　确定文章标题

评价：从提供的多个主题中选定一个主题后，让其写出一个好的文章标题。

3）列出文章大纲

以人工智能与教育为主题，以"人工智能：重塑教育领域的未来"为标题，列出文章

大纲，包含两级标题。在大纲中需要包含人工智能在教育领域的应用案例、挑战与机遇、未来发展趋势。文章大纲需确保条理清晰、逻辑缜密，如图 6-46 所示。

以人工智能与教育为主题，以"人工智能：重塑教育领域的未来"为标题，列出文章大纲，包含两级标题。在大纲中需要包含人工智能在教育领域的应用案例、挑战与机遇、未来发展趋势。文章大纲需确保条理清晰、逻辑缜密

人工智能：重塑教育领域的未来

I. 引言

- 背景介绍：人工智能技术的快速发展及其在各行业的应用，特别是在教育领域中的影响。
- 研究目的：探讨人工智能如何重塑教育领域的未来，分析其潜在的影响和应用前景。

II. 人工智能在教育领域的应用

1. 个性化学习：通过大数据和机器学习技术，分析学生的学习习惯和需求，为每个学生提供定制化的学习体验。
2. 智能辅助教学：利用语音识别、自然语言处理等技术，实现自动化批改作业、学生反馈及评估等功能，减轻教师负担，提高教学效果。
3. 虚拟助手：通过智能客服、智能导师等应用，为学生提供即时答疑和指导，增强学习支持。
4. 自动化评估：利用深度学习和计算机视觉等技术，对学生的学习成果进行自动评估，提高评估的效率和准确性。

III. 人工智能在教育领域面临的挑战与机遇

1. 数据隐私与安全：在收集和使用教育数据的过程中，需要保护学生和教师的隐私，确保数据安全。
2. 技术可靠性与有效性：人工智能技术在教育领域的应用需要具备高可靠性和有效性，以确保教育的质量。
3. 改变教师角色与工作方式：人工智能技术的应用将改变教师的工作内容和角色，需要教师适应新的教学模式和工具。
4. 教育公平性与普及性：人工智能技术的应用可以促进教育的公平性和普及性，但也可能加剧数字鸿沟。

IV. 人工智能在教育领域的未来发展趋势

1. 深度融合与协同发展：人工智能将与教育实现更深度的融合，并与教师、学生、家长等教育参与者协同发展，共同推进教育创新。
2. 多元化与个性化：人工智能技术将更加注重多元化和个性化的教育服务，满足不同学生的需求，促进学生的个性化发展。
3. 智能感知与情感计算：未来的智能教育将更加注重情感交互和情感计算，通过感知学生的情感和需求，提供更加细腻和个性化的教学服务。
4. 法律与伦理问题：随着人工智能在教育领域的应用加深，相关的法律和伦理问题也将日益凸显，需要引起重视并加以解决。

V. 结论

- 总结人工智能在教育领域的未来趋势，以及其对学生、教师和整个教育系统的影响。
- 对未来研究和开发人工智能教育应用所需的方法和策略进行探讨。
- 对可能的法律、伦理和社会问题进行了讨论，并提出了相应的建议和解决方案。

VI. 展望

- 探讨人工智能在教育领域的未来研究方向和技术发展趋势。
- 对人工智能在教育领域的未来应用场景进行预测和分析，以及其对社会和教育的影响进行评估。

图 6-46　列出文章大纲

评价：生成的大纲按要求包含了指定内容。也可以不指定内容由文心一言自由发挥，以便打开写作思路，若生成的大纲不符合预期，可对大纲做一定的调整。

4）撰写文章摘要

以人工智能与教育为主题，以"人工智能：重塑教育领域的未来"为标题，撰写200字的文章摘要，如图6-47所示。

以人工智能与教育为主题，以"人工智能：重塑教育领域的未来"为标题，撰写200字的文章摘要

人工智能：重塑教育领域的未来

本文探讨了人工智能在教育领域的应用及其对未来教育的重塑。首先，文章回顾了人工智能在教育领域的发展历程，以及其如何通过提供个性化学习体验和辅助教师工作的方式改变教育。尽管人工智能还面临数据隐私等挑战，但文章强调了其巨大的机遇和潜力。接下来，文章以实际案例说明了人工智能在在线教育平台、辅助教学系统、教师培训以及学校创新应用等方面的实践。文章还进一步讨论了人工智能对未来教育的趋势和展望，并通过人工智能的技术进步，我们可以期待更加公平、个性化、和更高效的未来教育。

图6-47 撰写文章摘要

评价：撰写的摘要言简意赅，概括了文章主要内容。

5）完善文章正文

由于大语言模型一次性生成的文字数量受限，因此需按文章大纲次序分几次撰写文章正文，每次生成一部分内容。

请撰写上述"引言"的内容，300字，如图6-48所示。

请撰写上述"引言"部分的内容，300字

人工智能：重塑教育领域的未来

引言

随着科技的迅速发展，人工智能(AI)作为当代科技进步的关键驱动力之一，正在逐步改变我们的生活方式，其中包括教育领域。人工智能的应用为教育带来了诸多变革，例如个性化学习、智能辅助教学、自动化评估等，在提高教育质量和效率的同时，也给教育带来了前所未有的挑战与机遇。

本文将探讨人工智能如何重塑教育领域的未来，分析其应用、面临的挑战以及未来的发展趋势。我们首先回顾人工智能在教育领域的发展历程和应用现状，进而聚焦于其在个性化学习、智能辅助教学等方面的具体应用案例。接下来，文章深入探讨了人工智能在教育领域所面临的挑战与机遇，包括数据隐私与安全、技术可靠性、改变教师角色与工作方式等议题。最后，我们展望了人工智能在教育领域的未来发展趋势，以及如何应对潜在的法律、伦理和社会问题。

通过本文的探讨，我们旨在明确人工智能在教育领域的应用前景及其对未来教育发展的影响，为相关政策制定者、教育工作者和研究人员提供有益的参考。

图6-48 完善文章正文的"引言"内容

请撰写上述"人工智能在教育领域的应用"部分的内容，500字，如图6-49所示。

评价：对照文章大纲，逐步完善正文内容。

小结：大语言模型可以扩展写作思路，提升写作效率，但其毕竟只是一个辅助工具，要写出高质量的文章需要注入文章作者的灵感与想法。

请撰写上述"人工智能在教育领域的应用"部分的内容，500字

人工智能在教育领域的应用已经变得日益重要。随着技术的不断发展，人工智能正在逐步改变着教育的方式和形态。在教育领域，人工智能的应用主要体现在以下几个方面：

首先，人工智能可以通过分析学生的学习行为和反馈数据，为每个学生提供定制化的学习体验。例如，一些在线教育平台使用人工智能技术来分析学生的学习行为和反馈，根据学生的兴趣、能力和需求，为他们提供定制化的学习内容和建议。这种个性化学习的方式可以大大提高学生的学习效果和满意度。

其次，人工智能可以作为智能辅助教学工具，帮助教师更好地指导学生学习。例如，智能题库和智能推荐系统可以帮助教师根据学生的能力和需求为学生提供合适的练习和参考资料。另外，人工智能还可以帮助教师进行课堂管理和学生管理，提高教学效率和质量。

第三，人工智能可以作为虚拟助手，为学生提供即时答疑和指导。例如，智能客服和智能导师可以为学生提供24小时不间断的答疑服务，帮助学生更好地理解和掌握知识。这种虚拟助手的应用可以大大增强学生的学习支持和满意度。

最后，人工智能还可以用于自动化评估和学习反馈。例如，自动批改作业和自动评估测试答案可以帮助教师减轻工作负担，提高评估的效率和准确性。同时，人工智能还可以通过分析学生的学习数据，为学生提供及时的反馈和建议，帮助学生更好地调整学习策略和提高学习效果。

总之，人工智能在教育领域的应用正在逐步拓展和深化，它可以帮助实现个性化学习、智能辅助教学、虚拟助手以及自动化评估等目标，为教育事业的发展开辟了新的道路。

图 6-49　完善文章正文的"人工智能在教育领域的应用"内容

7. 操作 Excel

1）使用 Excel 函数

你是 Excel 表格助手，有一个学生成绩 Excel 表格，A 列是姓名，B 列是语文成绩、C 列是数学成绩、D 列是英语成绩，请在 E 列中计算每个学生的总成绩，在 F2 格子中计算平均成绩，在 G2 格子中计算成绩的标准差，请使用 Excel 函数解决问题，如图 6-50 所示。

你是Excel表格助手，有一个学生成绩Excel表格，A列是姓名，B列是语文成绩、C列是数学成绩、D列是英语成绩，请在E列中计算每个学生的总成绩，在F2格子中计算平均成绩，在G2格子中计算成绩的标准差，请生成Excel函数以解决问题。

在Excel中，您可以使用SUM函数来计算每个学生的总成绩，AVERAGE函数来计算平均成绩，STDEV函数来计算标准差。

以下是在E列计算每个学生的总成绩的公式：

`=SUM(B2:D2)`

这个公式将会对B2到D2区域内的所有值进行求和，也就是计算语文、数学和英语三科的总分。

以下是在F2格子中计算平均成绩的公式：

`=AVERAGE(E2:E100)`

这个公式将会对E2到E100区域内的所有值进行求平均，也就是计算所有学生的平均总成绩。

以下是在G2格子中计算成绩的标准差的公式：

`=STDEV(E2:E100)`

这个公式将会对E2到E100区域内的所有值进行求标准差，也就是计算所有学生的成绩的标准差。

以上公式中的数字（2，100）需要根据你的数据实际情况来调整。例如，如果你的数据从第三行开始，那么就需要把公式中的2改为3。同样，如果你的数据行数少于100行，那么就需要把100改为你的数据行数。

图 6-50　使用 Excel 函数

评价：能准确提供 Excel 函数对指定范围的单元格进行运算，并在正确单元格位置存放运算结果。

2）排序数据

对上述学生成绩表，按总成绩升序排序，如图 6-51 所示。

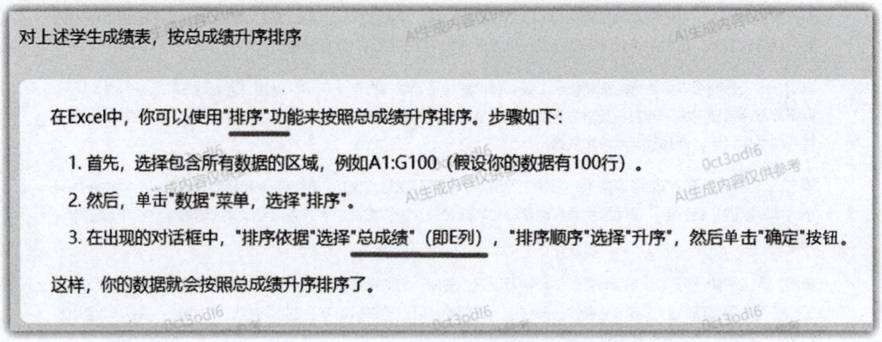

对上述学生成绩表，按总成绩升序排序

在Excel中，你可以使用"排序"功能来按照总成绩升序排序。步骤如下：

1. 首先，选择包含所有数据的区域，例如A1:G100（假设你的数据有100行）。

2. 然后，单击"数据"菜单，选择"排序"。

3. 在出现的对话框中，"排序依据"选择"总成绩"（即E列），"排序顺序"选择"升序"，然后单击"确定"按钮。

这样，你的数据就会按照总成绩升序排序了。

图 6-51　排序数据

评价：提供了正确操作步骤，并按正确的列（E 列为总成绩）升序排序数据。

3）设置条件格式

对上述学生成绩表，把语文成绩、数学成绩、英语成绩中不及格的成绩用红颜色标注，如图 6-52 所示。

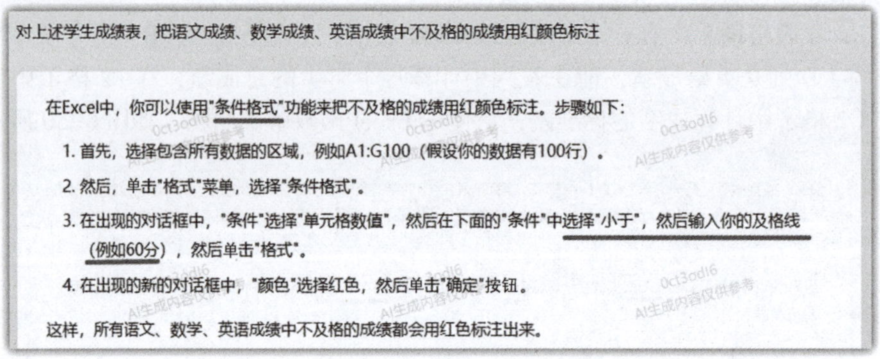

对上述学生成绩表，把语文成绩、数学成绩、英语成绩中不及格的成绩用红颜色标注

在Excel中，你可以使用"条件格式"功能来把不及格的成绩用红颜色标注。步骤如下：

1. 首先，选择包含所有数据的区域，例如A1:G100（假设你的数据有100行）。

2. 然后，单击"格式"菜单，选择"条件格式"。

3. 在出现的对话框中，"条件"选择"单元格数值"，然后在下面的"条件"中选择"小于"，然后输入你的及格线（例如60分），然后单击"格式"。

4. 在出现的新的对话框中，"颜色"选择红色，然后单击"确定"按钮。

这样，所有语文、数学、英语成绩中不及格的成绩都会用红色标注出来。

图 6-52　设置条件格式

评价：提供了正确操作步骤，并假定及格分数线为通常的 60 分。

小结：文心一言能准确运用 Excel 函数进行计算，按指定要求正确处理数据，能完成日常的 Excel 操作。

（二）AI 绘图与说图解画

1. AI 绘图

使用百度文心一言，通过文字生成图像。

（1）生成图片、美少女、黑发、面容姣好、发饰精美、古风，如图 6-53 所示。

评价：能按照要求在几秒钟之内生成人物图片，且图片质量较佳，可大大节省人工制作图片的时间、降低人工成本，对不擅长图片处理的程序员有极大的帮助，对图片处理专业人

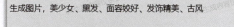

图 6-53 生成美少女图片

员也有极大的参考价值。

（2）生成图片，美少女、黑发、面容姣好、发饰精美、古风、侧面像，如图 6-54 所示。

图 6-54 生成美少女侧面像图片

评价：能按要求生成人物侧面像。

（3）生成图片，美少女、黑发、面容姣好、发饰精美、古风、侧面像、背景是夕阳西下，如图 6-55 所示。

评价：可指定图片背景。

（4）生成图片，美少女、蓝发、面容姣好、发饰精美、卡通风格、侧面像，如图 6-56 所示。

评价：把黑发改成蓝发，把古风改成卡通风格，能按要求生成卡通人物。

图 6-55　生成带有背景的美少女侧面像图片

图 6-56　生成卡通风格的美少女图片

（5）生成图片，蓝天白云、高山流水、小桥人家的风景，如图 6-57 所示。

评价：能按指定要求生成风景画。

（6）生成图片，桌子上有一个花篮，花篮中有白玫瑰、红玫瑰、郁金香，如图 6-58 所示。

评价：能按指定要求生成静物画。

（7）生成图片，穿着宇航员制服的猫，戴着耳机，如图 6-59 所示。

评价：能按要求生成创意画，可以脑洞大开，打开思路。

小结：文心一言文字生成图片功能已比较强大，可生成人物、风景、静物、创意画等各类图片，可以指定风格、背景、光线等为图片添加更多个性化的细节。

生成图片，蓝天白云、高山流水、小桥人家的风景

好的，根据你的需求，我为你创作了一幅画作。我的作画技能还在不断进化中，暂时还不支持对画作的修改和解释。如果需要继续让我为你作画，请完整描述你的需求，如："帮我画在水果里冲浪的小企鹅"。

图 6-57　生成风景画

生成图片，桌子上有一个花篮，花篮中有白玫瑰、红玫瑰、郁金香

好的，根据你的需求，我为你创作了一幅画作。我的作画技能还在不断进化中，暂时还不支持对画作的修改和解释。如果需要继续让我为你作画，请完整描述你的需求，如："帮我画在水果里冲浪的小企鹅"。

图 6-58　生成静物画

我画好了，欢迎对我提出反馈和建议，帮助我快速进步。在结尾添加#创我画一个喝奶茶的甄嬛，扁平插画，可爱Q版#创意图#"。

图 6-59　生成创意画

2. 说图解画

大语言模型不仅能理解与生成文本，还能理解图片，实现多模态特性。

使用百度文心一言进行说图解画，对图片进行解释。需先在文心一言提问页面添加"说图解画"插件，以支持图片文件上传。

（1）在提问页面，单击"选择插件"按钮，如图6-60所示。

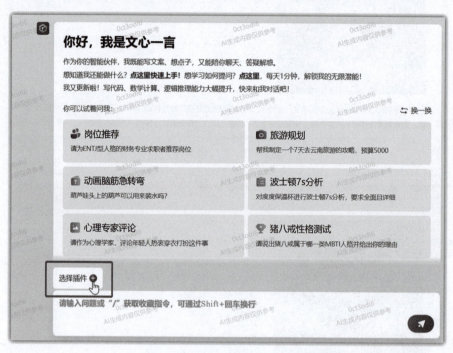

图6-60 单击"选择插件"按钮

（2）在弹出的选择列表中勾选"说图解画"，如图6-61所示。

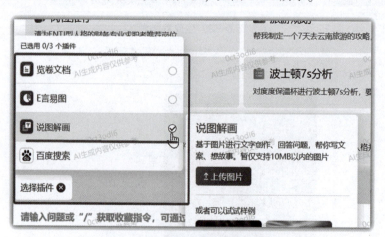

图6-61 勾选"说图解画"插件

（3）这样就添加了"说图解画"插件，并在提问对话框中出现了"上传"按钮，单击"上传"按钮，可以上传所需说图解画的图片，如图6-62所示。

图 6-62 单击"上传"按钮上传图片文件

（4）上传前面由文心一言自动生成的"蓝天白云、高山流水、小桥人家"的风景图片，解析结果如图 6-63 所示。

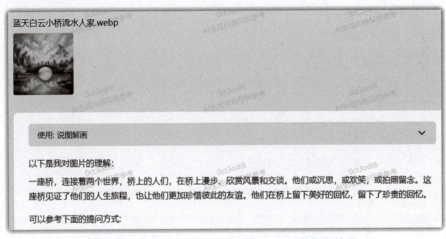

图 6-63 "蓝天白云、小桥人家"图片的解析结果

评价：给出了图片的核心元素桥与人。

（5）上传一张两边开满樱花、通往远方的道路图片，解析结果如图 6-64 所示。

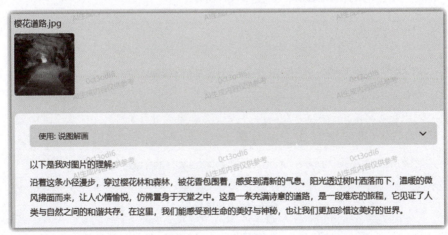

图 6-64 "开满樱花、通往远方道路"图片的解析结果

评价：给出了图片的核心元素小径、樱花，人类与自然和谐共存的主题。

（三）AI 编程

大语言模型具有较强的编写代码能力，本部分使用百度文心一言编写 Python 与 SQL 代码，完成基础的编程工作。

1. Python 编程

使用文心一言编写 Python 代码，随机生成一定数量的整数，并升序排序整数。

（1）编写 Python 代码，随机生成 10 个整数，并升序排序这些整数，如图 6-65 所示。

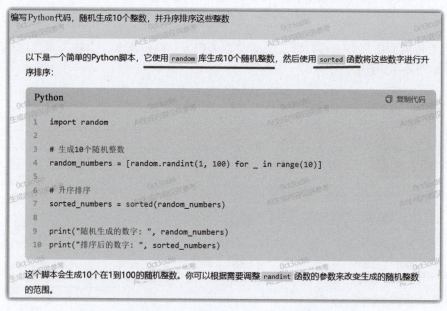

图 6-65　编写 Python 代码随机生成 10 个整数并升序排序

评价：能正确调用随机函数生成指定数量的整数，并利用 Python 内置的 sorted 函数对生成的整数进行升序排序。在给出代码的同时还提供了代码的注释与解释说明。

（2）给出上述代码的测试结果，如图 6-66 所示。

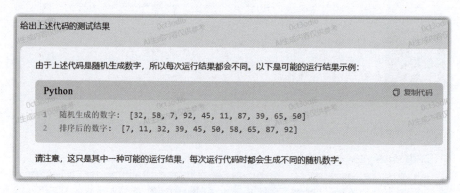

图 6-66　测试结果

评价：生成 10 个 $[0,100]$ 的随机整数，并进行升序排序，给出的测试结果正确。

（3）重构上述代码，把 sorted 内置函数替换成自定义的函数，此函数使用冒泡排序算法，如图 6-67 所示。

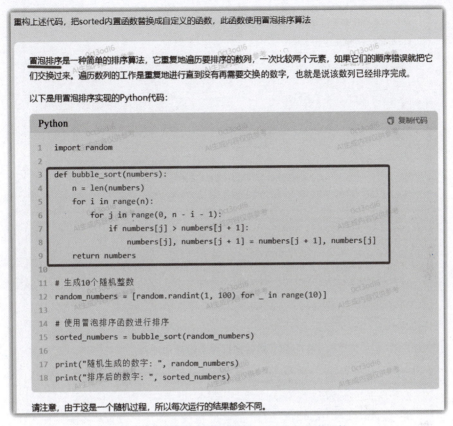

重构上述代码，把sorted内置函数替换成自定义的函数，此函数使用冒泡排序算法

冒泡排序是一种简单的排序算法，它重复地遍历要排序的数列，一次比较两个元素，如果它们的顺序错误就把它们交换过来。遍历数列的工作是重复地进行直到没有再需要交换的数字，也就是说该数列已经排序完成。

以下是用冒泡排序实现的Python代码：

```python
import random

def bubble_sort(numbers):
    n = len(numbers)
    for i in range(n):
        for j in range(0, n - i - 1):
            if numbers[j] > numbers[j + 1]:
                numbers[j], numbers[j + 1] = numbers[j + 1], numbers[j]
    return numbers

# 生成10个随机整数
random_numbers = [random.randint(1, 100) for _ in range(10)]

# 使用冒泡排序函数进行排序
sorted_numbers = bubble_sort(random_numbers)

print("随机生成的数字: ", random_numbers)
print("排序后的数字: ", sorted_numbers)
```

请注意，由于这是一个随机过程，所以每次运行的结果都会不同。

图 6-67 重构代码使用自定义的冒泡排序函数

评价：定义冒泡排序函数，替换原来的 sorted 函数。

（4）对上述冒泡排序函数添加注释，如图 6-68 所示。

评价：给冒泡排序函数添加了正确的注释。

（5）重构上述代码，生成 100 万个整数，并对这些整数进行升序排序，排序使用性能好的排序算法并定义成一个函数，如图 6-69 所示。

评价：使用 Python 内置的 sorted 函数替换冒泡排序算法，在回答中可以看到理由，sorted 函数使用了 Timsort 高效排序算法，其时间复杂度为 O（n log n）。

小结：

① 文心一言能正确编写 Python 代码完成基础的编程工作，至少已达到初级程序员水平；

② 生成的 Python 代码，符合编码规范、可读性较高；

③ 熟悉 Python 语法、常用数据结构、内置函数；

④ 熟悉冒泡排序等常用算法，能区分算法的性能；

⑤ 能为代码添加合适的注释说明；

⑥ 能按要求重构代码；

⑦ 总之文心一言能完成一些基本的编程任务，生成的代码具有一定的参考价值，可为程序员节省时间，提高工作效率。

对上述冒泡排序函数添加注释

冒泡排序是一种简单的排序算法，它重复地遍历要排序的数列，一次比较两个元素，如果它们的顺序错误就把它们交换过来。遍历数列的工作是重复地进行直到没有再需要交换的数字，也就是说该数列已经排序完成。

以下是用冒泡排序实现的Python代码：

```python
import random

def bubble_sort(numbers):
    n = len(numbers)  # 获取数列的长度
    for i in range(n):  # 遍历整个数列
        for j in range(0, n - i - 1):  # 每次遍历后，最大的数会被放到最后，因此下一轮遍历
            if numbers[j] > numbers[j + 1]:  # 如果当前数比后面的数大，则交换位置
                numbers[j], numbers[j + 1] = numbers[j + 1], numbers[j]
    return numbers  # 返回排序后的数列


# 生成10个随机整数
random_numbers = [random.randint(1, 100) for _ in range(10)]

# 使用冒泡排序函数进行排序
sorted_numbers = bubble_sort(random_numbers)

print("随机生成的数字: ", random_numbers)
print("排序后的数字: ", sorted_numbers)
```

图 6-68　对冒泡排序函数添加注释

重构上述代码，生成100万个整数，并对这些整数进行升序排序，排序使用性能好的排序算法并定义成一个函数

为了生成100万个整数并对其进行排序，我们可以使用Python的内置 sorted 函数，它使用了一种名为Timsort的高效排序算法。这是一种混合排序算法，结合了归并排序和插入排序的特点。对于大多数数据集，它的平均时间复杂度是O(n log n)。

以下是生成100万个随机整数并对其进行排序的Python代码：

```python
import random

def sort_numbers(numbers):
    return sorted(numbers)

# 生成100万个随机整数
random_numbers = [random.randint(1, 1000000) for _ in range(1000000)]

# 使用自定义的排序函数进行排序
sorted_numbers = sort_numbers(random_numbers)

# 由于数字太多，我们只打印前10个和后10个
print("随机生成的数字（前10个）: ", random_numbers[:10])
print("随机生成的数字（后10个）: ", random_numbers[-10:])
print("排序后的数字（前10个）: ", sorted_numbers[:10])
print("排序后的数字（后10个）: ", sorted_numbers[-10:])
```

请注意，由于这个脚本会生成大量的随机整数，所以运行它可能需要一些时间。同时，由于生成的数字数量巨大，这里只打印了生成数字的列表的前10个和后10个元素，以及排序后的数字列表的前10个和后10个元素。

图 6-69　重构代码生成 100 万个整数并进行升序排序

2. 数据库编程

使用文心一言生成 SQL 语句，创建数据表、增删改查数据、创建索引优化数据查询性能。

（1）有一张学生数据表，字段包括学生 Id、学号、姓名、性别，请编写 SQL 语句创建学生表，表名、字段名用可读性好的英文命名，如图 6-70 所示。

图 6-70　创建学生表

评价：

① 能编写正确的 CREATE TABLE 语句创建数据表，为每个字段定义了可读性较强的英文名，并指定合理的字段类型；

② 为数据表创建了正确的主键 PRIMARY KEY；

③ 生成的代码可读性较高，SQL 代码比较工整，能做到换行、缩进、对齐。

（2）重构上述代码，字段名使用 Pascal 命名规则，比如 student_id 改成 StudentId，如图 6-71 所示。

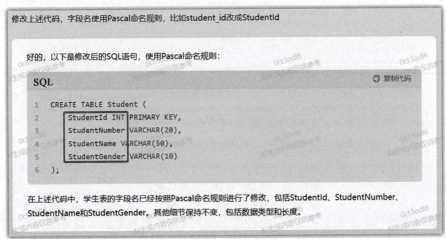

图 6-71　重构代码字段名使用 Pascal 命名规则

评价：已按照要求重构代码，把数据表中的全部字段的名称改成 Pascal 命名规则。

（3）继续重构上述代码，把 StudentNumber 字符串类型的长度改成 10 个字符，把 StudentName 字符串类型的长度改成 20 个字符，如图 6-72 所示。

评价：已按照要求重构代码，把 StudentNumber 字段的数据类型从 VARCHAR(20) 修改为 VARCHAR(10)，StudentName 字段的数据类型从 VARCHAR(50) 修改为 VARCHAR(20)。

（4）向学生表插入 5 条样例数据，请给出插入样例数据的 SQL 语句，如图 6-73 所示。

评价：使用 1 条 INSERT INTO 语句向学生表插入 5 条样例数据。

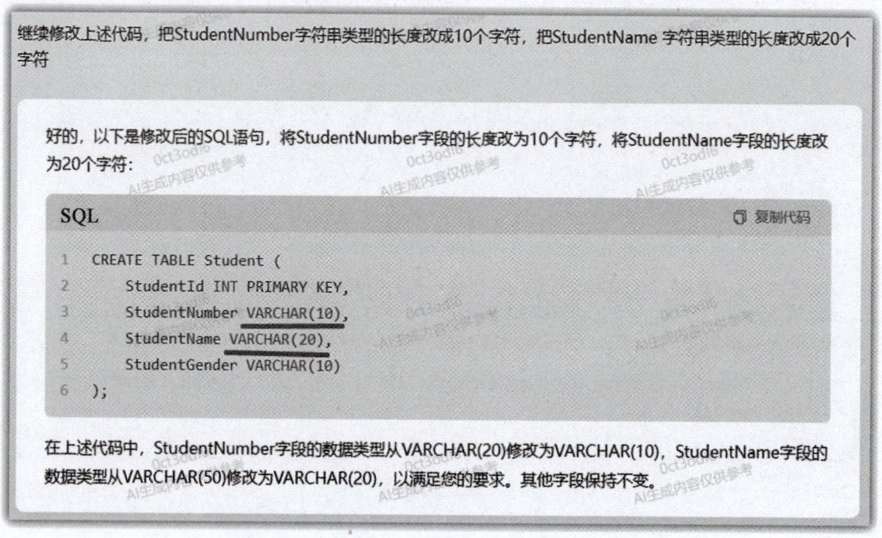

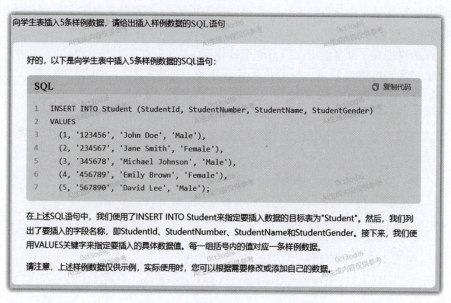

图 6-72　重构代码调整字段字符串类型长度

图 6-73　向学生表插入 5 条样例数据

（5）重构上述代码，把上面 1 条 INSERT INTO 语句拆成独立的 5 条 INSERT INTO 语句，如图 6-74 所示。

评价：已按照要求重构代码，把 1 条 INSERT INTO 语句拆成 5 条独立的 INSERT INTO 语句。

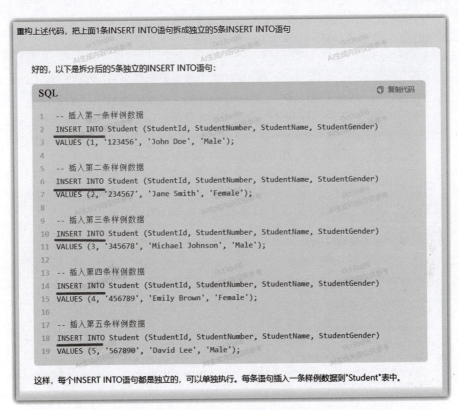

图 6-74 重构代码把 1 条 INSERT INTO 语句拆成 5 条 INSERT INTO 语句

（6）编写 SQL 语句，修改学生表中主键为 1 的数据，学号改成 111111，姓名改成 Tom，如图 6-75 所示。

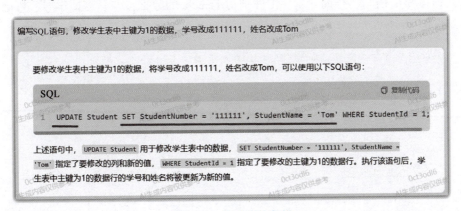

图 6-75 修改学生数据

评价：能正确使用 UPDATE 语句按要求修改数据。

（7）编写 SQL 语句，删除学生表中主键为 1 的数据，如图 6-76 所示。

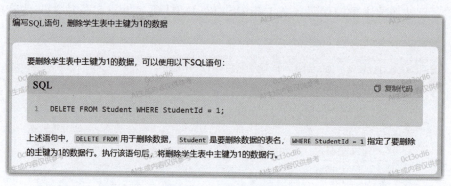

图 6-76　删除学生数据

评价：能正确使用 DELETE 语句删除满足条件的数据。

（8）编写 SQL 语句，查询学生表中的全部数据，如图 6-77 所示。

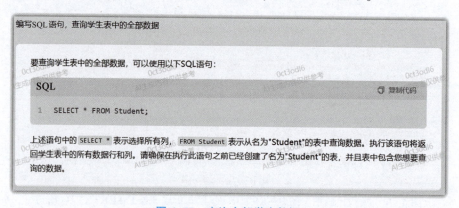

图 6-77　查询全部学生数据

评价：能正确编写 SELECT 语句查询数据表中的全部数据。

（9）编写 SQL 语句，查询学生表中性别为 Female 的数据，并只返回学号、姓名、性别三列，如图 6-78 所示。

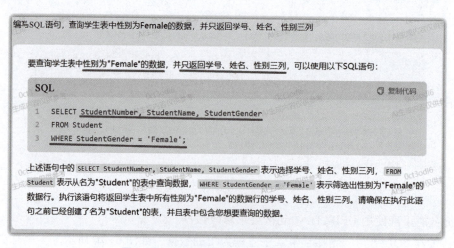

图 6-78　查询性别为 Female 的学生数据

评价：能正确编写 SELECT…WHERE 语句筛选满足条件的数据，并按要求返回指定的列。

（10）编写 SQL 语句，查询学生表中性别为 Female、姓名以 Jane 开头的数据，并只返回学号、姓名、性别三列，如图 6-79 所示。

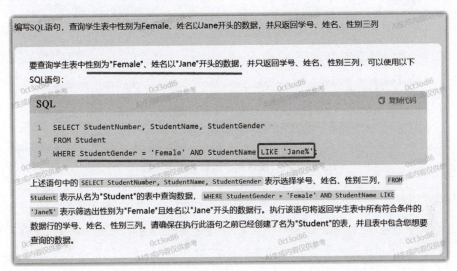

图 6-79　查询性别为 Female、姓名以 Jane 开头的学生数据

评价：能正确编写 SELECT…WHERE… AND 语句筛选满足多个条件的数据，并使用关键字 LIKE、% 符号，筛选以特定字符开头的数据。

（11）编写 SQL 语句，统计学生表中的数据总数，如图 6-80 所示。

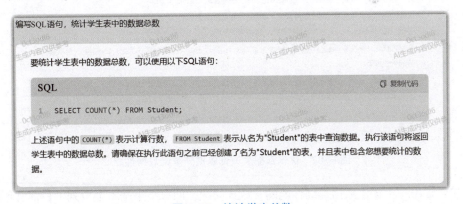

图 6-80　统计学生总数

评价：能正确使用 COUNT 聚集函数统计数据表的数据总数。

（12）编写 SQL 语句，按学生性别分组统计学生人数，返回结果格式为：性别、学生人数两列，如图 6-81 所示。

评价：能正确使用 GROUP BY 子句对数据表数据进行分组统计，并使用 AS 关键字给返回列设置可读性高的别名。

（13）假设学生表数据有几百万条，并且经常需要按学生学号、姓名查询数据，如何优

编写SQL语句，按学生性别分组统计各性别的学生人数，返回结果格式为：性别、学生人数两列

要按学生性别分组统计各性别的学生人数，并返回结果格式为性别、学生人数两列，可以使用以下SQL语句：

SQL　　复制代码

```sql
SELECT StudentGender, COUNT(*) AS StudentCount
FROM Student
GROUP BY StudentGender;
```

上述语句中的 `SELECT StudentGender, COUNT(*) AS StudentCount` 表示选择性别和学生人数两列，`FROM Student` 表示从名为"Student"的表中查询数据，`GROUP BY StudentGender` 表示按性别分组，`COUNT(*)` 表示计算每个性别的学生人数。执行该语句将返回按性别分组统计的结果，包括性别和学生人数两列。请确保在执行此语句之前已经创建了名为"Student"的表，并且表中包含您想要统计的数据。

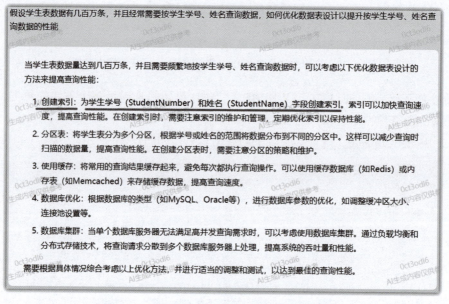

图 6-81　按性别分组统计学生人数

化数据表设计以提升按学生学号、姓名查询数据的性能，如图 6-82 所示。

假设学生表数据有几百万条，并且经常需要按学生学号、姓名查询数据，如何优化数据表设计以提升按学生学号、姓名查询数据的性能

当学生表数据量达到几百万条，并且需要频繁地按学生学号、姓名查询数据时，可以考虑以下优化数据表设计的方法来提高查询性能：

1. 创建索引：为学生学号（StudentNumber）和姓名（StudentName）字段创建索引。索引可以加快查询速度，提高查询性能。在创建索引时，需要注意索引的维护和管理，定期优化索引以保持性能。
2. 分区表：将学生表分为多个分区，根据学号或姓名的范围将数据分布到不同的分区中。这样可以减少查询时扫描的数据量，提高查询性能。在创建分区表时，需要注意分区的策略和维护。
3. 使用缓存：将常用的查询结果缓存起来，避免每次都执行查询操作。可以使用缓存数据库（如Redis）或内存表（如Memcached）来存储缓存数据，提高查询速度。
4. 数据库优化：根据数据库的类型（如MySQL、Oracle等），进行数据库参数的优化，如调整缓冲区大小、连接池设置等。
5. 数据库集群：当单个数据库服务器无法满足高并发查询需求时，可以考虑使用数据库集群。通过负载均衡和分布式存储技术，将查询请求分散到多个数据库服务器上处理，提高系统的吞吐量和性能。

需要根据具体情况综合考虑以上优化方法，并进行适当的调整和测试，以达到最佳的查询性能。

图 6-82　优化数据表设计以提升查询数据性能

评价：提出一个优化数据查询性能的开放式问题，回答结果基本上罗列了目前常用的优化方案，其中第一种方案创建索引是最简单、最常用的方案，并且给出了合理创建索引的列。

（14）编写 SQL 语句，为学生表创建索引，以提升按学生学号、姓名查询数据的性能，如图 6-83 所示。

评价：能正确编写 CREATE INDEX 语句在合理的列上创建索引，这些索引能提升按学生学号、姓名查询数据的性能。

小结：

① 文心一言能正确编写创建数据表、插入、修改、删除、查询、汇总统计数据等基础

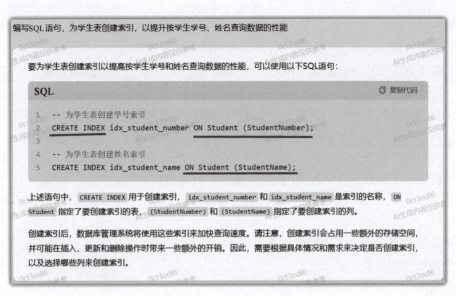

编写SQL语句，为学生表创建索引，以提升按学生学号、姓名查询数据的性能

要为学生表创建索引以提高按学生学号和姓名查询数据的性能，可以使用以下SQL语句：

```SQL
1   -- 为学生表创建学号索引
2   CREATE INDEX idx_student_number ON Student (StudentNumber);
3
4   -- 为学生表创建姓名索引
5   CREATE INDEX idx_student_name ON Student (StudentName);
```

上述语句中，`CREATE INDEX` 用于创建索引，`idx_student_number` 和 `idx_student_name` 是索引的名称，`ON Student` 指定了要创建索引的表，`(StudentNumber)` 和 `(StudentName)` 指定了要创建索引的列。

创建索引后，数据库管理系统将使用这些索引来加快查询速度。请注意，创建索引会占用一些额外的存储空间，并可能在插入、更新和删除操作时带来一些额外的开销。因此，需要根据具体情况和需求来决定是否创建索引，以及选择哪些列来创建索引。

图6-83　为学生表创建索引

的 SQL 语句，已达到初级程序员水平；

② 能合理定义数据表字段类型，正确定义主键；

③ 能正确编写 SELECT 语句筛选满足各种条件的数据；

④ 能正确编写 SELECT 语句分组统计数据；

⑤ 生成的代码可读性较高，代码比较工整，能做到换行、缩进、对齐，并遵守主流的编码规范与命名规则；

⑥ 初次生成的代码不一定最佳，我们可以不断提出修改要求，文心一言会按照我们的意图重构与完善代码；

⑦ 能合理给出创建索引等优化数据查询性能的方案；

⑧ 总之，文心一言能完成一些基本的 SQL 编程任务，生成的代码具有较大的参考价值，可为程序员节省时间，提高工作效率。

【知识拓展】

百度文心一言大语言模型有两种使用方式：

（1）普通用户：通过一问一答、人机交互方式使用，即用户在网页中输入问题，文心一言输出答案，这是最常见、简单的使用方式。

（2）开发者：编写代码，调用文心一言 API 接口，定制开发聊天机器人、智能客服等大语言模型应用，这是高级使用方式。

为方便开发者开发大语言模型应用，百度推出了"百度智能云千帆大模型平台"。此平台是一站式大语言模型开发平台，不仅提供文心一言底层模型和第三方开源大模型，还包含完整的工具链和开发环境，助力企业快速开发和应用自己的专属大模型。关于如何使用千帆大模型平台、调用文心一言 API 接口，请参见百度智能云千帆大模型平台有关文档。

【模块自测】

（1）利用百度文心一言，制作一份符合自己情况的求职简历。

（2）利用百度文心一言，撰写两篇以人工智能未来展望为主题的演讲稿，一篇面向小学生，一篇面向大学生。

（3）利用百度文心一言，制作一份关于人工智能与未来医疗方面的 PPT 大纲内容。

（4）利用百度文心一言，撰写一篇关于手机营销文章，要求采用小红书的风格。

（5）利用百度文心一言，创建一副精美的图片，图片主题可以是人物、风景、静物等。

（6）利用百度文心一言进行 AI 数据库编程，给出 SQL 语句：

① 创建 3 张数据表：学生表、课程表、成绩表，数据表名与字段名采用 Pascal 命名规则；

② 向 3 张数据表插入若干条测试数据；

③ 查询姓张的学生；

④ 查询成绩大于 80 分的学生；

⑤ 查询全部学生的成绩，查询结果包括学号、姓名、课程名、成绩。

【案例引入】

深度学习虽然具有很强大的数据表达能力，但不像人类的学习方式。从呱呱坠地开始，我们用眼睛审视绚丽多彩的世界、用耳朵倾听自然的声音、用皮肤触摸感知物体的冷热，所以人类一直是在与真实世界的交往过程中进行学习。作为机器学习的一类分支，强化学习的核心思想是让机器像人类一样通过与环境的交互，学习如何作出最优决策。在人工智能的研究和应用中，强化学习扮演着重要角色。它不同于传统的监督学习和无监督学习，因为其焦点不在于从海量数据中学习模式，而是在于如何基于环境反馈来优化行动策略。目前，强化学习已经在众多领域显示出巨大潜力，大模型的训练过程就使用了基于人类反馈的强化学习（Reinforcement Learning with Human Feedback，RLHF），以优化模型的响应质量，确保更好地理解和回应人类用户的请求。

2013 年，在知名的深度神经网络 AlexNet 提出仅仅一年以后，论文 *Playing Atari with Deep Reinforcement Learning* 正式发表，描绘了用深度强化学习方法进行 Atari 游戏，将强化学习与深度学习两种技术融合在一起，发挥各自的优势。该文以电子游戏的原始画面作为输入，训练智能体操作 7 种游戏，结果显示其中 6 种游戏智能体表现优于之前的方法，甚至有 1 个游戏的表现超过了人类的平均水平。2016 年 3 月，围棋人工智能算法 AlphaGo 打败了著名棋手李世石，让世人倍感震惊。在世界顶尖期刊"科学"的一篇论文中，前国际象棋世界冠军加里·卡斯帕罗夫认为 AlphaGo 的升级版 AlphaZero 似乎从战略而非策略的角度进行思考，就好比一个具有不可思议想象力的超级人类个体。

【案例分析】

AlphaZero 系统的核心模块只有两个：深度神经网络和一个被称为蒙特卡洛树搜索（Monte Carlo Tree Search，MCTS）的算法。MCTS 将围棋这类游戏当作一棵拥有诸多可能性的"树"，问题在于这棵树会以惊人的速度长大，没有一种计算力能够彻底搜索全树。此时神经网络就开始派上用场了，AlphaZero 的神经网络以棋局为输入，输出它需要评估当前棋手的胜率，结合 MCTS 算法预测如何落子才能够以最大可能获得胜利。具体流程可以总结为四个步骤：

1. 通过模仿学习（Behavior Cloning）对策略网络进行初步训练。
2. 两个策略网络互相对弈，并使用策略梯度对策略网络进行更新。

3. 使用策略网络去训练状态价值网络。

4. 基于策略网络和价值网络，使用蒙特卡洛树进行搜索，得到最优的落子。

【学习目标】

1. 知识目标

（1）理解强化学习的基本概念，包括智能体、环境及其不确定性等

（2）理解基于价值的强化学习方法的基本思想，包括累积奖励、V值、Q值和时间差分

（3）认识基于价值的 Q 学习方法

（4）认识深度强化学习方法 DQN

2. 技能目标

（1）能调用 Q 学习方法实现冰湖游戏任务

（2）能调用深度强化学习方法 DQN 实现砖块游戏任务

3. 素养目标

根据强化学习算法特征，引导学生养成持之以恒、脚踏实地的做事风格，教导学生"三人行必有我师"，要加强修养，善于触类旁通，以谦虚谨慎的态度看待他人的长处，并加以学习和吸收。

本模块将介绍传统强化学习与深度强化学习基本原理、模型及算法。我们将首先介绍强化学习中的基本定义和概念，包括智能体、环境、动作、状态、奖励函数，随后会介绍价值函数 V 和 Q 函数的概念及估计；随后介绍两种求解方式：蒙特卡洛（Monte-Carlo）方法和时间差分（Temporal Difference）方法；最后介绍一个常用的强化学习仿真库——Gym（现更名为 Gymnasium 库），并通过冰湖游戏及砖块游戏认识 Q 学习算法和深度 Q 网络算法。

任务一 认识强化学习

【思维导图】

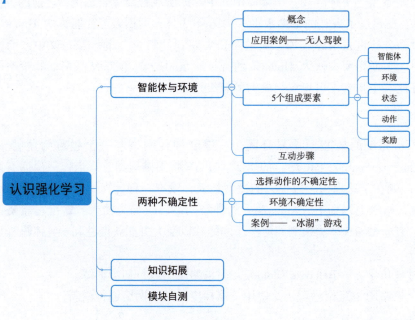

一、智能体与环境

（一）概念

强化学习是智能体持续与外部环境交互，基于环境的反馈做出动作，逐步试错，最终完成特定目标的人工智能模型训练方法，非常接近人类的学习模式，如图 7-1 所示。

智能体与环境

在训练过程中，智能体并非简单地接收预设指令和数据，而是持续不断地与外部环境进行深度交互。这种交互不仅限于单向的信息接收，更是智能体与环境之间双向的、动态的对话。在每一次的交互中，智能体都会根据环境的即时反馈，迅速调整自己的动作策略。这种调整并非盲目或随意的，而是基于其内置的算法和逻辑，以及对环境反馈的精准解读。通过这种不断试错、不断调整的过程，智能体逐渐积累了大量的经验和知识，这些经验和知识又反过来指导其后续的决策和行为。最终，当智能体在无数次的试错和调整后，成功地完成了特定的目标或任务时，我们可以说，它已经通过一种非常接近人类学习模式的方式，完成了自身的训练。这种训练方式不仅使智能体具备强大的学习和适应能力，更使其能够在复杂多变的环境中保持高度的灵活性和创新性。

图 7-1　智能体与环境交互（由文心一言生成）

因此，强化学习不仅为人工智能领域的发展提供了新的思路和方法，更为我们理解和模仿人类学习模式提供了有益的借鉴和参考。

（二）应用案例——无人驾驶

无人驾驶系统相当于强化学习系统中的智能体，集成了感知模块、决策模块和控制模块等智能功能，其中决策模块综合环境感知信息和车辆信息，经过多次训练，利用强化学习实现模仿类似人类驾驶的行为，如图 7-2 所示。环境感知模块的主要功能是通过感知器和车辆通信获取强化学习的输入信息，感知器主要包括传感器、激光、雷达和摄像机等，车辆通信主要包括车与车、车辆与道路基础设施以及北斗导航系统等。决策模块是无人驾驶系统的软件模块，该模块提取感知模块的输出信息，也就是高层抽象的场景理解信息，经过学习与函数映射关系，输出可执行的行为决策信息给智能体的执行模块。动作控制信息包括纵向运动的加速和减速等规划动作，变道、超车、转向等横向运动规划信息。智能体的决策能力是实现车辆全自动化的基本要素，采用强化学习实施无人自主决策，综合周围交通环境和自车信息，产生安全的驾驶行为。

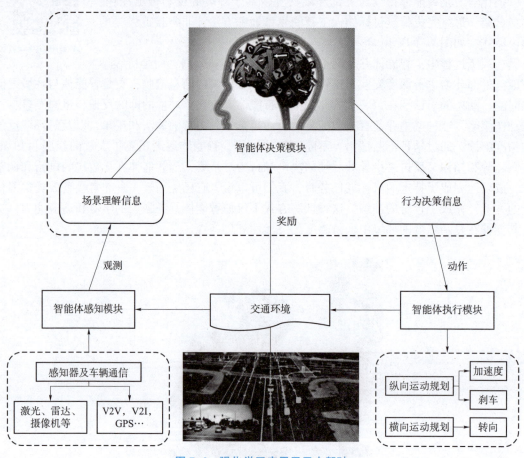

图 7-2　强化学习应用于无人驾驶

（三）5 个组成要素

一般来说，强化学习有 5 个组成要素，包括智能体、环境、状态、动作和奖励，如图 7-3所示。智能体（Agent）是被训练的主体，如机器人等；环境（Environment）是智能体所在的外部空间；状态（State）是智能体观察到的当前环境的特征；动作（Action）是智能体做出的具体行为；奖励（Reward）是在某个状态下完成动作之后环境给出的反馈，告知动作效果的优劣。在无人驾驶应用中，无人车做动作或者作决策，强化学习中的智能体就是无人车；而环境是与无人车交互的对象，无人车所处的真实交通物理世界就是环境，包括交互过程中的道路信息、交通标志、交通规则、驾驶经验等规则和推理机制。动作空间是决策模块输出给执行模块的行为

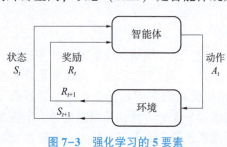

图 7-3　强化学习的 5 要素

决策信息，奖励表示交通环境对智能体基于当前状态产生动作的打分，需要系统设计人员设计奖励函数。

（四）互动步骤

强化学习的一般步骤为：智能体在环境中的 t 时刻，观察到状态 S_t；智能体根据状态 S_t 进行决策，选择一个动作 A_t；执行动作 A_t，环境进入 $t+1$ 时刻的状态 S_{t+1}，返回奖励 R_t 给智能体；智能体根据奖励调整策略；重复以上步骤，形成智能体与环境互动的轨迹，如图7-4所示。

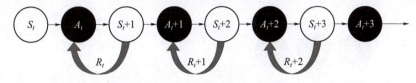

图7-4 智能体与环境互动的轨迹

在智能体与环境的交互过程中，智能体选择动作的方式称为智能体的策略（Policy）。智能体与环境进行交互，逐渐改善其动作的过程称为学习（Learning）过程。

二、两种不确定性

智能体的学习效果受到智能体与环境互动过程中存在的不确定性的影响。在学习过程中，智能体可以偏好"探索"（Exploration）进行学习，也可以偏好"利用"（Exploitation）进行学习。偏好探索是指智能体在交互学习过程中的策略不偏向于选择当前最优行为。与之相反的偏好利用是指智能体与环境的交互策略更倾向于选择当前最优行为。

两种不确定性

由于智能体与环境互动过程中存在不确定性，若是仅选择当前最优的行为则可能只能经历次优的状态，而若是不选择最优的状态，则学习效率低下。比如在公园散步，如果总是沿着之前走过的风景不错的路径，则有可能错过更好的风景，而如果不按照最佳路径前进，则可能迷路。

本部分教学目标是了解智能体与环境互动的两种不确定性。

（一）选择动作的不确定性

在强化学习的很多训练中，存在着两种不确定性。如图7-5所示，S 代表环境的某个状态，A 代表智能体选择的动作。第一种是智能体选择动作的不确定性，表现为每个动作都有一定的概率被选中。更有甚者，在面对环境中的某个状态时，智能体选择哪个动作可以具有随机性，因为随机地尝试执行新的动作可能带来更高的奖励，在训练的早期尤为重要。

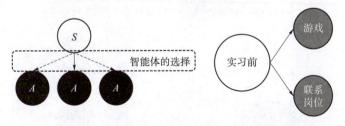

图7-5 智能体选择动作（策略）的不确定性

选择动作不确定性的一个例子是学校要求学生进行岗位实习时，有些同学可能选择整天打游戏不去实习，有些同学可能选择联系岗位，两种选择具有不确定性，也以不同的方式与环境进行了交互．

（二）环境不确定性

如图 7-6 所示，第二种是环境的不确定性，智能体两次面对同样的状态，执行同样的动作，因为环境状态转移的随机性，可以跳转到不同的状态，正如古希腊哲学家赫拉克利特的名言"人不能两次踏进同一条河流"。

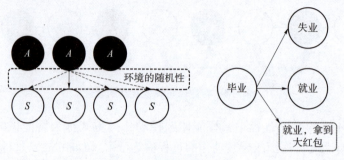

图 7-6　环境的不确定性

接着上面的例子，不同的同学选择不同的行为度过实习阶段，最后都面临毕业后就业的压力．就业环境决定一部分人能找到工作，少部分人找到工作还能拿到家长的大红包，但是还有一部分人会失业，整体情况反应出环境的不确定性．显然，在实习过程中表现良好的同学，最终就业或者找到好工作的可能性较大，这反映了环境对智能体行为作出的反馈．

（三）案例——"冰湖"游戏

在"冰湖"游戏中，滑冰人从当前位置可以选择移动到上、下、左、右四个方向的任意方格，这是智能体选择动作不确定性的表现，但是由于湖面光滑且风向和风速时刻在变化，滑冰人可能移动到非自身选择的上、下、左、右任意方格，这是环境不确定性的表现，如图 7-7 所示。

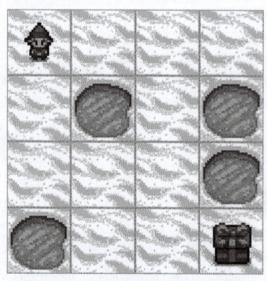

图 7-7　冰湖游戏中两种不确定性的体现

【知识拓展】

冰湖游戏中我们可以把智能体当作长征时期的红军小战士，他不幸掉队了，他要从左上角的起点穿越结冰的湖面才能赶上右下角的大部队，湖面上有许多危险的冰窟窿需要避开，每次只能选择上、下、左、右一个方向走一格，同时湖面上可能有风吹过影响移动的位置。你要怎么帮助他抵达目标呢？

【模块自测】

(1) 强化学习的一般步骤为（　　　）。

a. 执行动作 A_t，环境进入 $t+1$ 时刻的状态 S_t+1，返回奖励 R_t 给智能体。

b. 智能体根据奖励调整策略；重复以上步骤，形成智能体与环境互动的轨迹。

c. 智能体在环境中的 t 时刻，观察到状态 S_t。

d. 智能体根据状态 S_t 进行决策，选择一个动作 A_t。

A. abcd　　　　　B. bcda　　　　　C. cdab　　　　　D. dabc

(2)（多选）在强化学习中，可以进行交互的对象有（　　）。

A. 智能体（Agent）　　　　　　B. 状态（State）

C. 环境（Environment）　　　　D. 奖励（Reward）

(3)（多选）强化学习包含的要素有（　　）。

A. 智能体　　　B. 环境　　　C. 状态　　　D. 动作　　　　E. 奖励

(4)（判断）强化学习框架能够用来描述所有的具有目标导向的任务。（　　）

A. 正确　　　　B. 错误

(5) 以下能够用强化学习框架描述的例子有（　　）。

A. 迷宫　　　　B. 俄罗斯方块　　　C. 围棋　　　D. 看图说话

(6) 下列关于在强化学习的很多训练中的不确定性描述错误的是（　　）。

A. 强化学习的很多训练中存在着两种不确定性：智能体选择动作的不确定性与环境的不确定性

B. 智能体选择的动作不可以具有随机性

C. 随机地尝试执行新的动作可能带来更高的奖励，在训练的早期尤为重要

D. 智能体两次面对同样的状态，执行同样的动作，因为环境中状态转移的随机性，可以跳转到不同的状态

(7) 驾驶问题。你可以根据油门、方向盘、刹车，也就是你身体能接触到的机械来定义动作。或者你可以进一步定义它们，当车子在路上行驶时，将你的动作考虑为轮胎的扭矩。你也可以退一步定义它们，首先用你的头脑控制你的身体，将动作定义为通过肌肉抖动来控制你的四肢。或者你可以定义一个高层次的动作，比如动作就是目的地的选择。上述哪一个定义能够正确描述环境与 Agent 之间的界限？哪一个动作的定义比较恰当，并阐述其原因？

任务二　基于价值的方法

【思维导图】

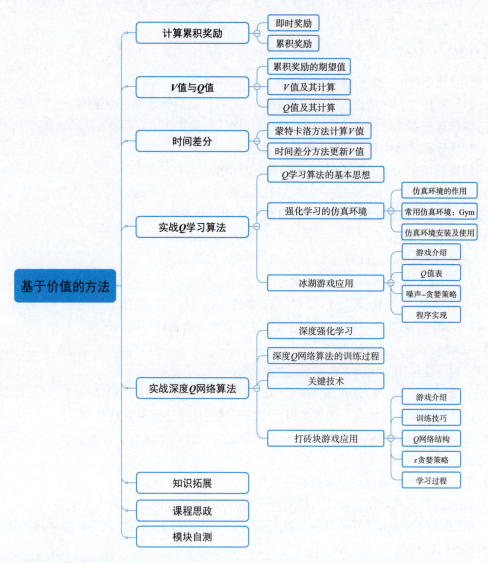

一、计算累积奖励

（一）即时奖励

回顾智能体与环境的互动，如图 7-8 所示，当智能体从 t 时刻的一个状态 S_t 选择动作 A_t，就会进入 $t+1$ 时刻的状态 S_{t+1}；同时，也会给智能体奖励 R_t。奖励既可能是正数，也可能是负数。正数代表鼓励智能体在这个状态下继续这么做，负数代表不希望智能体这么做。在强化学习中，用奖励作为智能体学习

计算累积奖励

的引导，期望智能体获得尽可能多的正向奖励。

奖励 R_t 是智能体在 t 时刻的状态 S_t 采取行动 A_t 后给予的直接反馈，因此在表现上该奖励是即时的，即

$$R_t = R(S_{t+1})$$

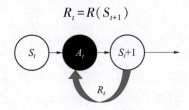

图7-8 智能体与环境的互动关系

如图7-9所示，大学读了3年，100天后要毕业了，现在想去实习找工作。有两种选择的策略：

（1）随便吧，反正还早，继续玩游戏，心情愉快，每天获得+1心情值（即时奖励）；

（2）努力联系工作单位，找实习岗位，心累啊，每天心情值−2（即时奖励）。

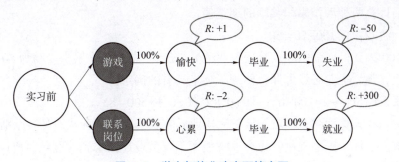

图7-9 学生与就业确定环境交互

（二）累积奖励

但是在强化学习中，一般不能单纯通过某个时刻的奖励，也就是即时奖励来衡量智能体动作的优劣。我们必须用长远眼光看待问题，要把未来受当前状态影响的奖励也以一定的折扣计算到当前状态下再进行选择动作的决策，这种奖励就是累积奖励，计算公式如下：

$$G_t = R_t + \gamma R_{t+1} + \gamma^2 R_{t+2} + \gamma^3 R_{t+3} + \cdots$$

其中 G_t 表示对未来一段时间所有奖励的累积估计，γ 是取值 $0\sim1$ 的一个小数，称为折扣率。

如图7-9的例子，我们可以计算折扣率为1（也就是不考虑折扣）的情况下的两种决策下的累积奖励：

选择1玩游戏：1×100（天）$-50=50$

选择2联系岗位：-2×100（天）$+300=100$

从每一天看，肯定选择玩游戏，因为每天玩游戏的即时奖励为1，而联系岗位的即时奖励为−2。但是100天后，选择玩游戏，因为失业，遭受社会暴击，心情值马上减50，累积奖励只有50；而选择找工作实现就业，心情值飙升 R 值增加300，累积奖励达到100，累积奖励越高，表示从当前状态到最终状态能获得的奖励将会越高。因为智能体的目标是获取尽

可能多的奖励，在当前状态只需要选择累积奖励高的动作就可以了，在上面的例子中，应该选择策略（动作）2——联系岗位。所以从长远看我们还是要先苦后甜，踏踏实实地去联系岗位找工作，这也说明智能体如何选择动作要依据该动作能够带来的累积奖励，而不是即时奖励。

二、V 值和 Q 值

本节我们需要掌握计算累积奖励的期望值，定义并计算价值函数 V 值、状态-动作价值函数 Q 值，明确 V 值与 Q 值的关系。

V 值和 Q 值

（一）累积奖励的期望值

计算累积奖励更复杂的情况需要考虑智能体选择动作的不确定性和环境的不确定性。因此，需要计算累积奖励的期望值。这里仍然以毕业实习找工作为例，如图 7-10 所示。与图 7-9 相比，本例中存在"环境的不确定性"，如果选择联系岗位，也有可能失业，当然有更大可能就业，并且就业后家长高兴说不定还给个大红包。现在我们计算两种动作累积奖励的期望值：

选择 1 玩游戏：$1×100-50=50$

玩游戏 100 天获得奖励 100 点减去失业遭受暴击 50 点，最终累积奖励为 50 点。玩游戏肯定心情愉快，随后毕业必然失业，体现了环境具有的确定性。

选择 2 联系岗位：$-2×100-0.1×50+0.8×300+0.1×500=85$

联系岗位 100 天奖励减 200 点，接下来毕业后究竟会处于哪种状态是一个概率分布，既有 10% 概率失业、80% 概率就业，还有 10% 概率不仅就业还能拿到大红包，所以计算毕业这个状态的期望值，也就是计算失业、就业以及就业拿到大红包三种情况的概率值与对应奖励乘积的和，因此最终联系岗位这个动作的累积奖励为 85 点。毕业后处于哪种状态的概率分布与个人动作，也就是联系岗位无关，只与环境相关，体现了环境具有的不确定性。

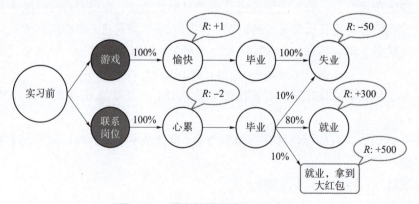

图 7-10　学生与就业随机环境交互

（二）V 值及其计算

某个状态累积奖励的期望值又称为状态价值函数，或简称为价值函数，记为 V，数学表达式为：

$$V(S_t = s) = E(G_t \mid S_t = s)$$

若带入从不同状态 s' 条件下得到状态 s 的概率 $P_{ss'} = P(S_t = s \mid S_{t-1} = s')$，则上式可写为：

$$V(S_t = s) = R_s + \gamma \sum_{s' \in S} P_{ss'} v(s')$$

其中 S 是所有可能的状态的集合。

概括地讲，V 值是评估状态的价值。如图 7-11 所示，要计算状态 S 的 V 值，就是计算智能体在状态 S 下，采用策略 π，一直走到最终状态的累积奖励的期望值，其中 π 代表智能体选择各种动作的概率。V 值和策略 π 密切相关，好的策略带来更多奖励。

如图 7-12 所示，如果采用平均策略 $[A_1 : 50\%, A_2 : 50\%]$，即选择 A_1 或者 A_2 的概率均为 50%，则：

$$V = 0.5 \times 100 + 0.5 \times 200 = 150$$

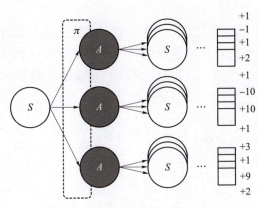

图 7-11 V 值用于评估状态的价值

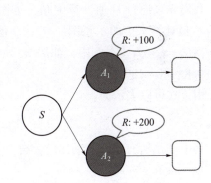

图 7-12 V 值计算举例

V 等于选择 A_1 的概率 0.5 乘以对应的奖励 100，再加上选择 A_2 的概率 0.5 乘以对应的奖励 200，得到结果为 150。

如果改变策略 $[A_1 : 30\%, A_2 : 70\%]$，选择 A_1 的概率为 30%、选择 A_2 的概率为 70%，则：

$$V = 0.3 \times 100 + 0.7 \times 200 = 170$$

V 等于选择 A_1 的概率 0.3 乘以对应的奖励 100，再加上选择 A_2 的概率 0.7 乘以对应的奖励 200，得到结果为 170。

我们希望带来更多奖励的动作有更大的概率被选中，这是强化学习的目标，因此第二种策略优于第一种策略。

（三）Q 值及其计算

价值函数是对状态的评估，不是对智能体的策略及动作的直接评估。为此可以引入状态-行为价值函数，或简称为行为价值函数，记为 Q，数学表达式为：

$$Q(S_t = s, A_t = a) = E(G_t \mid S_t = s, A_t = a)$$

Q 值是评估动作的价值，如图 7-13 所示，要计算动作 A 的 Q 值，就是执行动作 A 后，受环境 P 影响，一直走到最终状态的累积奖励的期望值，其中 P 代表转移到状态的概率。

因为智能体与环境互动产生状态—动作—状态—动作的交替轨迹（见图 7-14），V 值和

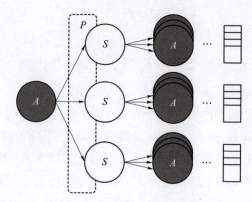

图 7-13　Q 值用于评估动作的价值

Q 值可以相互计算。

我们先来通过 Q 值计算 V 值，如图 7-14 所示，把图 7-12 中的 V 值受策略影响改写，得到 Q 值计算 V 值的示意图，其中 Q 值代表对应动作的累积奖励，计算 V 值可以表示为：$V = \pi_1 \times Q_1 + \pi_2 \times Q_2$。本例中，如果 $\pi_1 = 0.2$、$\pi_2 = 0.8$，已知 $Q_1 = 100$、$Q_2 = 200$，则 $V = 0.2 \times 100 + 0.8 \times 200 = 180$。

用公式可以表示为：

$$V(S_t = s) = \sum_{a \in A} \pi(a \mid s) Q(s \mid a)$$

其中 A 是所有可能的动作的集合。

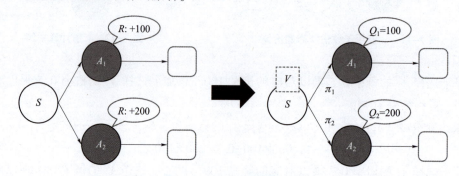

图 7-14　用 Q 值计算 V 值

我们再来考虑用 V 值计算 Q 值。在 Q 的定义公式中带入累积奖励 G_t 值的定义，则得到

$$Q(S_t = s, A_t = a) = E(R_{t+1} + \gamma q(S_{t+1}, A_{t+1}) \mid S_t = s, A_t = a)$$

若代入从不同状态 s' 条件下，以动作 a 得到状态 s 的概率 $P_{ss'}^a = P(S_t = s \mid A_{t-1} = a, S_{t-1} = s')$，则上式可写为：

$$Q(S_t = s, A_t = a) = E(R_{t+1}) + \gamma q(S_{t+1}, A_{t+1}) = R_{t+1} + \gamma \sum_{s' \in S} P_{ss'}^a v(s')$$

计算过程有两点要注意：第 1 点就是动作本身有一个即时奖励 R，需要加上；第 2 点是未来状态随着时间推移对现在的影响会减少，奖励折算到现在要有折扣。对应图 7-15，计算 Q 值可以表示为：$Q = R + \gamma \times (P_1 \times V_1 + P_2 \times V_2 + P_3 \times V_3)$，其中 P_1、P_2 和 P_3 是转移到对应状态 S 的概率，和为 1，γ 代表折扣率，作为超参数，人为取 0~1 靠近 1 的值。

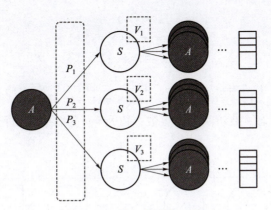

图 7-15　用 V 值计算 Q 值

　　为便于理解 Q 值计算公式，下面仍然以毕业找工作为例进行说明，如图 7-16 所示。我们简化"联系岗位"这个动作的后续步骤，与 Q 值计算公式对应。这里即时奖励 R 为心累 100 天的奖励值-200，失业、就业和就业拿到大红包 3 个状态的 V 值分别为-50、300 和 500，令折扣率 $\gamma=1$，所以使用 Q 值计算公式的计算结果 $Q=-200-0.1\times50+0.8\times300+0.1\times500=85$。

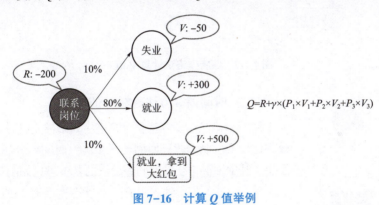

图 7-16　计算 Q 值举例

三、时间差分

　　本节我们需要了解蒙特卡洛方法和时间差分方法的思想，理解时间差分更新公式。

（一）蒙特卡洛方法计算 V 值

时间差分

　　价值函数 V 和 Q 都是由累积奖励定义的，是奖励的数学期望，因此是多次采样的平均值。回顾图 7-4 的智能体与环境的交互过程，V 值的计算过程如图 7-17 所示：为计算状态价值函数——V 值，常规思路是从当前状态根据策略往前走，一直走到最终状态，记录状态轨迹以及每个状态获得的即时奖励 R。接着，从终点往回看，依次计算每个状态的累积奖励 G 值，G 值等于上一个状态的 G 值乘以折扣率 γ，再加上 R，一直计算到当前状态为止。走很多次，每次的状态轨迹（由于动作和环境的不确定性）一般均不一样，计算出每次轨迹当前状态的 G 值，然后取这些 G 值的平均值就是 V 值，这种方法称为蒙特卡洛方法。

其计算公式如下：

$$N(S_t=s) \leftarrow N(S_t=s)+1$$
$$G_t \leftarrow R_t + \gamma\, G_t$$
$$V(S_t=s) \leftarrow V(S_t=s) + \frac{1}{N(S_t=s)}(G_t - V(S_t=s))$$

其中 $N(S_t=s)$ 为状态 s 被访问到的次数，$V(S_t=s)$ 为状态价值函数，G_t 为每一时刻 t 上所对应的累积奖励。

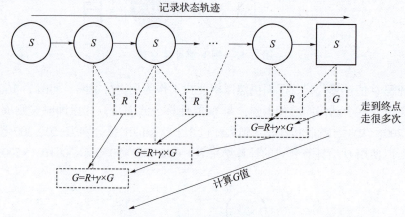

图 7-17　蒙特卡洛法计算 V 值

（二）时间差分方法更新 V 值

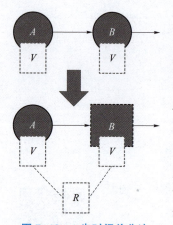

图 7-18　1 步时间差分法

蒙特卡洛法需要等待整个轨迹序列采样完成后才能得到 G 值，效率比较低。能不能只回溯若干步呢？时间差分法就体现了这一思想。其中回溯 1 步的时间差分法的基本思想如图 7-18 所示，从 A 状态，经过 1 步，到 B 状态。B 状态本身有 V 值，其意义就是从 B 状态多次走到最终状态的总价值平均，也就是总价值期望。可以认为 B 状态的 V 值是对的，通过回溯计算，我们就能用 B 状态的 V 值来更新 A 状态的 V 值。那么，为什么能假设 B 状态的 V 值是对的呢？可以证明，更新过程中下一个状态的 V 值会逐步收敛到其真实的 V 值。正是基于这样的前提，我们可以用下一个状态的 V 值来更新当前状态的 V 值，这种方法称为时间差分。

如图 7-19 所示，时间差分更新公式为：

$$V(S_t=s) \leftarrow V(S_t=s) + \alpha(R_{t+1} + \gamma V(S_{t+1}=s') - V(S_t=s))$$

α 称为学习率，取 0~1 的值，s 为 t 时刻的实际状态，s' 为 $t+1$ 时刻的状态，一般 $s' \neq s$。$R_{t+1} + \gamma V(S_{t+1}=s')$ 意味着使用下一个状态的 V 值加上状态转移的即时奖励 R，作为当前状态 V 值的更新目标。如何理解时间差分更新公式呢？因为 V 值是一个客观存在的值，$R_{t+1} + \gamma V(S_{t+1}=s')$，也就是下一个状态的 V 值加上状态转移的即时奖励 R，是一个围绕真实的 V 值波动的值，当更新次数足够多时，它就和真实的自己很接近了。实际上，迭代停止的条件就是 $R_{t+1} + \gamma V(S_{t+1}=s') - V(S_t=s)$ 的平均值为 0。

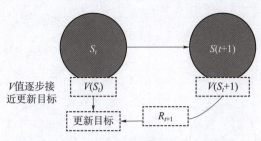

图 7-19 时间差分更新公式示意

四、实战 Q 学习算法

（一）Q 学习算法的基本思想

解读 Q 学习算法

前面我们学习了 Q 值与 V 值，并且学习了两者的相互转换公式。V 值表示对某状态的评估，Q 值表示对某状态下某动作的评估，因此 Q 值是对动作选择（策略）的更直接的评估方法。这里主要利用了前面学过的以 Q 值表示 V 值的公式，即

$$V(S_t = s) = \sum_{a \in A} \pi(a \mid s) Q(s \mid a)$$

蒙特卡洛法与时间差分法是对 V 值的学习，现在我们将视角从 V 值转到 Q 值，进而得到 Q 学习算法。

用时间差分法可以更新 V 值，而 V 值可以用 Q 值表示，因此也可以更新 Q 值。从图 7-20 可以看到，当前状态的动作 A_t，表示在当前状态 S_t 时智能体执行动作 A_t 后转移到下一个状态 S_{t+1}，其中 $Q(S_t, A_t)$ 代表当前状态 S_t 执行动作 A_t 到最终状态获得的累积奖励期望值。为了计算当前状态执行动作的 Q 值，还得计算下个状态的 V 值。那么，能不能用下一个状态某个动作的 Q 值代替对应的 V 值呢？这样只需要计算 Q 值即可。

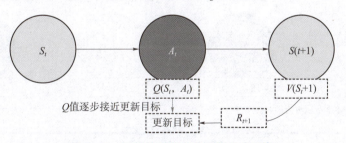

图 7-20 细化的时间差分更新公式示意

如图 7-21 所示，时刻 t 的下一个时刻 $t+1$ 的状态 S_{t+1} 根据策略 π 可以选择不同的动作 A_{t+1}。不同动作的 Q 值自然是不同的，所以不同动作的 $Q(S_{t+1}, A_{t+1})$ 并不能等价于状态 S_{t+1} 的 V 值，也就是 $V(S_{t+1})$。

Q 学习算法除了应用 Q 值和 V 值的相互关系，还引入了"最优"策略的思想——贪婪算法的思想。贪婪算法的核心思想是选择一个动作 a，该动作能够产生最大 Q 值，就用该值作为 V 值进行训练，如图 7-22 所示。可用公式表示为：

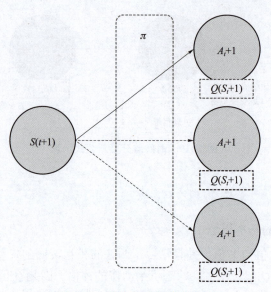

图 7-21　状态与动作对应关系

$$V(S_t=s) = \sum_{a \in A} \boldsymbol{\pi}^*(a \mid s) Q(s \mid a) = Q(s \mid a^*)$$

其中当 $a=a^*$ 时 $\boldsymbol{\pi}^*(a \mid s)=1$，$a^*$ 为使 Q 值最大的行为，

$$Q(S_{t+1}, A_{t+1}=a^*) = \max_{A_t=a} Q(S_{t+1}, A_{t+1})$$

所以，对比 V 值的时间差分更新公式，我们有 Q 值更新公式为：

$$Q(S_t, A_t) \leftarrow Q(S_t, A_t) + \alpha(R_{t+1} + \gamma \max_{A_t=a} Q(S_{t+1}, A_t) - Q(S_t, A_t))$$

公式的含义是使用能产生最大 Q 值的下一个动作 a 的 Q 值加上状态转移的即时奖励 R，作为当前动作 Q 值的更新目标。

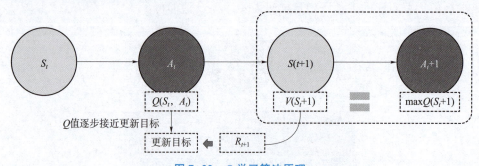

图 7-22　Q 学习算法原理

Q 学习算法通过策略迭代更新的方式来进行强化学习。在具体实现中，如果一直根据贪婪思想利用当前状态下 Q 值最大的动作，会导致其他一些动作没被选择更新，以至于无法对其价值进行估计。如图 7-23 所示，假设某次智能体选择最上面的路径，根据 Q 学习算法更新公式，计算得到某动作 Q 值为 2。由于其他动作还没执行过，因此保持初始值（一般为 0）。按照贪婪思想，下一次智能体来到状态 S 的时候，会选择 Q 值最大的动作，也就是 $Q=2$，于是最上面的路径再次被执行，Q 值被更新。然后再一次，智能体仍然只会选择最上面的线路。

但事实上，Q 值最大的可能是其他的动作，然而其他动作 Q 值初始化为 0，只是因为没有被"探索"出来。所以我们会希望智能体在开始的时候更多随机行走去探索，等到一定阶段，也就是各条路径都探索过了以后，再按照 Q 值最大的策略去行走。

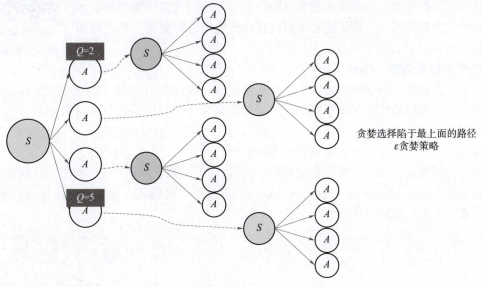

图 7-23　贪婪策略的局部最优性

可以想象，在很多实际情况中，譬如图 7-24 中的即时策略游戏，开局时基地周边的资源情况未知，在环境的不确定性很强的情况下，强化学习训练的智能体作为玩家应该采用带有随机性的策略勘探地图，而不仅仅只朝一个方向探索，从而能确保找到资源。这种思想称为 ε 贪婪策略。具体来说，ε 取 0~1 的概率值，也就是以概率 $1-\varepsilon$ 选择 Q 值最大的动作，以概率 ε 随机选择动作。

图 7-24　即时游戏中的开局地图

ε 贪婪策略可用公式表示为：

$$\pi^*(a \mid s) = \begin{cases} 1-\varepsilon, & a \text{ 为最优策略} \\ \varepsilon, & a \text{ 不为最优策略} \end{cases}$$

（二）强化学习的仿真环境

1. 仿真环境的作用

强化学习在训练过程中可以直接通过智能体与真实环境进行交互，并通过传感器获得更新后的环境状态与奖励。但是考虑到真实环境的复杂性以及实验代价等因素，一般优先在虚拟的软件环境中进行测试，再迁移到真实环境中。

强化学习的
仿真环境 Gym

2. 常用仿真环境：Gym

为了方便研究、调试和评估强化学习算法模型，Gym 仿真环境（现更名为 Gymnasium）应运而生。与以往的仿真环境不同，Gym 旨在提高强化学习领域研究的可重复性与一致性，为领域提供一套标准 API 用于强化学习仿真实验，只需要编写少量 Python 代码即可完成实验中游戏环境的创建与交互，使用起来非常方便。

Gym 环境包括了众多简单经典的控制小游戏，如平衡杆、过山车、冰湖、太空侵略者、打砖块、赛车等，如图 7-25 所示。这些游戏规模虽小，但是对决策能力要求很高，非常适合评估强化学习算法的智能程度。

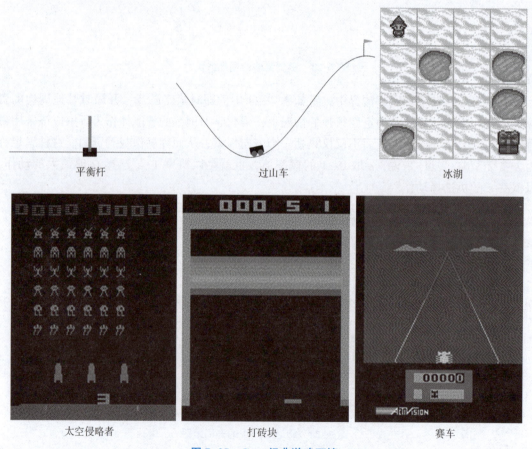

平衡杆　　　　　　　　　　过山车　　　　　　　　　　冰湖

太空侵略者　　　　　　　　打砖块　　　　　　　　　　赛车

图 7-25　Gym 经典游戏环境

3. 仿真环境安装及使用

Gym 仿真环境可以通过 pip 或者 conda 命令安装：

pip install gym 或 conda install gym

Gym 仿真环境的实验步骤依次为：

（1）导入 gym 包：import gym。

（2）创建游戏环境：env＝gym. make（'环境名'）。

（3）初始化环境，并返回一个初始状态：s＝env. reset（）。

（4）强化学习的目标就是训练一个函数，能从这个环境中获取最多的奖励，不同的强化学习算法定义的函数形式各不相同。现在有了一个初始状态，将它作为该函数的输入，就可以输出动作：a＝f（s）。

（5）选取输出动作，代入游戏环境提供的 step 函数，根据环境配置，该函数自动给出仿真环境的结果，也就是返回进入的下一个状态和当前获得的奖励：s_, r, done, info ＝ env. step（a）。

（6）将下一个状态 s_作为当前状态，并把（4）~（6）步组成一个循环，那么游戏就能自动进行下去了：s＝s_。

（7）根据需要，可以获取状态空间和动作空间，也就是所有状态、所有动作的集合。

（8）训练结束，销毁游戏：env. close（）。

使用 Q 学习算法
训练智能体进行
冰湖游戏

（三）冰湖游戏应用

1. 游戏介绍

如图 7-26 所示，冰湖游戏的环境由 4×4＝16 的网格方块组成，代表结冰的湖面。每个网格可以是左上角的起始块 S，右下角的目标块 G、其他冰面的行走块 F 或者冰窟窿所在的危险块 H。训练目标是让智能体学习从左上角的起始块移动到右下角的目标块上，而不是移动到危险块，也就是掉进冰窟窿，这样游戏就失败了。智能体在当前方块可以选择向上、向下、向左或者向右移动，同时游戏中还有可能吹来一阵风，将智能体吹到任意的方块上。只有到达终点目标块才能获得奖励为 1，其他移动奖励均为 0。

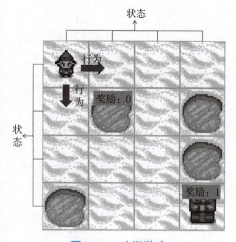

图 7-26　冰湖游戏

2. Q 值表

回顾 Q 值更新公式：

$$Q(S_t, A_t) \leftarrow Q(S_t, A_t) + \alpha(R_{t+1} + \gamma \max_{A_t=a} Q(S_{t+1}, A_t) - Q(S_t, A_t))$$

在 Q 学习中需要选择下一个能够产生最大 Q 值的动作，用这个 $\max_{A_t=a} Q(S_{t+1}, A_t)$ 与即时奖励 R_{t+1} 相加，作为当前动作 Q 值的更新量。更新公式的基本依据是迭代过程中动作的 Q 值会逐步收敛到其真实的 Q 值。

在 Q 学习中有一个比较重要的概念——Q 值表，也就是 Q 学习中待训练的 $Q(S_t,A_t)$。图 7-26 所示的冰湖游戏的状态有 4 行×4 列=16 个，即每个网格方块都是一个状态。动作有 4 种，即向左、向下、向右或者向上移动，因此状态空间和动作空间都是由离散值构成的，智能体策略函数可以用一个 Q 值表进行表征，如表 7-1 所示，表的每行代表一个状态，每列代表一个动作，每个单元对应了特定状态下选择特定动作后的 Q 值，状态 id = 4×行号+列号。

表 7-1　冰湖游戏 Q 值表

Q 值表		动作 0	动作 1	动作 2	动作 3
状态 id	状态特征	左	下	右	上
0	S				
1	F				
2	F				
3	F				
4	F				
5	H				
6	F				
7	H				
8	F				
9	F				
10	F				
11	H				
12	H				
13	F				
14	F				
15	G				

3. 噪声-贪婪策略

在 Q 学习选择动作的时候，理论上每次都会利用经验，使用当前状态下 Q 值最大的动作，这样的选择方式称为"贪婪"。但是，只选择 Q 值最大的动作，会造成没有被选择过的动作得不到更新，Q 值永远为 0，需要平衡探索新路径和利用已有经验。在本例中，我们采用与 ε 贪婪策略相似的噪声-贪婪策略来挖掘真实 Q 值较大，但是当前还没有探索出来、Q 值接近 0 的动作，在每次选择动作的时候，给每个可能选择的动作叠加一个噪声。所谓噪声，就是在原来的值上增加一个随机值，如图 7-27 所示。某个状态下 4 个可选动作：

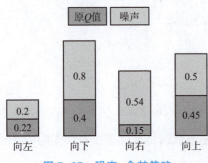

图 7-27　噪声-贪婪策略

向左、向下、向右与向上，其中蓝色部分代表 Q 值表中该状态对应的 Q 值，黄色部分是噪声，随机得到，每一次都会不同。可以看到，原来蓝色部分 Q 值最大的是"向上"动作（0.45），但在加上噪声之后，Q 值最大的是"向下"动作（0.4+0.8），最终智能体会选择动作 2。所以，可以通过噪声来"干扰"智能体的选择，达到让智能体有更多探索的机会。需要强调的是，这些噪声只是在选择的时候临时加上，每次都随机，只是干扰了当前选择，并不会影响真正的 Q 值。当我们认为智能体对环境的了解已经足够充分时，就可以慢慢减少噪声的大小。在具体实现中，只需要在每次游戏后，减少产生噪声的大小，这样仍然有干扰，但会逐渐减少，直到相对于真正的 Q 值没有影响的程度。最终，智能体按照自己的策略选择动作。

4. 程序实现

第一步：加载需要用到的第三方资源库和冰湖游戏环境

加载包括系统库 os、系统时间库 time、科学计算资源库 numpy、可视化绘图资源库 matplotlib 和仿真环境库 gym。

```
import os
import time
import gym
import matplotlib. pyplot as plt
import numpy as np
```

第二步：初始化

（1）加载冰湖游戏环境。

```
alg_name=' Qlearning'
env_id=' FrozenLake- v1'
env=gym. make(env_id,desc=None,map_name="4x4",is_slippery=True)
render=False    # 是否渲染环境(默认否)
```

（2）建立 Q 值表，并初始化为全 0 数组。形状为：[状态空间，动作空间]。

```
Q=np. zeros([env. observation_space. n,env. action_space. n])
```

（3）设置 Q 值更新公式的学习率、奖励随状态转移的折扣率、训练迭代次数、开始训练时间等。

```
lr=0. 85    # 学习率 alpha
lambd=. 99   # 折扣率
num_episodes=10000   # 迭代次数,也就是训练迭代 10000 次游戏
t0=time. time()
```

第三步：训练 Q 值表

（1）模型训练。程序主体包含双重循环。外层循环是游戏迭代执行的次数，在这里需要对每次游戏的执行进行初始化。内层循环对应一次游戏从开始到结束的所有步数。第一条关键语句是从 Q 值表中，找到当前状态对应动作序列的 Q 值，并为这些 Q 值加上随机噪声，然后找到 Q 值+噪声最大的动作作为策略输出动作。接着，与环境交互得到下一个状态和即

时奖励。检查下一个状态中所有动作的 Q 值，找出最大 Q 值，使用 Q 值更新公式更新 Q 值表：

```
all_episode_reward=[]  # 用于记录每次迭代的总奖励,了解智能体是否有进步
for i in range(num_episodes):
    ## 初始化环境,得到初始状态
    s,_=env. reset()  # 初始状态值
    rAll=0  # 用于记录这次游戏的总奖励,这里先初始化为 0
    ## Q 学习算法
    for j in range(300):
        if render:env. render()
        ## 选择最大的 Q 值+噪声的动作进行学习
        a=np. argmax(Q[s,:]+np. random. randn(1,env. action_space. n) * (1. /(i+1)))
        ## 与环境交互得到下一个状态和即时奖励
        s1,r,d,_,_=env. step(a)
        ## 更新 Q 值表
        Q[s,a]=Q[s,a]+lr * (r+lambd * np. max(Q[s1,:])- Q[s,a])
        rAll+=r
        s=s1
        if d is True:
            break
    if i==0:
        all_episode_reward. append(rAll)
    else:
        all_episode_reward. append(all_episode_reward[- 1] * 0. 99+rAll * 0. 01)
    print(' Training|Episode:{}/{}|EpisodeReward:{:. 4f}|all_episode_reward:{:. 4f}|Running Time:{:. 4f}'.
format( i+1,num_episodes,rAll,all_episode_reward[i],time. time()- t0))
```

（2）训练结束后保存 Q 值表。

```
path=os. path. join(' model',' _'. join([alg_name,env_id]))
if not os. path. exists(path):
    os. makedirs(path)
np. save(os. path. join(path,' Q_table. npy' ),Q)
```

第四步：模型评估

使用训练好的 Q 值表进行冰湖游戏，发现游戏中成功闯关的比例达到 70% 以上。考虑环境具有较大的偶然性，能达到 70% 以上的成功比率说明 Q 学习算法的训练效果是可行的，如图 7-28 所示。

```
path=os. path. join(' model',' _'. join([alg_name,env_id]))
Q=np. load(os. path. join(path,' Q_table. npy' ))
sum_rAll=0
for i in range(num_episodes):
    ## 初始化环境,得到初始状态
```

```
    s,_=env. reset()
    rAll=0
    ## 开始一次游戏
    for j in range(300):
        ## 从 Q 值表中选择一个 Q 值最高的动作
        a=np. argmax(Q[s,:])
        ## 与环境交互得到下一个状态和即时奖励
        s1,r,d,_,_=env. step(a)
         rAll+=r
         s=s1
         if d is True:
            break
    print(' Testing|Episode:{}/{}|Episode Reward:{:. 4f}|Running Time:{:. 4f}'. format(i+1,num_episodes,rAll,
time. time()-t0))
    sum_rAll+=rAll
    print(' 游戏中成功闯关比例:{:. 4f}'. format(sum_rAll/num_episodes))
```

```
Testing  |  Episode: 9991/10000   |  Episode Reward: 1.0000   |  Running Time: 58.6040
Testing  |  Episode: 9992/10000   |  Episode Reward: 1.0000   |  Running Time: 58.6040
Testing  |  Episode: 9993/10000   |  Episode Reward: 1.0000   |  Running Time: 58.6050
Testing  |  Episode: 9994/10000   |  Episode Reward: 1.0000   |  Running Time: 58.6050
Testing  |  Episode: 9995/10000   |  Episode Reward: 0.0000   |  Running Time: 58.6050
Testing  |  Episode: 9996/10000   |  Episode Reward: 1.0000   |  Running Time: 58.6060
Testing  |  Episode: 9997/10000   |  Episode Reward: 0.0000   |  Running Time: 58.6063
Testing  |  Episode: 9998/10000   |  Episode Reward: 0.0000   |  Running Time: 58.6063
Testing  |  Episode: 9999/10000   |  Episode Reward: 0.0000   |  Running Time: 58.6063
Testing  |  Episode: 10000/10000  |  Episode Reward: 0.0000   |  Running Time: 58.6063
游戏中成功闯关比例：0.7308
```

图 7-28　模型效果评价

五、实战深度 Q 网络算法

（一）深度强化学习

在 Q 学习算法中，我们通过 Q 值更新公式，在智能体与环境的互动过程中学习得到 Q 值表。但是在许多实际问题中，动作和状态非常多，利用 Q 值表不能有效学习。如图 7-29 所示的打砖块游戏，玩家移动底部的球拍，把球打在屏幕上方的砖墙上，目标是摧毁砖墙。玩家可以尝试让球穿透墙壁，让球对墙壁的另一边造成更大破坏。打砖块游戏的动作空间由 4 个离散的动作组成，分别是：无操作，即不移动挡板；开火，即在初始时刻或者没接住小球时刻，向上发射新的小球；向右移动挡板；向左移动挡板。状态空间是环境返回的 RGB 彩色图像画面，图像的每个通道像素对应取值范围 0~255。所以，如果图像的宽

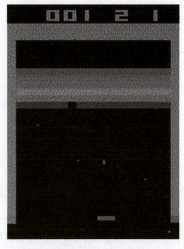

图 7-29　打砖块游戏

和高分别为 160 和 210，则状态空间包含的图像数量为 $256^{160×210×3}$，每一张图像对应一个状态，可以认为状态空间由连续值组成。

现在的问题是，面对打砖块游戏，我们怎么用智能体模拟游戏操作呢？显然，这类游戏的状态或者动作是连续值，Q 值表无法列出这些值。直观的想法是，因为函数的自变量和应变量可以是连续值，我们用一个函数代替 Q 值表，来表示连续的状态或者动作及其映射关系。问题转化为如何找到一个函数来进行替代，根据前面的学习，我们知道深度神经网络可以很好地拟合函数，因此我们用它来代替 Q 值表。这样，传统的强化学习引入了深度学习技术，称为深度强化学习。它是深度神经网络技术不断发展，与强化学习融合的产物。

（二）深度 Q 网络算法的训练过程

深度 Q 网络算法，简称 DQN 算法，属于深度强化学习算法，思路来源于 Q 学习算法，用深度神经网络取代 Q 值表。如图 7-30 所示，称该神经网络为 Q 网络。如何确定 Q 网络更新目标呢？回忆一下，在手写数字识别等监督学习的数据集中，有标签好的数据作为更新目标。在这里，DQN 算法和 Q 学习算法一样，用下一个状态S_{t+1}的最大 Q 值替代S_{t+1}的 V 值，$V(S_{t+1})$加上状态转移产生的奖励 R_t+1，作为 $Q(S_t, A_t)$ 的更新目标。与 Q 学习算法不同的是，DQN 不使用 Q 值表，而是 Q 网络进行学习。

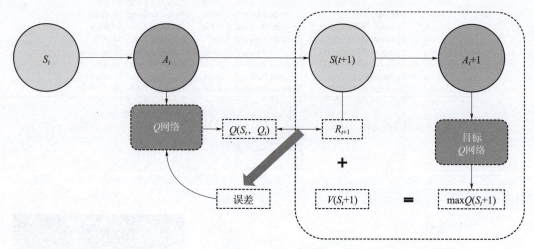

图 7-30　深度 Q 网络

整个更新过程可以描述为：

（1）执行动作 A_t，往前一步，到达S_{t+1}；

（2）利用 Q 网络，计算S_{t+1}对应所有动作的 Q 值；

（3）获得最大的 Q 值加上奖励 R_t+1 作为更新目标；

（4）计算损失，$Q(S_t, A_t)$ 相当于监督学习中的预测值，$\max Q(S_{t+1})+R_t$+1 相当于监督学习中的目标值，用最小均方误差（MSE）函数得出两者之间的误差；

（5）用误差更新 Q 网络。

可以证明，使用神经网络代替 Q 值表，不能保证训练结果收敛的稳定性。为了在使用原始像素输入的复杂问题中实现决策目标，DQN 算法通过两种关键技术结合 Q 学习算法和深度学习来解决收敛不稳定问题，并在打砖块等游戏上取得了显著进展。

（三）关键技术

DQN 的第一种关键技术是回放缓存。强化学习中获取训练数据相比训练速度总是太慢，因为网络训练经过 GPU 加速，比起游戏进行快很多，所以训练瓶颈在智能体与环境互动的过程中。如果能够把互动过程中的数据储存起来，利用神经网络并发处理数据的能力，当数据足够多的时候再训练网络，那样就快很多。

回放缓存的实现如下：

（1）把每一步的状态 s、选择的动作 a、进入新的状态 s'、获得的奖励 R、新状态是否为终止状态标记，存放在回放缓存区；

（2）当数据量足够，从该缓存区中均匀采样小批量样本用于网络训练；

（3）在实践中，为了节省内存，往往只将游戏互动过程得到的最后 N 个数据样本先入先出地存入回放缓存区用于训练。

回放缓存技术提高了数据使用的效率，减少了学习过程的震荡或发散。

另一种增加 DQN 网络训练稳定性的关键技术是固定目标网络，主要思路是计算下一个状态最大 Q 值的目标 Q 网络不会随着 Q 网络同步更新，而是间隔若干次更新后再复制 Q 网络的参数，如图 7-31 所示。这样做的好处是使目标 Q 值的产生不受最新 Q 网络参数的影响，从而大大减少发散和震荡的情况。

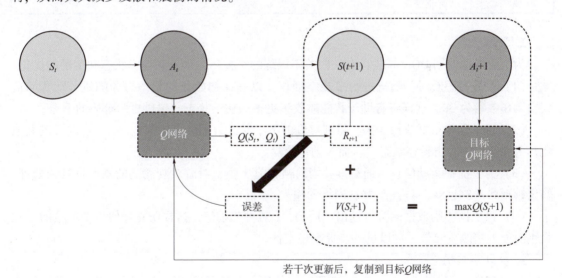

图 7-31 固定目标网络

（四）打砖块游戏应用

1. 游戏介绍

我们统计打砖块游戏的动作、状态和奖励，其中动作有 4 种，状态是游戏环境画面，奖励依据击打砖块的颜色确定。

动作空间如表 7-2 所示。

表7-2　动作空间

序号	动作名
0	无操作
1	开火
2	向右
3	向左

状态空间：维度为（210，160，3）的整幅 RGB 图像，取值 0~255，状态数 $256^{160×210×3}$。
奖励：奖励值取决于摧毁砖块的颜色，如表7-3所示。

表7-3　奖励值与摧毁砖块的颜色

颜色	分值
红	7
桔	7
黄	4
绿	4
浅绿	1
蓝	1

2. 训练技巧

为了更好地使用 DQN 算法，有一些关于训练的小技巧，涉及动作、状态和奖励的优化。

（1）在重置游戏时，随机进行多步空动作，以确保初始化的状态更为随机。默认的最大空动作数量为 30。这样将有助于智能体收集更多的初始状态，提供更为鲁棒的学习。

（2）每个动作重复执行 4 次，得到对应的下个状态（4 个图像帧），后 2 帧进行最大池化作为该动作的输出转移状态，从而对动作降噪。

（3）为了捕捉运动信息，通过堆叠当前帧和前 3 帧来对游戏观测到的画面进行预处理，输出帧形状（84，84，4），作为 Q 网络的输入。

（4）只根据奖励数据的符号输出 –1、0、1 三种奖励值，这样防止任何一个单独的小批量更新而大幅改变参数，可以进一步提高稳定性。

3. Q 网络结构

本次实验 Q 网络的结构如图7-32所示，使用 3 个卷积层提取状态图像特征，随后的全连接层输出策略选择的动作。具体参数如表7-4所示。

表7-4　打砖块游戏的 Q 网络参数表

层类型参数名称	输入通道数（特征数）	输出通道数（特征数）	核尺寸	步长
Conv1	4	32	8	4
Conv2	32	64	4	2

续表

层类型参数名称	输入通道数（特征数）	输出通道数（特征数）	核尺寸	步长
Conv3	64	64	3	1
Dense	7×7×64	512	—	—
Out	512	4	—	—

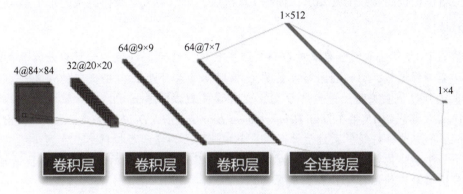

图 7-32　打砖块游戏的 Q 网络结构

搭建 Q 网络的代码如下：

```
Conv2D(32,kernel_size=(8,8),strides=(4,4),padding='valid',activation='relu')
Conv2D(64,kernel_size=(4,4),strides=(2,2),padding='valid',activation='relu')
Conv2D(64,kernel_size=(3,3),strides=(1,1),padding='valid',activation='relu')
Flatten()
Dense(512,activation='relu')
Dense(action_dim,activation='linear')
```

4. ε 贪婪策略

在游戏刚开始时，我们依然采用 ε 贪婪策略以概率 ε 随机拓展选择动作，以概率 $1-\varepsilon$ 按照智能体的策略选择动作。这里的 epsilon 函数是一个在前 10% 训练时间步中，将 ε 线性地从 1.0 退化到 0.01 的函数。

ε 贪婪策略实现如下：

```
def get_action(self,obv):
    eps=epsilon(self. niter)
    if random. random()<eps:
        return int(random. random() * action_dim)
    else:
        obv=np. expand_dims(obv,0). astype('float32')
        return self. _qvalues_func(obv). numpy(). argmax(1)[0]
```

5. 学习过程

（1）建立固定大小的回放缓存区，用于存放互动数据(s, a, r, s')。

（2）设定训练次数，即游戏进行的总时间步，开始游戏。

（3）采样互动数据，先进先出地存入回放缓存区。

（4）回放缓存区数据准备充分，从中均匀采样小批量数据进行Q网络训练。

（5）训练过程中按照设定步长同步更新Q目标网络。

（6）重复执行3~5步，直至训练结束，保存Q网络参数并退出。

Q网络模型按照参数配置要求，训练10^7次后，可以与人类操作游戏的水平媲美。

【知识拓展】

普通的 DQN 算法通常会导致对Q值的过高估计，原因是Q值的估计以及动作的选取采用了同一套神经网络，而神经网络在估算Q值时本身会产生正向或负向的误差，而我们之后也会拿这个Q值去更新上一步的Q值，这样误差就逐步累积了，会导致学习到的策略不稳定。Hasselt 等人 2015 年在 *Deep Reinforcement Learning with Double Q-learning* 中提出 Double Q-Learning 的方法很好缓解了过估计问题。其中使用主网络和目标网络，主网络用于计算当前状态下每个动作的估计值，而目标网络则用于计算下一个状态的最大动作价值的估计值，这正是我们实验中使用目标Q网络的原因。

【课程思政】

Q学习算法启发我们，做人做事既要有远大的目标，又要有持之以恒的积累，脚踏实地去践行，通过不懈的努力才能取得成功。

【模块自测】

（1）Q学习算法中，Q函数是（　　）。

A. 状态–动作值函数　　　　　　　B. 状态函数

C. 估值函数　　　　　　　　　　　D. 奖励函数

（2）$Q(s, a)$是指在给定状态s的情况下，采取行动a之后，后续的各个状态所能得到的回报（　　）。

A. 总和　　　　　B. 最大值　　　　　C. 最小值　　　　　D. 期望值

（3）在强化学习过程中，学习率越大，表示采用新的尝试得到的结果比例越（　　），保持旧的结果的比例越（　　）。

A. 大，小　　　　B. 大，大　　　　C. 小，大　　　　D. 小，小

（4）在 Gym 环境中创建游戏并进行交互的步骤顺序是（　　）

a. 创建游戏环境

b. 导入 gym 包

c. 初始化环境

d. 循环动作、状态的输入输出

e. 销毁游戏

A. abcde　　　　B. bcdea　　　　C. bacde　　　　D. cdeba

模 块 八

机器人应用实践

【案例引入】

　　在一块模拟场地上，红蓝两个队正在争夺一种叫做"能量环"的资源，两个队都派出了他们制作的资源采集机器人。赛场模拟了这场能源收集对抗，场地上有 11 个黄色能量环，在规定的比赛时间内，各队需要尽可能多地收集场上的能量环到本队颜色的收集区中。每队的能量收集区有 5 个区域，两侧是两个双倍能量区，可以让能量环产生 2 倍能量，中间是一个 3 倍能量区，可以让能量环产生 3 倍能量，这 3 个区域之间是两个标准能量区，每个能量环只可以产生 1 点能量，比赛结束时根据场上各队所得的能量分数值来计算比分，如图 8-1 所示。

图 8-1　能源收集对抗比赛模拟场地

【案例分析】

　　首先，我们要了解机器人的分类和用途，选取制作适合案例要求的机器人。确定好机器人的类型后，就需要从软件和硬件两个方面进行综合考虑，例如选取什么样的控制器、编程环境、电源、电机、舵机等硬件。

　　其次，通过上面的描述，我们可以看到在模拟赛场上，规则地铺设了白色的线条，这些线条是机器人通行的路线。如果制作的机器人使用 ROS 机器人操作系统，并配置激光雷达，可以提前做好地图，从而不需要循线就能在场地上行走。在本案例中，我们还是使用循线功能，要求机器人能够识别黑色的场地背景和白色的线条，实现按一定的路线行走，该功能的实现主要用到灰度传感器来识别不同的颜色。

为了抓取能量环，制作出来的机器人需要有机械臂和手爪，用来抓取和放置能量环，该功能的实现需要使用舵机、舵机支架、舵机盘等来组装机械臂，并通过程序控制机械臂的各种动作。

最后，我们要将选取的硬件组装起来，然后根据要求进行编程并且将程序写入控制器中，进行调试和改进。

【学习目标】

1. 知识目标

（1）了解机器人分类及相应的应用场景

（2）了解机器人整体组成

（3）理解机器人整体构造原理

（4）理解电机运行原理

（5）理解 PID 算法原理

2. 技能目标

（1）掌握机器人硬件组装的基本技能

（2）掌握智能代码生成器的使用方法

（3）正确使用函数调节电机速度

（4）正确使用函数控制机械臂

（5）掌握设计运行路线的方法

3. 素养目标

（1）弘扬勇于创新、敢于实践的工匠精神

（2）提升团队协作的精神素养

（3）培养对于未知困难勇于面对的学习态度

【思维导图】

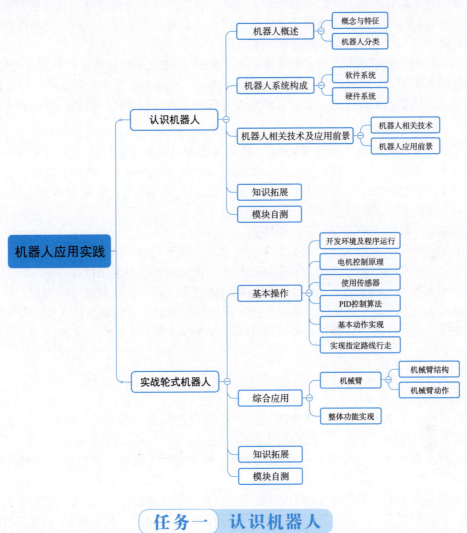

任务一　认识机器人

一、机器人概述

自古以来，人类便怀揣创造生命、赋予无生命物体以智能的梦想。从古希腊神话中的黄金机器人，到中世纪自动机的巧妙设计，再到现代工业生产线上的精准作业与家庭中的温馨陪伴，机器人技术的发展史实质上是人类对智慧与能力延伸不懈追求的历史。每一项技术突破，不仅是工程学与计算机科学的胜利，更是人类想象力与创造力的璀璨绽放。

机器人分类

本模块将讨论机器人的分类及应用场景，深入解析机器人技术的核心要素——感知、决策与行动，展现它们如何通过传感器感知世界，运用先进的算法作出判断，并以灵活多样的方式执行任务。此外，还将介绍机器人在制造业、医疗健康、服务业、空间探索等领域的广泛应用，以及它们如何日益成为人类社会不可或缺的伙伴。

尤为重要的是，我们也不能忽视伴随着机器人技术发展而来的伦理、法律和社会问题。随着机器人越来越智能化，它们在改变生产方式、提高生活质量的同时，也引发了就业结构变化、隐私保护、人工智能伦理等重要议题的讨论。理解并应对这些挑战，是确保机器人技术持续健康发展，为全人类福祉服务的关键。

最后，我们将展望机器人技术的未来趋势，包括人机交互的新界面、机器人与物联网、人工智能的深度融合，以及机器人在未知领域的探索，如深海、外太空等。在这个充满无限可能的时代，机器人不仅仅是工具，它们正逐步成为人类认知自我、拓展边界的桥梁。

（一）概念与特征

根据国际标准化组织（ISO）的定义，机器人至少具有两个或两个以上的可编程轴，能够自主或半自主地在环境中移动或操作，以执行一系列预设的任务。可以说机器人是集成了机械、电子、信息与人工智能等多学科技术的综合体，旨在模拟、延伸或增强人类的能力，服务于社会生产和日常生活的各个层面。

概括起来，机器人应该有以下三个特点：

（1）自主性——机器人可以根据任务的要求自主决策行动；

（2）可编程性——机器人可以接受编程指令，能够执行各种复杂的任务；

（3）可重复性——机器人可以重复执行同样的任务，而不会出现疲劳或失误。

也就是说机器人是一种能够自主执行任务的自动化机器。它能够执行人类指令或者预设程序，完成特定的任务，并能够感知周围环境，判断和决策，实现自主化操作。

（二）分类

机器人可以根据不同的分类标准进行分类，常见的分类有以下几种：

1. 按照应用领域分类

（1）工业机器人：专注于工业生产领域，可以自动操作，替代人工在危险、重复或需要高精度操作的环境中工作，广泛应用于汽车、电子、食品、医疗等行业。

（2）服务机器人：主要用于个人服务领域，例如餐厅、医院、家庭等，能够执行包括清扫、搬运、照顾老人和儿童等服务。

（3）农业机器人：专门用于农业领域，可进行精确的植物种植、浇水、收割等工作。

（4）建筑机器人：主要用于建筑领域，可进行指定区域的人工砖瓦铺设、打补丁等操作。

（5）基础设施机器人：适用于一些体量较大、移动较困难的设施进行维护、保养工作。

2. 按照形态结构分

（1）人形机器人：具有类似于人类的身体特征，如活动的头、手、腿等，可从人的角度操作外部环境，也更接近于人的理解和交互方式。

（2）车形机器人：类似于车辆结构，较少交互作用，主要应用于现场机械操作和巡逻等领域。

（3）无人机机器人：以飞行器形态为主，适用于无人区域勘测、监控、交通管制和救援等领域。

3. 按照任务分类

（1）操作机器人：用于特定操作任务，如拆卸、组装、焊接等。

（2）检测机器人：用于检测特定情况，如质量、检测、测量等。

（3）救援机器人：可以在危险的环境中帮助营救受困人员，并清理现场等。

（4）学习型机器人：可以通过学习和模仿实现具体任务。

二、机器人系统构成

机器人作为一个高度集成的系统，其高效运作依赖于各组成部分的精密设计与协作。了解机器人的构成有助于我们深入理解其工作原理和开发过程。机器人的构成包括机械结构、驱动系统、感知系统、控制系统、能源系统，对于具备复杂功能的机器人，还包括高级功能模块（人工智能模块、人机交互界面等）。但是，从整体来看，机器人是由软件系统和硬件系统构成。

机器人系统构成

（一）软件系统

软件系统则是机器人智慧的源泉，它赋予机器人行为逻辑、决策能力和学习能力。软件系统主要包括：

控制系统软件：运行在硬件控制系统上的程序，负责解读传感器信号、执行算法处理、控制驱动器动作。这可能包括实时操作系统（RTOS）、运动控制算法、路径规划算法等。

中间件与框架：如 ROS（Robot Operating System），提供标准化的消息传递、设备驱动、功能包等，便于开发者构建和管理复杂的机器人软件系统。

感知处理软件：用于处理传感器数据，如图像识别、语音识别、环境建模等，这些软件利用机器学习和人工智能技术，帮助机器人理解世界。

决策与规划软件：基于传感器输入和预设目标，运用算法进行决策制定和路径规划，决定机器人的下一步行动。

用户界面：为操作者或最终用户提供与机器人交互的方式，包括图形用户界面、语音命令识别系统等，使机器人更加友好和易用。

人工智能与学习模块：在高级机器人中，软件部分可能包含机器学习和深度学习模型，使机器人能够从经验中学习，不断优化其行为策略和任务执行能力。

（二）硬件系统

硬件系统是机器人的物理基础，它包括所有实体组件和机械结构，是机器人能够执行任务的物质载体。硬件系统主要包含以下关键组件：

机械结构：这是机器人的骨架，包括机身、臂部、腕部、手部（末端执行器）以及可能的行走机构。机械结构设计需考虑强度、精度、灵活性以及对工作环境的适应性。

驱动系统：为机器人提供动力，常见的有电动机（如伺服电机、步进电机）、液压和气压驱动系统。驱动系统负责将能量转化为物理运动，实现机器人的位置控制和力控制。

传感器：机器人的眼睛和皮肤，负责感知外部环境和内部状态。包括视觉传感器、触觉传感器、力传感器、位置传感器、温度传感器等多种类型，为机器人提供必要的数据输入。

控制系统：硬件上通常体现为微处理器、嵌入式系统或专用控制器，它们是机器人执行计算、处理传感器数据并作出决策的硬件基础。控制系统还包括电源管理模块，确保系统稳定供电。

执行机构：如电机、气缸、机械手爪等，直接响应控制系统的指令，执行物理动作。

三、机器人相关技术及其应用前景

目前，机器人技术包含许多方面，如传感器技术、动力学技术、控制技术、计算机技术、人工智能技术和材料技术，并不断取得新的进展和探索。

（一）相关技术

机器人相关技术
及应用前景

1. 传感器技术

传感器技术是机器人实现自我感知和环境感知的关键技术。目前主要的传感器有激光雷达、超声波传感器、摄像头等。它们能够收集环境数据并将数据转化为数字信号，在控制器中进行处理，实现感知模式的建立和反馈。

2. 动力学技术

动力学技术是机器人实现自主操作能力的关键技术。机器人所使用的机械结构通常是由关节组成的，关节的运动变化可以影响机器人的姿态和运动轨迹，而动力学技术可以对机器人的运动状态建立模型，并根据模型进行控制和调节，实现机器人对外部环境的自主调整。

3. 控制技术

控制技术是机器人实现功能操作的核心技术。从单个关节开始，机器人控制技术已经发展到了全局控制、多机器人协同控制、分布式控制等不同领域。同时，控制技术主要包括PID控制、自适应控制、模糊控制和神经网络控制等多个方面。

4. 计算机技术

计算机技术是机器人发展的基础和重要技术支撑，主要包括操作系统、数据库管理系统、图像处理、并发控制等多个方面。其中机器人控制软件是机器人的核心部分。

5. 人工智能技术

人工智能技术在机器人行业有着广泛的应用，包括机器学习、视觉识别、自然语言处理等。人工智能技术的介入，为机器人的自主性和智能化建立了更加坚实的技术基础。

6. 材料技术

材料技术是机器人设计中不可或缺的组成部分，其主要包括电路板、电机、工程塑料、玻璃纤维等。随着新材料的不断涌现，机器人的功能性和强度又能够不断提升。

（二）应用前景

随着技术的飞速发展和全球对自动化、智能化需求的不断增长，机器人技术正步入一个前所未有的黄金时代。

在工业制造、医疗护理、航空航天、家庭服务等领域，机器人的发展前景广阔，未来将会有更多的技术和应用被引入到机器人领域，使机器人更加智能化、高性能化和多功能化。同时，随着机器人技术的不断发展，人们也需要关注到它所带来的伦理和社会问题，如隐私保护、工作岗位的替代等。因此，在推动机器人技术发展的同时，也需要加强对相关问题的研究和探讨，以实现技术和社会的共同进步。

【知识拓展】

中国机器人行业呈现出蓬勃发展的态势。

2022年初，中国工业机器人产量显著增长，仅1~2月份就达到了76 381台，同比增长29.6%。这反映出市场基础不断扩大，需求持续旺盛。

机器人企业集中分布在长三角和珠三角地区，这些地区的企业总数占全国的36.43%，其中，长三角经济圈的机器人企业数量尤为突出，达到了2478家。这些区域凭借完善的产业链、丰富的技术资源和市场需求，成为机器人产业发展的高地。

工业机器人在汽车、3C电子（消费电子、通信、计算机）、食品加工、物流等行业得到广泛应用。汽车制造业仍然是国内工业机器人应用的最大领域，占比达到33.25%。此外，协作机器人在商用服务领域的增长尤为显著，满足了市场对灵活性和人机协作的需求。

随着技术的进步，中、大负载的机器人本体产品开始大规模应用，特别是在新能源等高增长行业。与此同时，协作机器人的技术也在不断成熟，满足了更多场景的自动化需求。

在成本压力和产业升级的双重驱动下，中国机器人行业加快了关键技术和元器件的国产化进程，尤其是在新能源领域的专机设备国产化替代已取得显著成效，国产化率超过90%。这不仅降低了成本，也增强了本土企业的竞争力。

政府对机器人产业给予了多项政策支持，促进了产业环境的优化。同时，行业内外的投资热度持续上升，特别是针对服务机器人、智能巡检机器人、海洋机器人等新兴领域，投资前景被普遍看好。

【模块自测】

（1）根据文档中的定义，机器人的自主性表现在（　　）方面。

A. 机器人可以执行人类指令

B. 机器人可以感知周围环境

C. 机器人可以根据任务要求自主决策行动

D. 机器人可以执行预设程序

E. 所有以上选项

（2）机器人的三个基本特点不包括以下（　　）项。

A. 自主性　　　　B. 可编程性　　　　C. 可重复性　　　　D. 移动性

（3）下列（　　）不是机器人的分类方式。

A. 按应用领域分类　　　　　　　B. 按形态结构分类

C. 按任务分类　　　　　　　　　D. 按制造材料分类

（4）在机器人的软件系统中，（　　）项不是其组成部分。

A. 控制系统软件　　　　　　　　B. 用户界面

C. 人工智能与学习模块　　　　　D. 电源模块

（5）机器人技术的发展带来的伦理、法律和社会问题不包括以下（　　）项。

A. 就业结构变化　　　　　　　　B. 隐私保护

C. 人工智能伦理　　　　　　　　D. 机器人的外观设计

任务二 实战轮式机器人

（一）开发环境

（1）下载 STM32CubeIDE。

根据所使用的操作系统选择下载相应版本，本模块使用 Windows 11 操作系统，所以选择 STM32CubeIDE-Win 下载，如图 8-2 所示。

获取软件

产品型号 ▲	一般描述	最新版本	供应商	下载	所有版本
+ STM32CubeIDE-DEB	STM32CubeIDE Debian Linux Installer	1.15.0	ST	获取最新版本	选择版本 ∨
+ STM32CubeIDE-Lnx	STM32CubeIDE Generic Linux Installer	1.15.0	ST	获取最新版本	选择版本 ∨
+ STM32CubeIDE-Mac	STM32CubeIDE macOS Installer	1.15.0	ST	获取最新版本	选择版本 ∨
+ STM32CubeIDE-RPM	STM32CubeIDE RPM Linux Installer	1.15.0	ST	获取最新版本	选择版本 ∨
+ STM32CubeIDE-Win	STM32CubeIDE Windows Installer	1.15.0	ST	获取最新版本	选择版本 ∨

图 8-2 下载 STM32CubeIDE

（2）单击"获取最新版本"按钮后，会弹出如图 8-3 所示的界面、如果已有账号可以选择"登录 MyST"，如果没有注册过，可以选择"创建 MyST"账户，也可以选择"作为访客下载"。

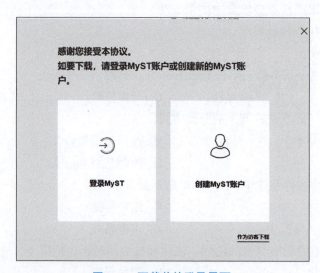

图 8-3 下载前的登录界面

（3）登录后，注意在"选择版本"下拉表中选择相应版本，开始下载。

（4）下载完成后，双击安装文件，开始安装，安装过程中单击"Next"按钮，如图8-4所示。

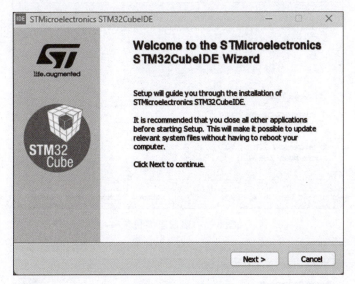

图8-4　安装过程界面

（5）在用户协议界面，单击"I Agere"按钮，如图8-5所示。

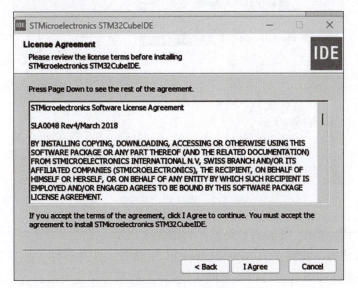

图8-5　安装过程

（6）在安装目录设置界面可以更改安装目录，目录名称不要含有中文，如图8-6所示。

（7）在组件选择界面，选择SEGGERJ-Link drivers和ST-LINK drivers驱动，然后单击"Install"按钮，如图8-7所示。

如果弹出窗口询问是否安装驱动，请选择"是"。

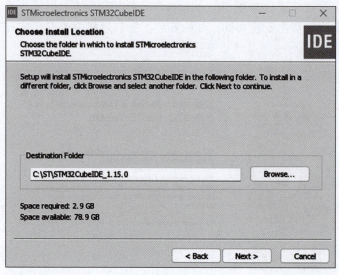

图 8-6　更改安装目录

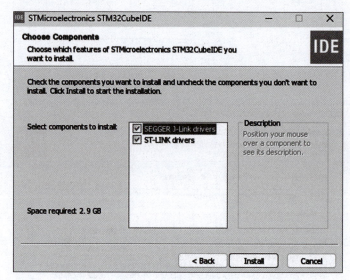

图 8-7　选择驱动并安装

（8）安装完成，单击"Finish"按钮，如图 8-8 所示。

（9）安装完成后，找到桌面 STM32CubeIDE 并双击，打开软件。选择工作空间，可以单击"Browse"更改位置（也可以使用默认位置），如果不希望每次打开 IDE 都提示，可以在设置好工作目录后，勾选"☑ Use this as the default and do not ask again"，然后单击"Launch"按钮，如图 8-9 所示。

（10）初次启动，加载组件会慢一些，耐心等待。启动完成后，会看到如图 8-10 所示的界面。

（11）安装完成后，可以使用 IDE 打开我们的工程文件，进行后续操作。

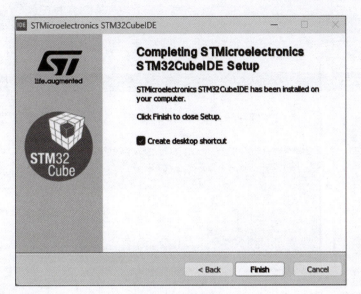

图 8-8　安装完成

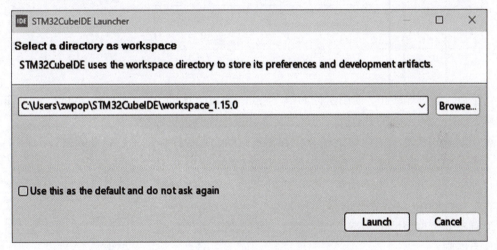

图 8-9　选择工作目录

（二）电机控制原理

轮式机器人是一种以轮子为运动方式的机器人，通常配备有两个或多个轮子，通过轮子的旋转来实现移动和导航。轮式机器人广泛应用于各个领域，如家用机器人、工业自动化、物流仓储、医疗辅助、教育等。

电机控制原理
—PWM 波形

轮式机器人具有灵活性高、载重能力好、易于控制和操作、应用广泛等优点。

需要注意的是，轮式机器人的机动性和导航能力在不同的环境和地形下可能会有差异，且对于非平滑或有障碍物的地面，轮式机器人可能需要配备其他的运动装置或避障系统来实现更好的运动和导航能力。

我们的轮式机器人采用 STM32 为主控 MCU，包括了车轮、车体、电源、电机驱动板、电

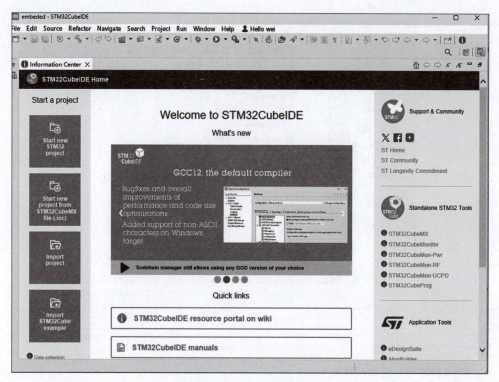

图 8-10　启动后的界面

机、传感器、舵机等部件。使用主控 MCU 生成一定占空比的 PWM（Pulse Width Modulation）脉宽调制波形，输入电机驱动板，通过电机驱动板来控制电机转动，从而控制车轮转动。

要控制轮式机器人完成特定任务，首先我们要编写程序控制车轮转动起来。

主控 MCU 负责生成一定频率和占空比的 PWM 波形并发送到电机驱动板，通过电机驱动板进行电机的速度、方向的控制。

在电机控制中，PWM 波形是一种非常常见的调制方式。其基本原理是通过调节脉冲宽度，即占空比，来控制电机的通电时间和休息时间。

具体来说，PWM 波形是一种周期性重复的脉冲序列，每个脉冲的宽度可以变化，通过改变脉冲宽度，即占空比，可以控制电机的平均电压，从而控制电机的速度和转矩，如图 8-11 所示。

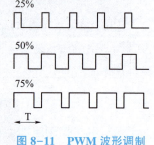

图 8-11　PWM 波形调制

在实际应用中，PWM 波形可以通过数字信号处理器（DSP）、微控制器（MCU）等数字电子设备生成。生成的 PWM 波形可以通过驱动器电路驱动电机，从而实现精确的电机控制，如图 8-12 所示。

同时，通过 PWM 波形的组合，来实现电机的正反转，从而实现轮式机器的前进或倒退功能。

（三）使用传感器

对于没有使用 ROS 系统和激光雷达的机器人，它是无法感知周围环境和自身位置的。在没有使用成本较高的激光雷达的一些场景，经典传感器器件就派上了用场。可以在场地里

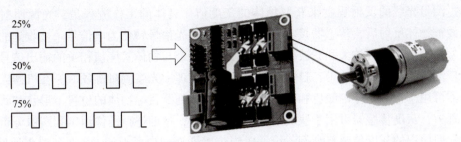

图 8-12 PWM 波形精确控制电机

贴上一些标识，例如一定宽度的黑色或白色的线，以此作为机器人行进时的路线标识，如图 8-13 所示。通过传感器识别后的值，来判断机器要左偏还是右偏，如果判断机器人向左偏，就要控制左边轮子的速度快一些，如果判断机器人向右偏，就要控制右边轮子的速度快一些，从而使机器人能够一直稳定地走在线上。

图 8-13 用于协助机器人行进的路线标识

这种能够感应识别颜色的传感器，叫做颜色传感器，我们使用的灰度传感器（见图 8-14）也是颜色传感器的一种，用于测量物体表面灰度值或反射光强度的传感器，通常由光源、接收器和信号处理电路组成。

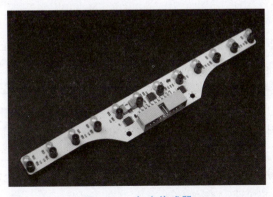

图 8-14 灰度传感器

灰度传感器的工作原理是利用光敏电阻、光敏二极管或光电二极管等光敏元件感知光线的强度。当光线照射在物体表面时，物体表面的颜色和亮度会影响光线的反射程度。灰度传感器通过测量光线的反射程度来获取物体的灰度值。具体的工作流程是，光源照射物体表面，光线被物体反射后，传感器接收到反射光，并将光信号转化为电信号。接收到的电信号经过信号处理电路进行放大和滤波处理，最终得到一个与物体灰度值相关的输出信号。灰度传感器广泛应用于机器人技术、自动化控制、图像处理、光度测量等领域。在机器人中，灰度传感器可用于检测物体的颜色和亮度，帮助机器人判断目标物体的位置、形状和状态。在图像处理中，灰度传感器可用于获取图像的灰度信息，帮助进行图像识别和图像分析。

以我们使用的灰度传感器为例，设置成当传感器遇到白色返回 0，遇到黑色返回 1，那么从左到右 7 个传感器的返回值如果为 1100011，换算成十六进制是 0x63，说明其中 3 个传感器正好在我们的白线上，这时可以认为机器人不偏不倚地行走在白线上。如果读到的传感器的值为 1000111，也就是十六进制的 0x47，说明机器人向左偏了，此时就要提高左边车轮的速度，使之能够向右转动，调整偏离方向；如果读到的是 1110001，也就是十六进制的 0x71，那说明机器人处于右偏的一个状态，需要调高右侧车轮的速度，使车体向左调整，如图 8-15 所示。

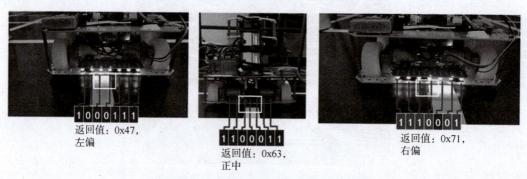

图 8-15　利用灰度传感器进行机器人循线

以上是使用灰度传感器循线最基础的方法，在实际操作中，如果我们使用这种方法在前进过程中一直调整偏离方向，就会出现一个现象，机器人会不停地左右摆动，导致行进不稳。

（四）PID 控制算法

在传统的循线方法中，通常通过判断传感器值来确定车体的位置状态。当车体向左偏移时，通过调大左侧车轮的速度来使车体向右侧转动；反之，当车体向右偏移时，通过调大右侧车轮的速度来使车体向左侧转动。然而，这种频繁的调整会导致一个问题，即在机器人循线过程中，车体会因为不断调整位置而出现左右摇摆的情况，进而影响循线效率和机械手抓取的准确度。

PID 控制算法
及应用

为了解决这个问题，引入一些算法来实现循线过程的稳定与快速。其中，PID 算法是一种控制算法，被广泛应用于各种连续系统中。PID 控制算法结合了比例、积分和微分三个环节，以实现对系统误差的快速、准确控制。

在 PID 控制中，根据输入的偏差值（目标值与当前值之间的差异），按照比例、积分、微分的函数关系进行运算。比例环节主要负责控制系统的稳态误差，积分环节主要用于消除系统的静态误差，而微分环节则能够预测未来的误差趋势，从而提前进行控制。

PID 算法的输出量是误差的函数，当误差为 0 时，输出也为 0。这意味着使用 PID 算法是为了达到某一目标状态并保持稳态，使误差逐渐减小直至为 0。

图 8-16 所示为 PID 控制原理。

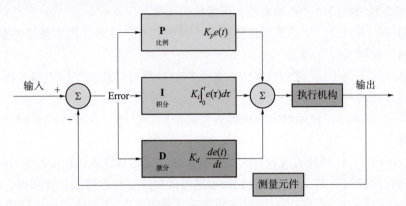

图 8-16　PID 控制原理

在实际运行中，PID 控制器具有原理简单、易于实现、适用面广、控制参数相互独立、参数的选定比较简单等优点，因此在许多工业过程控制中都能得到比较满意的效果。

综上所述，通过引入 PID 算法，可以实现对机器人循线过程的稳定与快速控制，提高循线效率和机械手抓取的准确度。同时，PID 算法的引入也能够扩大机器人的应用范围，提高机器人的智能化水平。

（五）实现基本动作

可以通过 PWM（脉冲宽度调制）来控制电机的正反转，从而控制机器人的前进、倒退和转向（一侧车轮向前转，一侧车轮向后转，即可实现转向）。此外，我们还可以使用灰度传感器来判断路口处的颜色，以确定机器人的行动路线。这样，只需要判断机器人到路口后，控制两侧车轮动作即可完成路口转向。

基本动作实现

以机器人在路口右转为例，首先需要将机器人行驶到路口。在机器人车体中间位置安装有灰度传感器，可以利用它来判断是否已经到达了路口。当机器人检测到灰度传感器的读数大于某一定值时，即可判断为到达了路口，此时将机器人暂时停车以稳定转弯。

接下来，需要通过设置电机的正反转来使机器人进行右转。具体来说，通过设置左侧电机正转、右侧电机反转来实现机器人的右转。当车体中间的单路传感器再次检测到白色线时，此时机器人已经完成了 90° 的转变，结合前方七路灰度传感器的值，对车体状态进行微调后，完成转弯，随后便可以继续循线。

同理，机器人的左转过程也类似，只是两侧车轮转动方向不一致。

（六）实现指定路线行走

如图 8-17 所示，我们需要机器人按照箭头所指示的路线行动。

从起点开始，机器人在第 1 个路口右转，第 2 个路口直行，第 3 个路口左转，第 4 个路口右转，然后是第 5、第 6 个路口都是直行，最后在第 7 个路口处停车。

实现指定路线行走

我们已经将机器人的行驶过程分解为一系列基本动作，例如前进、后退、左转、右转和停止等，可以通过编程将这些基本动作组合起来，然后调用相应动作函数即可。

为了实现机器人按照箭头所示的路线行驶，需要将路线拆分成一系列基本动作，并为每个动作调用相应的函数接口。具体来说，函数接口包括：

turn_right_on_cross()：该函数实现机器人右转的功能。此时，需要注意左侧电机正转、右侧电机反转，这样实现右转。

go_straight_on_cross()：该函数实现机器人在路口直行的功能。即机器人在下一个路口会继续前进，不做转弯动作。

turn_left_on_cross()：该函数实现机器人左转的功能。此时左侧电机反转、右侧电机正转，实现左转。

stop_on_cross()：该函数实现机器人停车的功能。此时双侧电机速度变为0，实现刹车。

当这些函数接口编写完成后，将它们按照路线的顺序进行连接。具体来说，机器人在第1个路口处，调用 turn_right_on_cross() 函数实现右转；在第2个路口处，调用 go_straight_on_cross() 函数实现直行；在第3个路口处，调用 turn_left_on_cross() 函数实现左转；第4个路口调用 turn_right_on_cross() 函数实现右转，第5个路口调用 go_straight_on_cross() 函数，第6个路口调用 go_straight_on_cross() 函数，第7个路口调用 stop_on_cross() 函数用来刹车。最终，通过将这些基本动作的函数连接起来，就可以实现机器人按照指定的路线行驶。

需要注意的是，在实现机器人的行驶过程中，应该考虑到传感器的误差、电机的响应速度以及机器人的运动特性等因素对机器人行驶的影响，并提前对其进行相应的控制和调整，以保证机器人能够准确地按指定的路线行驶并最终停车。

图 8-17　实现机器人按照指定路线行走

二、综合应用

（一）机械臂概述

对于机器人而言，除了行走之外，还要完成某些动作，比如搬运、取放物品，这些动作一般都由机械臂（见图8-18）来完成。

机器人的机械臂是指机器人身体中的一部分，一般由多个连接的关节和执行器组成。机械臂可以模拟人类的手臂动作，完成对物体的抓取、搬运、装配等操作。

机械臂可以分为单臂手臂、多臂手臂、并联手臂、串联手臂、柔性机械臂、气动机械臂等。

机械臂结构介绍

图 8-18　机械臂

机械臂的结构一般包括以下几个主要组成部分：

关节：机械臂通常由多个关节连接而成，每个关节都可以运动。常见的关节类型包括旋转关节、直线关节和旋转-直线关节等。通过控制不同关节的运动，机械臂可以在三维空间内实现各种灵活的动作。

执行器：机械臂的执行器用于提供力或运动，将动力传递到机械臂的各个关节上。常用的执行器包括舵机、液压马达和气动马达等。

控制系统：机械臂的运动和操作是由控制系统来控制的。控制系统通常由控制器、传感器和编码器等组成，用于感知机械臂的位置、力量和速度等信息，并通过控制器发送控制信号给执行器，控制机械臂的运动。

机械臂广泛应用于制造业、物流和仓储等领域。在制造业中，机械臂可以完成加工、装配和焊接等工作，提高生产效率和产品质量。在物流和仓储中，机械臂可以用于自动化的货物搬运和堆垛操作，减轻人力劳动强度。

现代机器人的机械臂越来越灵活和智能化，通过结合传感器、视觉系统和人工智能技术，可以实现更加精准和自适应的操作。例如，根据物体形状和位置进行抓取，避开障碍物，实时适应环境变化等。这使机器人的机械臂在各种应用中具有更高的灵活性和可操作性。

经典的机器人机械臂一般用舵机和舵机支架搭建而成，和电机驱动类似，也使用 PWM 波形控制舵机转动，从而实现机械臂动作。为了使用方便，我们使用带串口通信功能的舵机，无须使用复杂的定时器功能去生成 PWM 波形，只要使用串口按照命令格式给舵机发送命令即可。

（二）整体功能实现

在前面的内容中，介绍了电机驱动、传感器及机械臂构造等内容，现在我们将这些器件综合应用，组装成一个具备一定功能的轮式机器人。

如图 8-19 所示，除了让机器人按箭头所示路线行走外，还要在行进过程中抓取能量环，并在指定位置放置能量环。对于初学者，可以使用编

机器人完整
功能实现

写号的资源库，通过调用相应函数实现功能。比如根据所示路线，第1个路口右转，调用 turn_right_on_cross（）函数，然后下一个路口直行，调用 go_straight_on_cross（）函数，接下来的路口需要左转，调用 turn_left_on_cross（）函数，接下来需要抓取，连续调用 robot_arm_down（）、robot_arm_grab（）、robot_arm_up（）函数，完成机械臂的放下、抓取、抬起动作，抓取完成后，继续前进，下一个路口右转，然后连续3个路口直行，接着是在下一个路口停下，调用 robot_arm_loose（）函数将抓取到的物品放下。

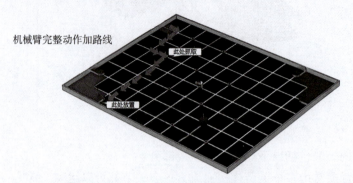

图 8-19　轮式机器人整体功能实现

【知识拓展】

ROS（Robot Operating System）是一个开源的机器人操作系统，提供了机器人控制、感知、规划、仿真和系统集成的完整解决方案。ROS 的设计目标是提供一个跨平台的、可扩展的、易于编程的机器人操作系统，以支持快速的原型开发和部署。

ROS 的主要特点包括：

开源：ROS 是一个开源项目，其源代码可以免费获取和修改，这使 ROS 具有高度的可定制性和可扩展性。

多平台支持：ROS 支持多种机器人硬件平台，包括轮式、腿式、臂式、水下机器人等。

机器人控制：ROS 提供了丰富的机器人控制库和工具，包括运动控制、传感器驱动、通信协议等。

感知：ROS 支持多种传感器，如摄像头、激光雷达、声呐、IMU 等，并提供了感知算法和数据处理库。

规划：ROS 提供了多种机器人规划库，包括运动规划、路径规划、行为规划等。

仿真：ROS 支持多种机器人仿真工具，如 Gazebo、ROS-Industrial 等，可以用于测试和验证机器人的运动和行为。

系统集成：ROS 提供了系统集成工具和库，可以将机器人控制系统集成到现有的工业控制系统中。

ROS 广泛应用于工业机器人、服务机器人、无人驾驶车辆、航空航天等领域，具有丰富的社区支持和生态系统，有大量文档、教程和开源项目供参考和使用。

【模块自测】

（1）STM32CubeIDE 开发环境适用于（　　）操作系统。

A. Linux

B. Windows 11

C. MacOS

D. 以上均有相应版本

（2）PWM（脉冲宽度调制）波形的主要作用是（　　）。

A. 调节电机的速度

B. 为机器人提供电源

C. 控制机器人的视觉传感器

D. 驱动机器人的传感器

（3）在机器人循线过程中，使用灰度传感器的目的是（　　）。

A. 测量物体的重量

B. 测量物体表面灰度值或反射光强度

C. 作为电源管理模块

D. 控制机器人的机械臂

（4）PID 控制算法中，I 代表的环节是（　　）。

A. 比例　　　　　B. 积分　　　　　C. 微分　　　　　D. 反馈

（5）实现轮式机器人前进、倒退和转向的基本操作依赖于电机的正、反转，主要使用（　　）功能来实现。

A. 灰度传感器

B. PWM（脉冲宽度调制）

C. 颜色传感器

D. PID 控制算法

参 考 文 献

［1］阿斯顿·张，李沐. 动手学深度学习（PyTorch 版）［M］. 北京：人民邮电出版社，2023.

［2］周志华. 机器学习［M］. 北京：清华大学出版社，2016.

［3］董豪，丁子涵，仉尚航. 深度强化学习基础、研究与应用［M］. 北京：电子工业出版社，2021.

［4］龙良曲. TensorFlow 深度学习——深入理解人工智能算法设计［M］. 北京：清华大学出版社，2020.

［5］王万良. 人工智能通识教程［M］. 北京：清华大学出版社，2020.

［6］Parisa Rashidi. AI Visual History - v3［EB/OL］.［2023-01-01］. https://figshare. com/articles/figure/AI_History_svg/12363890.

［7］曹婷. 论行为主义人工智能的哲学意蕴［J］. 齐齐哈尔大学学报（哲学社会科学版），2023（03）：22-25.

［8］顾险峰. 人工智能中的联结主义和符号主义［J］. 科技导报，2016，34（7）：20-25.

［9］中国信息通信研究院. 中国算力发展指数白皮书［R/OL］，2023-09-01［2025-01-18］. https://www. caict. ac. cn/english/research/whitepapers/202311/P020231103309012315580. pdf.

［10］陈超，齐峰. 卷积神经网络的发展及其在计算机视觉领域中的应用综述［J］. 计算机科学，2019，46（3）：63-73.

［11］吴恩达，Datawhale. 面向开发者的大模型手册 - LLM Cookbook［EB/OL］.［2023-08-01］. https://github. com/datawhalechina/llm-cookbook/releases.

模块自测答案

模块一　走进人工智能

任务一　初识人工智能
A　C　B　ABD　B

任务二　人工智能的应用
C　ABD　B

模块二　AI 程序设计思维

任务一　部署和运行实训环境
C　D　A　B　D

任务二　使用 Numpy、Pandas 和 Matplotlib
C　A　A　D　B

模块三　机器学习——从数据中认识规律

任务一　认识机器学习
B　B　ABD　A　C

任务二　机器学习方法
B　B　A　B　ACD　B　C

模块四　深度学习——厚积薄发的集大成者

任务一　认识神经网络
D　B　C　AC　A　E　B

任务二　深度神经网络
C　D　C　D　A　D　D

模块五　卷积神经网络及其应用

任务一　识别图像
D　C　B　A　B　ABD　B

模块七　强化学习——模仿人类认知的学习

任务一　认识强化学习
（1）C　（2）AC　（3）ABCDE　（4）A　（5）ABC　（6）B

（7）第一个动作的定义比较恰当，Agent 与环境的界限是指有 Agent 所能绝对控制的范围，并不是指有关 Agent 所有的信息，题中将司机抽象成一个 Agent，那么，由司机所能直接操作的只有油门、刹车和方向盘。

任务二　基于价值的方法

A D A C

模块八　机器人应用实践

任务一　认识机器人

E D D D D

任务二　实战轮式机器人

D A B B B

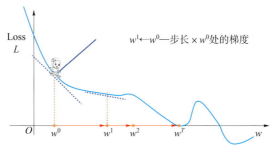

$w^1 \leftarrow w^0 - $ 步长 $\times w^0$ 处的梯度

图 4-27　通过梯度下降训练模型参数

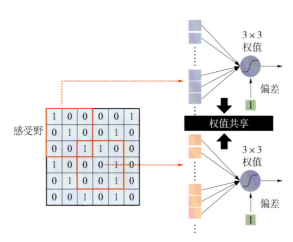

图 5-7　权值共享